高职高专电子信息类"十三五"规划教材

电工电路分析及应用

主　审　芦　晶

主　编　张　维

副主编　谭王景　耿凡娜

天津大学出版社

TIANJIN UNIVERSITY PRESS

内 容 提 要

本书秉承新形态一体化教材的理念编写，配套丰富的在线课程教学资源，旨在让学生掌握电工技术的基本理论、基本知识和基本技能。本书内容共分为认识电路、直流电路的分析、单相交流电路的分析、三相交流电路的分析、暂态电路的分析、磁路与变压器、电工仪表与测量等。全书结构严谨，重点突出，知识深入浅出，示例通俗易懂。本书每章均配有习题与答案。

本书可作为高职高专院校自动化类专业、机电类专业、机械制造类专业、设备维护类专业的教材，也可作为应用型本科、成人教育、电视大学、函授学院、中职学校、培训班的教材以及企业工程技术人员的自学参考书。

图书在版编目（CIP）数据

电工电路分析及应用／张维主编. —天津：天津
大学出版社，2020.6（2021.6 重印）
高职高专电子信息类"十三五"规划教材
ISBN 978－7－5618－6716－7

Ⅰ.①电…　Ⅱ.①张…　Ⅲ.①电路分析—高等职业教育—教材　Ⅳ.①TM133

中国版本图书馆 CIP 数据核字（2020）第 121142 号

出版发行	天津大学出版社
地　　址	天津市卫津路 92 号天津大学内（邮编：300072）
电　　话	发行部：022-27403647
网　　址	www.tjupress.com.cn
印　　刷	廊坊市海涛印刷有限公司
经　　销	全国各地新华书店
开　　本	185mm×260mm
印　　张	17.25
字　　数	431 千
版　　次	2020 年 6 月第 1 版
印　　次	2021 年 6 月第 2 次
定　　价	45.00 元

前　言

电工电路分析及应用是高等学校工科电类专业的一门重要技术基础课程，主要教学目标是使学生掌握电工技术的基本理论、基本知识和基本技能，为后续专业综合课程的学习以及今后的职业生涯奠定坚实的基础。

为了适应高职高专教育人才培养模式和教学内容体系改革的需要，本书以基础知识"够用"为原则，对内容精心选择，做到了浅显易学，精简好用，全书结构严谨，重点突出，知识深入浅出，示例通俗易懂。特别增加电工仪表与测量部分的内容，注重理论联系实际，重视培养学生分析、解决实际问题的能力。

本书秉承新形态一体化教材的理念，同步在线课程"电工线路规划与实施"已经在智慧树在线教育平台上线运行，通过丰富的微课视频、学习资料等达到立体化教材的建设目的，符合工业化、信息化新时代学习者的需求。同步在线课程免费提供线上线下交互式课堂学习、在线自学、论坛问答、章节测试、期末考试等丰富的学习资源，有效提升学习者的学习效果。

本书将整个电工电路分析及应用知识体系分成 7 章，内容包括认识电路、直流电路的分析、单相交流电路的分析、三相交流电路的分析、暂态电路的分析、磁路与变压器、电工仪表与测量以及附录中的安全用电基本知识、用电节能等。

本书可作为高职高专院校自动化类专业、机电类专业、机械制造类专业、设备维护类专业的教材，也可作为应用型本科、成人教育、电视大学、函授学院、中职学校、培训班的教材以及企业工程技术人员的自学参考书。

本书由陕西工业职业技术学院张维任主编，陕西工业职业技术学院谭王景、耿凡娜任副主编，陕西工业职业技术学院王晴参加编写，其中王晴编写第 1 章，谭王景编写第 2 章、第 5 章、第 7 章，张维编写第 3 章、第 6 章、附录 1、附录 2，耿凡娜编写第 4 章。本书由陕西工业职业技术学院芦晶担任主审。由于编者的水平有限，书中难免存在不妥之处，恳请读者批评指正。

目　录

第1章　认识电路

（1）认识实际电路，建立电路模型。
（2）掌握电路变量电压、电流、功率等重要概念及其计算方法。
（3）认识电阻、电容、电感、电源元件及其伏安特性。
（4）学会简单电阻的串并联电路分析。
（5）掌握基尔霍夫定律及其应用。

日常生活中，会有各种各样的电气设备，而电已经成为我们生活中不可缺少的一部分。在电气设备中，电路是必不可少的，它是组成电气设备的基础。例如：供电电路传输电能；整流电路将交流电变成直流电；滤波电路滤掉有用信号上的噪声，完成信号处理等。因此，认识电路、学习电路是电工技术的基础。本章主要介绍电路的基础知识，电路的基本规律和方法。

1.1　电路和电路模型

电路和电路模型

搭接如图1-1所示的简单直流照明电路。根据给定电路正确连线，使灯泡正常发光。

思考：灯泡为什么会发光？灯泡两端的电压是多少？通过灯泡的电流是多少？如何分析电路的电压和电流？

1.1.1　电路的作用

电路是人们为实现某种功能而设计出来的一种电流的通路，就其功能而言可以概括为两类。

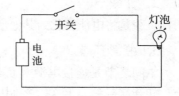

图1-1　直流照明电路

一类是实现电能的传输、分配与转换的强电类电路，即如图1-2所示的电力电路。发电机是实现把热能、水能和核能转变成电能的装置，是电路的电源部分。升压变压器、输电线、降压变压器是实现电能传输和分配的装置，是电路的中间环节。电灯、电动机、电炉等是实现将电能转换为光能、机械能和热能的装置，是电路的负载。

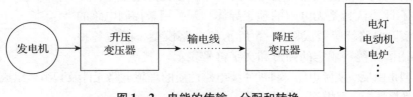

图1-2　电能的传输、分配和转换

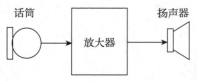

图 1-3 信号的传递与处理

另一类是实现信号的传递与处理的弱电类电路，例如生活中常见的电话机、电视机等的线路。图 1-3 中，话筒将语音转换为电信号，放大器对电信号进行放大处理，扬声器将电信号转换成声音信号。

1.1.2 电路的组成

为了完成不同的功能，电路的种类多样、形式各异。但一个完整的电路一般都由以下三个基本部分组成，即电源、负载和中间环节。

1. 电源

电源是产生电能和电信号的装置。各种发电机、干电池、稳压电源、信号源等都属于电源装置，如图 1-4 所示。

图 1-4 各种电池与信号源

2. 负载

负载是将电能转化为其他形式的能量的用电设备，如电灯、电动机、电炉、扬声器等。

3. 中间环节

中间环节是连接电源和负载形成电流通路并且控制电路的通、断和起保护作用的部分，如连接导线、开关、控制电器、保护电器等。

1.1.3 电路模型

图 1-1 是按照实物画出的实际电路，虽然很直观，但不便于画图和分析计算。为了便于用数学方法分析电路，一般要将实际电路等效成理想电路模型。理想电路模型是用能够反映电路电磁性质的理想电路元件及其组合来模拟实际电路的。例如图 1-1 由电池、灯泡、开关组成的实际电路中，电池是电源元件，其参数为电动势 U_S 和内阻 R_0；灯泡主要具有消耗电能的性质，是电阻元件，其参数为电阻 R；导线电阻忽略不计，认为是无电阻的理想导体，开关用来控制电路的通断。那么实际电路就等效成图 1-5 所示的电路模型，图中各种电路元件都用国家统一规定的图形和文字符号表示。

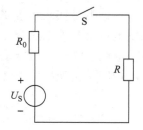

图 1-5 电路模型

电路模型是由反映实际电路部件的主要电磁性质的理想电路元件及其组合组成的电路。以后分析的电路都是指电路模型，简称电路。

1.1.4　理想元件

在电工电路中常用的理想电路元件有以下几种，它们分别反映了实际元件的一种电磁特性。

电阻——反映消耗电能的元件，如电阻器、灯泡、电炉，其主要特征是消耗电能。

电感——反映产生磁场、储存磁场能量的特征，如各种电感线圈。

电容——反映产生电场、储存电场能量的特征，如各种电容器。

电源元件——表示各种将其他形式的能量转变成电能的元件，包括电压源和电流源。

如图 1-6 所示，这些基本的理想电路元件的共同点是都只有两个端子，即都为二端元件；但它们的特性各不相同，即伏安特性不同。

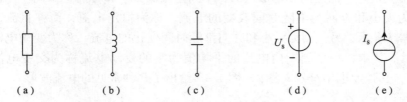

图 1-6　理想元件

（a）电阻　（b）电感　（c）电容　（d）电压源　（e）电流源

分析电路时，都是把实际电路元件用理想元件或它们的组合代替，从而使电路的分析得到简化。例如，电感线圈这一实际电路元件在不同的应用条件下，其电路模型可以有不同的形式，如图 1-7 所示。

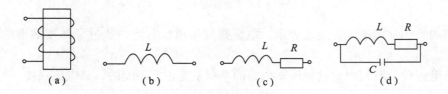

图 1-7　电感线圈的等效

（a）实际符号　（b）低频电路中的等效　（c）高频电路中的等效　（d）超高频电路中的等效

思考讨论 >>>

1. 电路由哪几部分组成？各部分有什么作用？
2. 如何用万用表测量电阻阻值？

1.2　电路的基本物理量

图 1-8 所示的小灯泡电路已搭接好，小灯泡之所以能够发光是因为有电流通过灯泡，那么通过灯泡的电流是多少？如何测量？

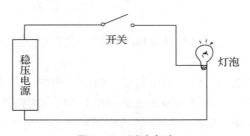

图1-8 测试电路

电流

1.2.1 电流

电流是由大量电荷的定向移动形成的，不同电流的大小和方向也不同。电流主要分为两类：一类为大小和方向均不随时间改变的电流，称为恒定电流，简称直流，写作 DC，其强度用符号 I 表示；另一类为大小和方向都随时间变化的电流，称为变动电流，其强度用符号 i 表示。其中，一个周期内电流的平均值为零的变动电流称为交变电流，简称交流，写作 AC，其强度也用符号 i 表示。图1-9给出了几种常见的电流波形。

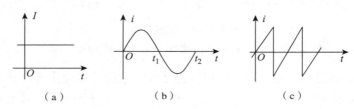

（a）　　　　　　　（b）　　　　　　　（c）

图1-9 几种常见电流波形

（a）直流电流　（b）正弦波电流　（c）锯齿波电流

电流的大小常用电流强度来表示。电流强度指单位时间内通过导体横截面的电荷量，简称电流。

直流电流单位时间内通过导体横截面的电荷量是恒定不变的，其电流强度

$$I = \frac{Q}{t} \tag{1-1}$$

对于变动电流（含交流），其电流瞬时值

$$i = \frac{\mathrm{d}q}{\mathrm{d}t} \tag{1-2}$$

在国际单位制（SI）中，电流的单位是安培，符号为 A，常用单位还有千安（kA）、毫安（mA）和微安（μA）等，其关系如下：

$$1 \text{ kA} = 1\,000 \text{ A} = 10^3 \text{ A}$$

$$1 \text{ mA} = 10^{-3} \text{ A}$$

$$1 \text{ μA} = 10^{-6} \text{ A}$$

电路中的电流可以很方便地用电流表测出。图1-10（a）为数模直流电流表，测量直流电流时，要把直流电流表串联到待测量的支路中，且要预先估计被测电流的大小，选择合适的量程，或者将挡位旋至最高，避免损坏仪表。图1-10是

（a）　　　　　　　（b）

图1-10 两种直流电流表

（a）数模直流电流表　（b）直流电流表

实验室中常用的两种直流电流表。

电流除了有大小还有方向，电流的实际方向习惯上规定为正电荷运动的方向，如图 1-11 所示。

因此，要完整描述电流，就要从电流的大小和方向两方面入手。然而在分析电路时，有些复杂电路中的电流的实际方向很难立即判断出来，有时电流的实际方向还会不断改变，在电路中很难标明电流的实际方向。图 1-12 中，R_X 支路的电流实际方向很难确定，为分析方便，引入电流的"参考方向"这一概念。对于一条特定电路来说，电流的方向只有两种情况，可任意选定一个方向作为电流的参考方向，用箭头表示，如图 1-12 所示。确定了参考方向后，电流就成为一个代数量。当电流为正值（$I>0$）时，电流的实际方向与参考方向相同；当电流为负值（$I<0$）时，电流的实际方向与参考方向相反，如图 1-13 所示。

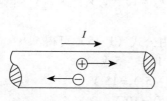
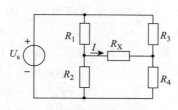
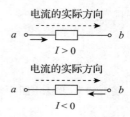

图 1-11　电流的方向　　　图 1-12　电桥电路　　　图 1-13　电流的参考
方向与实际方向

常见电流的参考方向有三种表示方法，如图 1-14 所示。

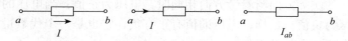

图 1-14　电流参考方向的表示方法

在求解电路中的电流时，首先要假定电流的参考方向，按照假定的参考方向求解。若由计算得出的电流为正，则表明电路中电流的实际方向与参考方向相同；反之，电流的实际方向与参考方向相反。显然，电流的正、负，只有在选定了参考方向以后才有意义。

1.2.2　电压与电位

1. 电压

在物理课中我们已经学过，电场中 a、b 两点间电压（电势差）的大小等于电场力把单位正电荷由 a 点移动到 b 点所做的功，用 U_{ab} 表示，则

电压与电位

$$U_{ab} = \frac{W_{ab}}{q} \tag{1-3}$$

其中，W_{ab} 为电场力把正电荷 q 从电场中 a 点移到电场中 b 点时所做的功，并规定电压的方向为电场力做功使正电荷移动的方向，即由高电位（+）指向低电位（-）。对于非点电荷，则

$$u_{ab} = \frac{\mathrm{d}W_{ab}}{\mathrm{d}q} \tag{1-4}$$

电压的单位为伏特（V），常用的单位还有千伏（kV）、毫伏（mV）、微伏（μV）。

它们之间的换算关系为

$$1 \text{ V} = 1\ 000 \text{ mV} = 10^3 \text{ mV}$$

$$1 \text{ V} = 1\ 000\ 000 \text{ μV} = 10^6 \text{ μV}$$

$$1 \text{ kV} = 1\ 000 \text{ V} = 10^3 \text{ V}$$

2. 电位

在复杂电路中，经常用电位的概念来分析电路。所谓电位，是指某点到参考点的电压，用 V 表示。由此可见，电路中 a、b 两点间的电压就等于 a、b 两点的电位差，即

$$U_{ab} = V_a - V_b \tag{1-5}$$

因此，电位的值与参考点的选取有关，而电压则与参考点的选取无关。电路中用接地符号"⊥"表示电位为零的参考点。

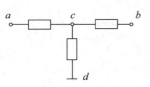

图 1-15　例 1.1 图

例 1.1　在图 1-15 所示的电路中，d 点为参考点，已知 a、b 和 c 三点的电位分别为 $V_a = 10 \text{ V}$，$V_b = 15 \text{ V}$，$V_c = -5 \text{ V}$，试求电压 U_{ab}、U_{ac} 和 U_{ad}。

解： d 点为参考点，即 $V_d = 0$，由公式（1-5）可得

$$U_{ab} = V_a - V_b = 10 - 15 = -5 \text{ V}$$

$$U_{ac} = V_a - V_c = 10 - (-5) = 15 \text{ V}$$

$$U_{ad} = V_a - V_d = 10 - 0 = 10 \text{ V}$$

3. 电压与电流的关联方向

与电流类似，在分析电路时，也要预先设定电压的参考方向。电压的参考方向也是任意假定的，当电压的实际方向与参考方向相同时，电压为正值；当电压的实际方向与参考方向相反时，电压为负值。这样，电压的值有正有负，它也是一个代数量，其正负表示电压的实际方向与参考方向的关系。

电压的参考方向既可以用实线箭头表示，如图 1-16（a）所示；也可以用正（+）、负（-）极性表示，如图 1-16（b）所示，正极性指向负极性的方向就是电压的参考方向；还可以用双下标表示，如图 1-16（c）所示，其中 U_{ab} 表示 a、b 两点间的电压参考方向由 a 指向 b。

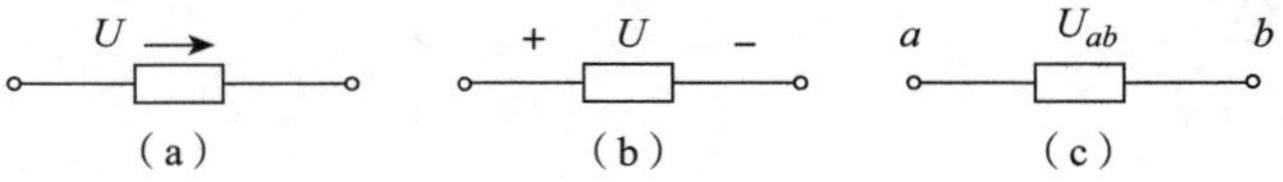

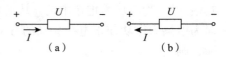

图 1-16　电压参考方向的表示方法

（a）方法一　（b）方法二　（c）方法三

电压与电流既然都有参考方向，而它们的参考方向又都是任意假定的，那么就有两种可能性，要么电流与电压的参考方向相同，要么两者的参考方向相反。若电流的参考方向与电压的参考方向一致，则称为关联参考方向，如图 1-17（a）所示；若电流的参考方向与电压的参考方向相反，则称为非关联参考方向，如图 1-17（b）所示。

图 1-17　电压与电流的方向

（a）关联参考方向　（b）非关联参考方向

　　和电流一样，用直流电压表可以方便地测量出电路中的电压。图 1 - 18 为实验室中常用的两种直流电压表。测量时，要把直流电压表并联到被测量的元件或被测电路的两端；正表笔接在被测电路的高电位端，负表笔接在被测电路的低电位端；选择合适的量程，在未知电压的大小时挡位旋至最高，依照电压表的说明正确读数。

（a）

（b）

图 1 - 18　两种直流电压表

（a）数模直流电压表　（b）直流电压表

1.2.3　万用表的使用方法

　　万用表是一种常用的电工电子仪表，一般的万用表可以测量直流电压、直流电流、交流电压和电阻等。有些万用表还可测量电容、电感、功率、晶体管共射极直流放大系数等。

　　万用表主要有指针式和数字式两种，如图 1 - 19 所示。

　　1. 直流电压的测量

　　将万用表转换开关旋至直流电压挡上，根据被测电压的大小选择合适的量程，如果

（a）

（b）

图 1 - 19　万用表

（a）指针式万用表　（b）数字式万用表

不清楚被测电压的大小，则选择最高挡；然后将万用表的红黑表笔并联接在被测电压的两端，红表笔接在高电位端，黑表笔接在低电位端，读取数据。

　　2. 直流电流的测量

　　将万用表转换开关旋至直流电流挡上，根据被测电流的大小选择合适的量程，如果不清楚被测电流的大小，则选择最高挡；然后将万用表的红黑表笔串联接到被测电路中，电流应该从红表笔流入，从黑表笔流出；当指针反向偏转时，应将两表笔交换位置，再读取读数。被测电流的正负由电流的参考方向与实际方向是否一致决定。

　　3. 电阻的测量

　　用万用表测量电阻时，首先应该将表笔短接，将调零电位器调零，使指针在欧姆零位上，如图 1 - 20 所示。每次换挡之后也需重新调零。在选择欧姆挡位时，尽量选择被测阻值在接近表盘中心阻值读数的位置，以提高测试结果的精确度；如果被测电阻在电路板上，则应焊开其中一脚方可测试，否则被测电阻有其他分流器件，读数不准确。测量电阻阻值时，两手手指不要分别接触表笔与电阻的引脚，以防人体电阻分流，从而增加误差。

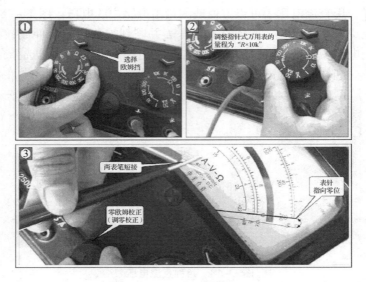

图 1-20　用万用表测量电阻

电能和功率

1.2.4　电能和功率

1. 功率的计算

在电路的分析和计算中，能量和功率的计算是十分重要的。一方面，电路在工作时总伴随有电能与其他形式能量的相互交换；另一方面，电气设备和电路元件本身都有功率的限制，在使用时要注意其电流值或电压值是否超过额定值，过载会使设备或元件损坏或不能正常工作。

功率与电压、电流密切相关。当正电荷从元件上电压的正极"＋"经过元件移动到电压的负极"－"时，与此电压相应的电场力要对电荷做功，这时元件吸收能量；反之，正电荷从电压的负极"－"经过元件移动到电压正极"＋"时，电场力做负功，元件向外释放电能。

功率的定义：单位时间内电场力所做的功称为电功率，简称为功率。因此，功率

$$P = \frac{W}{t}$$

变化的电功率的瞬时值

$$P = \frac{\mathrm{d}W}{\mathrm{d}t}$$

由电压的定义可知 $\mathrm{d}W = u\mathrm{d}q$，又由于 $i = \mathrm{d}q/\mathrm{d}t$，因此电路消耗（或吸收）的功率

$$P = \frac{\mathrm{d}W}{\mathrm{d}t} = ui \qquad (1-6)$$

在直流电路中，电流、电压均为常量，故

$$P = UI \qquad (1-7)$$

在式（1-6）和式（1-7）中，电流和电压为关联参考方向，计算的功率为电路吸收（或消耗）的功率。若电流和电压为非关联参考方向，如图 1-21 所示，则这时 u' 与 i 为非关联参考方向，$u' = -u$，电路消耗的功率 $P = ui = -u'i$。也就是说，当某段电路上电

流和电压为非关联参考方向时，这段电路吸收（或消耗）的功率

$$P = -UI \qquad (1-8)$$

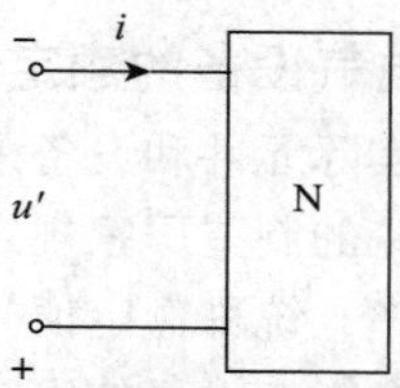

若电流的单位为安培（A），电压的单位为伏特（V），则功率的单位为瓦特（W），简称为瓦。

图1-21 非关联参考方向下的功率

由功率的计算公式得出的结果有下列情况。

① $P > 0$，说明该段电路吸收（或消耗）功率。

② $P = 0$，说明该段电路不消耗功率。

③ $P < 0$，说明该段电路释放（或发出）功率。

2. 电能的计算

当已知设备的功率为 P 时，则在 t 秒内设备消耗的电能

$$W = Pt$$

电能就等于电场力所做的功，单位是焦耳（J）。工程上，直接用千瓦时（kW·h）作单位，俗称"度"，且 $1\,\text{kW·h} = 3\,600\,000\,\text{J}$。

例1.2 在图1-22中，用方框代表某一电路元件，其电压、电流如图所示，求图中各元件吸收的功率，并说明该元件实际上是吸收功率还是发出功率。

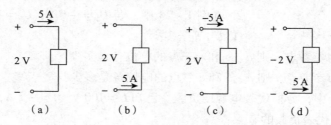

图1-22 例1.2图
(a) 图1 (b) 图2 (c) 图3 (d) 图4

解： 图1中电压、电流的参考方向关联，元件吸收的功率

$$P = UI = 2 \times 5 = 10\,\text{W} > 0$$

元件实际上是吸收功率。

图2中电压、电流的参考方向非关联，元件吸收的功率

$$P = -UI = -2 \times 5 = -10\,\text{W} < 0$$

元件实际上是发出功率。

图3中电压、电流的参考方向关联，元件吸收的功率

$$P = UI = 2 \times (-5) = -10\,\text{W} < 0$$

元件实际上是发出功率。

图4中电压、电流的参考方向非关联，元件吸收的功率

$$P = -UI = -(-2) \times 5 = 10\,\text{W} > 0$$

元件实际上是吸收功率。

1.2.5 电气设备的额定值

电气设备的额定值

对于实际元件和设备来说，为了避免因过热而加速电气设备的老化甚至烧毁，设备的制造厂家规定了电气设备在正常运行时的规定使用值（电压、电流或功率，统称额定值），标在产品上。只有在额定值下设备才能正常工作，否则会影响设备的安全和寿命。比如，在电动机和变压器等设备中，能量损耗引起的发热会使绝缘材料的温度升高，使材料加速老化或烧毁，从而造成事故。因此，使用设备时必须注意不能超过制造厂家规定的额定值。当然选择设备额定值也不是越大越好。

① 额定工作状态：$I = I_N$，$P = P_N$（经济合理安全可靠）。

② 过载（超载）：$I > I_N$，$P > P_N$（设备易损坏）。

③ 欠载（轻载）：$I < I_N$，$P < P_N$（不经济）。

其中，I_N 和 P_N 分别表示设备的额定电流和额定功率。

思考讨论 >>>

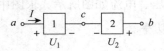

图 1-23 题 1、2 图

1. 在图 1-23 中，若电流和电压的参考方向如图所示，问元件 1 和元件 2 的电流与电压参考方向是关联还是非关联？

2. 在图 1-23 中，若 $U_1 = -6$ V，$U_2 = 4$ V，则

① U_{ab} 等于多少？

② 若选 b 点为参考点，则 a、b 和 c 三点的电位各是多少？

③ 若选 c 点为参考点，则 a、b 和 c 三点的电位各是多少？

3. 在图 1-24 中，方框代表电源或负载。已知 $U = 100$ V，$I = -2$ A，方框代表电源的有_____；方框代表负载的有_____。

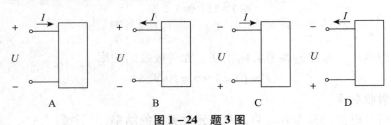

图 1-24 题 3 图

1.3 电阻元件

电阻器是实际电路中最常见的电路元件之一。它在电路中起什么作用？怎样识别它？电阻器的电路模型是什么？有什么特性？

1.3.1 电阻器

1. 电阻器的类型

在电路中对电流有阻碍作用并且造成能量消耗的元件叫作电阻元件。电

电阻

阻是一种最常见的用于反映电流热效应的二端电路元件。电阻的大小与导体的几何形状和材料的导电性能有关：

$$R = \rho L / s \tag{1-9}$$

其中，ρ 表示电阻率，是材料对电流起阻碍作用的物理量；L 表示导体的长度；s 表示导体的横截面积。

实际电路中的电阻器、灯泡、电炉等元件均为耗能元件，耗能元件的电路模型用电阻表示。电阻器通常就叫电阻，在电路图中用字母 R 或 r 表示，常见的电阻器如图1-25所示。

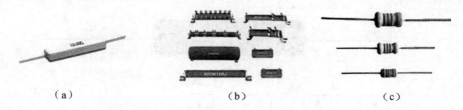

（a）　　　　　　　　　（b）　　　　　　　　　（c）

图 1-25　常见电阻器

（a）水泥电阻器　（b）绕线可调电阻器　（c）金属膜电阻

电阻器的种类很多。按功能可分为固定电阻器、可变电阻器和特殊电阻器。固定电阻器的阻值是固定不变的，可变电阻器的阻值可在一定范围内调节改变，特殊电阻器的阻值随外界条件（如温度、压力、光线等）的变化而变化。按材料电阻器可分为碳膜电阻、金属膜电阻、水泥电阻和绕线电阻等。按用途电阻器可分为通用型、精密型、高阻型、高压型、高频无感型和特殊电阻。其中特殊电阻又分为光敏电阻、热敏电阻、压敏电阻等。

电路图中常用电阻器的符号如图 1-26 所示。

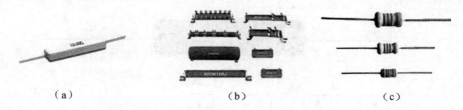

（a）　　　（b）　　　（c）　　　（d）　　　（e）

图 1-26　电阻器的符号

（a）固定电阻　（b）压敏电阻　（c）可调电阻　（d）抽头固定电阻　（e）电位器

2. 电阻器的主要性能参数

电阻器的性能参数主要包括标称阻值、允许偏差、额定功率、最高工作温度、最高工作电压、噪声系数和高频特性等。在选用电阻器时一定不能突破极限参数，尤其要考虑阻值、额定功率及允许偏差。其他参数一般在特定条件下才予以考虑。

电阻值的 SI（国际单位制）单位是欧姆，简称欧，通常用符号"Ω"表示。常用的单位还有"kΩ""MΩ"，它们的换算关系如下：

$$1\ \text{M}\Omega = 1\ 000\ \text{k}\Omega = 1\ 000\ 000\ \Omega$$

电阻的倒数称为电导，用字母 G 表示，即

$$G = \frac{1}{R}$$

电导的 SI 单位为西门子，简称西，通常用符号"S"表示。电导也是表征电阻元件特性的参数，反映的是电阻元件的导电能力。

平常所说电阻器的电阻值为多少欧姆就是指标称阻值，它是一个近似值，与实际阻值

有一定偏差。误差等级按国家标准规定有 E24、E12 和 E6 系列。其中，E24 系列的最大误差为 ±5%，E12 系列的最大误差为 ±10%，E6 系列的最大误差为 ±20%。

额定功率是电阻正常工作时消耗的功率，它是选择电阻器时首先要考虑的一个参数，电阻器的额定功率应满足电路的需要。

3. 电阻器的型号

国产电阻器和电位器的型号命名由 4 部分组成，每部分用字母或数字表示，如图 1 - 27 所示。

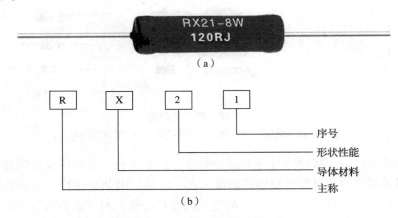

图 1 - 27　电阻类别及型号表示

（a）实物图　（b）型号组成

电阻类别的字母符号标志说明见表 1 - 1。

表 1 - 1　电阻型号命名含义

第一部分 主称		第二部分 导体材料		第三部分 形状性能		第四部分 序号
R	电阻	T	碳膜电阻	X	大小	对主称、材料特征相同，仅尺寸性能指标略有差别，但基本上不影响互换的产品给同一序号，若尺寸、性能指标的差别已明显影响互换，则在序号后面用大写字母予以区别
				J	精密	
		J	金属膜电阻	L	测量	
				G	高功率	
		Y	金属氧化膜电阻	1	普通	
		X	绕线电阻	2	普通或阻燃	
				3	超高频	
		M	压敏电阻	4	高阻	
				5	高温	
W	电位器	G	光敏电阻	7	精密	
				8	高压	
		R	热敏电阻	9	特殊	

4. 电阻的规格标注方法

电阻的标注方法有色标法、直标法和文字符号描述法。直标法是将电阻的类别、标称阻值及误差、额定功率等主要参数直接标注在它的表面上，如图 1 - 28（a）所示。目前最常用的是色标法。色标法就是将电阻的类别及主要技术参数用颜色（色环或色点）标注在它的表面上，如图 1 - 28（b）所示。碳质电阻和一些小碳膜电阻的阻值和误差，一般用色环来表示（个别电阻也有用色点表示的）。

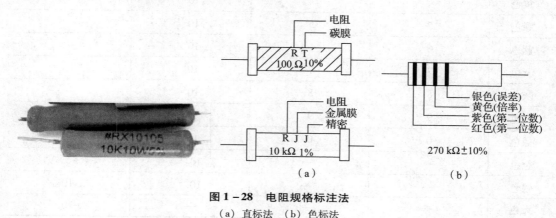

图 1 - 28　电阻规格标注法

（a）直标法　（b）色标法

色标法是在电阻元件的一端画有三道或四道色环，紧靠电阻端的为第一色环，其余依次为第二、三、四色环。第一道色环表示阻值第一位数字，第二道色环表示阻值第二位数字，第三道色环表示阻值倍率数字，第四道色环表示阻值的允许误差。

普通精度的电阻用四条色环来表示其阻值与误差级别，首先要把颜色与所代表的数字记熟，即：棕1、红2、橙3、黄4、绿5、蓝6、紫7、灰8、白9、黑0。把色环与数字的对应关系编成口诀如下：

棕1红2橙上3，4黄5绿6是蓝，

7紫8灰9雪白，黑色是0须记牢。

首先背熟口诀，其次是第三环所表示的数量级，即第三环表示第一、二位有效数字之后的"0"的个数，再加上最后一环，金色为 I 级误差（±5%）、银色为 II 级误差（±10%），这样就能迅速读出阻值和误差了。精密电阻（误差为 ±2%）用五条色环表示，可与四条色环进行比较，记忆其规律。色环所代表的数及数字意义如表 1 - 2 所示。例如有一只电阻有四个色环，颜色依次为红、紫、黄、银，则这个电阻的阻值为 270 000 Ω，误差为 ±10%（即 270 kΩ ±10%）；另有一只电阻标有棕、绿、黑三道色环，显然其阻值为15 Ω，误差为 ±20%（即 15 Ω ±20%）；还有一只电阻的四个色环颜色依次为绿、棕、金、银，则其阻值为 5.1 Ω，误差为 ±10%（即 5.1 Ω ±10%）。

表 1 - 2　色环所代表的数及数字意义

色　别	第一色环 （第一位数）	第二色环 （第二位数）	第三色环 （应乘位数）	第四色环 （允许误差）
棕色	1	1	10^1	—

续表

色 别	第一色环 （第一位数）	第二色环 （第二位数）	第三色环 （应乘位数）	第四色环 （允许误差）
红色	2	2	10^2	—
橙色	3	3	10^3	—
黄色	4	4	10^4	—
绿色	5	5	10^5	—
蓝色	6	6	10^6	—
紫色	7	7	10^7	—
灰色	8	8	10^8	—
白色	9	9	10^9	—
黑色	0	0	10^0	—
金色	—	—	10^{-1}	±5%
银色	—	—	10^{-2}	±10%
无色				±20%

　　应当指出，拿到一个色环电阻时，第一色环指的是最靠近电阻端部的那个色环，否则会读反，初学者应多加实践练习。

1.3.2　电阻元件的伏安特性

　　电阻元件的特性，可以用其两端的电压与电流的关系表示，称为伏安特性。伏安特性可以很直观地用 $u-i$ 平面的一条曲线表示，称为电阻元件的伏安特性曲线。如果伏安特性曲线是一条过原点的直线，如图 1-29（a）所示，这样的电阻元件称为线性电阻元件。在工程上，还有许多电阻元件，其伏安特性曲线是一条过原点的曲线，这样的电阻元件称为非线性电阻元件。图 1-29（b）所示是二极管的伏安特性曲线，所以二极管是一个非线性电阻元件。

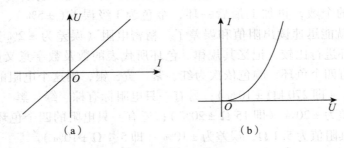

图 1-29　电阻的伏安特性曲线
（a）线性电阻　（b）非线性电阻

　　严格地说，实际电路器件的电阻都是非线性的。如常用的白炽灯，只有在一定的工作范围内，才能把白炽灯近似看成线性电阻，而超过此范围，就成了非线性电阻。

1.3.3　欧姆定律

欧姆定律

欧姆定律是电路分析中的重要定律之一，它表示流过线性电阻的电流与该电阻两端电压之间的关系，反映了电阻元件的特性。

欧姆定律指出：在电阻电路中，当电压与电流为关联参考方向时，电流的大小与电阻两端的电压成正比，与电阻值成反比。即欧姆定律可用下式表示：

$$I = \frac{U}{R} \tag{1-10}$$

当选定电压与电流为非关联参考方向时，欧姆定律可用下式表示：

$$I = -\frac{U}{R} \tag{1-11}$$

在国际单位制中，电阻的单位为欧姆（Ω）。当电路两端的电压为 1 V，通过的电流为 1 A 时，该段电路的电阻为 1 Ω。

欧姆定律表达了电路中电压、电流和电阻的关系。使用欧姆定律时应注意的是欧姆定律只适用于线性电阻（R 为常数）。此外，若电阻上的电压与电流参考方向非关联，公式中应冠以负号，如式（1-11）。

1.3.4　电阻元件的功率

当电阻元件上电压 U 与电流 I 为关联参考方向时，由欧姆定律得 $U = RI$，元件吸收的功率

$$P = UI = I^2 R = \frac{U^2}{R} \tag{1-12}$$

若电阻元件上电压 U 与电流 I 为非关联参考方向，这时 $U = -RI$，元件吸收的功率

$$P = -UI = I^2 R = \frac{U^2}{R} \tag{1-13}$$

由式（1-12）和式（1-13）可知，P 恒大于或等于零，说明实际的电阻元件总是吸收功率，即是耗能元件。

对于一个实际的电阻元件，其参数主要有两个：一个是电阻值，另一个是功率。如果在使用时超过其额定功率，则元件将被烧毁。

在 t_0 到 t 的时间内，电阻元件吸收的电能

$$W = \int_{t_0}^{t} P(t)\,\mathrm{d}t = \int_{t_0}^{t} \frac{u^2(t)}{R}\,\mathrm{d}t = \int_{t_0}^{t} Ri^2(t)\,\mathrm{d}t$$

当电流、电压为常数时，上式可以写为

$$W = P(t - t_0) = UI(t - t_0) \tag{1-14}$$

例 1.3　一个额定电压为 220 V，额定功率为 100 W 的灯泡，试计算：

① 灯泡额定电流和电阻值；

② 灯泡在额定电压下每天工作 5 小时，则一个月（按 30 天计算）消耗的电能为多少？

解：① 由 $P = UI = U^2/R$ 可得

额定电流

$$I = P/U = 100 \text{ W}/220 \text{ V} = 0.454\,5 \text{ A}$$

阻值

$$R = U^2/P = (220 \text{ V})^2/100 \text{ W} = 484 \text{ }\Omega$$

② 一个月（按30天计算）灯泡消耗的电能为

$$W = PT = 100 \text{ W} \times (5 \text{ h} \times 30) = 15 \times 10^3 \text{ W} \cdot \text{h} = 15 \text{ kW} \cdot \text{h}$$

思考讨论 >>>

1. 2 kΩ 的电阻上通过 2 mA 的电流，试求：

① 电阻两端的电压；

② 电阻吸收的功率；

③ 电阻在 1 小时内消耗的电能。

2. 将两个标有 "110 V，20 W" 的灯泡串联后接在 220 V 的电源上是否合适？并联后接在 220 V 的电源上是否合适？

3. 试判断图 1 – 30 所示各电路中电阻元件的伏安关系式，正确的是_____；错误的是_____。

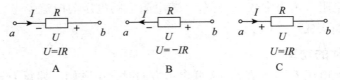

图 1 – 30　题 3 图

1.4　电感元件

电感

电感元件是组成电路模型的基本元件。与电阻不同的是，电感元件是储能元件，而电阻是耗能元件。电感元件储存的是磁场能量，因此它们在电路中表现出的性质不同。那么电感元件在电路中有什么特性呢？

1.4.1　电感元件的伏安关系

实际电路中的电感线圈在一定条件下其电路模型可看作电感元件。如图 1 – 31（a）所示，当有电流通过线圈时，其周围就会产生磁场，其磁通 Φ 与电流 i 的实际方向符合右手螺旋定则。当线圈电流变化时，它周围的磁场也要变化，这种变化的磁场在线圈自身将产生感应电压。这就是自感现象。

线圈一般是由许多线匝密绕而成的，与整个线圈相交链的总磁通称为线圈的磁链 Ψ，当线圈中没有铁磁材料时，磁链 Ψ 与电流 i 成正比。

$$\psi \propto i$$

即

$$\psi = Li \text{ 或 } L = \frac{\psi}{i}$$

比例系数 L 称为线圈的电感，它是电感元件的参数。电感元件的电路符号如图 1 – 31（b）所示。电感的电位为亨利，简称亨，用 H 表示。常用电位还有毫亨（mH）、微亨（μH）。

$$1 \text{ mH} = 10^{-3} \text{ H}$$

$$1 \text{ μH} = 10^{-3} \text{ mH}$$

当电感元件中的电流随时间变化时，其磁链 Ψ 也随时间变化，在线圈的两端将产生感应电压。如果感应电压的参考方向与磁链满足右手螺旋定则，根据电磁感应定律，有

$$u = \frac{\mathrm{d}\Psi}{\mathrm{d}t}$$

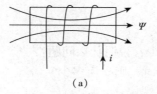 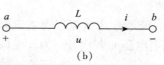

(a)   (b)

图 1 – 31　电感元件电压与电流的关系

(a) 电感元件　(b) 电路符号

若电感上电流的参考方向与磁链满足右手螺旋定则，则 $\Psi = Li$，代入上式得

$$u = L\frac{\mathrm{d}i}{\mathrm{d}t} \tag{1 – 15}$$

式（1 – 15）为电感元件电压与电流的关系。由于电压和电流的参考方向与磁链都满足右手螺旋定则，因此电压和电流为关联参考方向。电感元件的特性为电感元件的电压与电流的变化率成正比。如果电压和电流的参考方向为非关联，则式（1 – 15）前应冠以负号"–"。

例 1.4　已知电感电流 $i = 100\mathrm{e}^{-0.02t}$ mA，$L = 0.5$ H，求：

（1）电压表达式；

（2）$t = 0$ 时的电感电压。

解：（1）由电感元件的电压电流关系可知

$$u = L\frac{\mathrm{d}i}{\mathrm{d}t} = 0.5\frac{\mathrm{d}100\mathrm{e}^{-0.02t}}{\mathrm{d}t} = -\mathrm{e}^{-0.02t}$$

（2）$t = 0$ 时的电感电压

$$u = -\mathrm{e}^{-0.02t} = -\mathrm{e}^{-0.02 \times 0} = -1$$

1.4.2　电感元件储存的能量

在电压和电流的关联参考方向下，线性电感元件吸收的功率为

$$p = ui = Li\frac{\mathrm{d}i}{\mathrm{d}t}$$

从 $-\infty$ 到 t 的时间段内电感吸收的磁场能量为

$$W_{\mathrm{L}}(t) = \int_{-\infty}^{t} p\mathrm{d}t = \int_{-\infty}^{t} Li\frac{\mathrm{d}i}{\mathrm{d}t}\mathrm{d}t = \frac{1}{2}Li^2(t) - \frac{1}{2}Li^2(-\infty)$$

由于在 $t = -\infty$ 时，$i(-\infty) = 0$，代入上式中得

$$W_{\mathrm{L}}(t) = \frac{1}{2}Li^2(t) \tag{1 – 16}$$

这就是线性电感元件在任何时刻的磁场能量表达式。

从 t_1 到 t_2 时刻，线性电感元件吸收的磁场能量为

$$W_{\mathrm{L}} = L\int_{i(t_1)}^{i(t_2)} i\mathrm{d}i = \frac{1}{2}Li^2(t_2) - \frac{1}{2}Li^2(t_1) = W_{\mathrm{L}}(t_2) - W_{\mathrm{L}}(t_1)$$

当电流 $|i|$ 增加时，$W_L > 0$，元件吸收能量；当电流 $|i|$ 减小时，$W_L < 0$，元件释放能量。可见电感元件并不是把吸收的能量消耗掉，而是以磁场能量的形式储存在磁场中。所以，电感元件是一种储能元件。同时，它不会释放出多于它所吸收或储存的能量，因此它也是一种无源元件。

思考讨论 >>>

1. 当电感上电流 i 为直流稳态电流时，u 为多少？说明什么问题？
2. 若电感上电压 u 与电流 i 为非关联参考方向时，则 u 为多少？

1.5 电容元件

电容

电容元件也是组成电路模型的基本元件。电感和电容元件都是储能元件，电感元件储存的是磁场能量，电容元件储存的是电场能量。因此它们在电路中表现出的性质不同。那么电容元件在电路中有什么特性呢？

1.5.1 电容元件的伏安关系

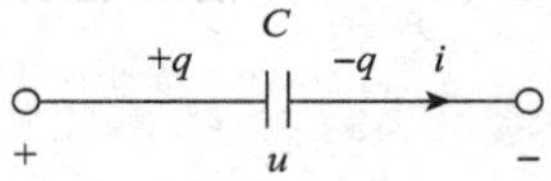

图 1-32 电容元件的电路符号

电容元件是储存电场能的元件，它是实际电容器的理想化模型。从原理上讲，两块彼此绝缘的金属，就形成一个实际电容器。其特点是两块金属上能储存等量异号电荷。实际电容器的能耗和漏电流都很小，忽略不计的情况下称为理想电容元件，简称电容。其电路符号如图 1-32 所示。

我们在物理学中已学习过电容的定义：

$$C = \frac{q}{u} \qquad (1-17)$$

上式中 q 是电容元件一个极板上的带电量，u 是两极板间的电压。C 是电容元件的参数，称为电容。如果电容是常量，这就是一个线性电容。电容的单位为法拉，简称法，其符号为 F。由于法拉单位比较大，因此在实际使用时常用微法（μF）或皮法（pF）表示。

$$1 \ \mu F = 10^{-6} \ F$$
$$1 \ pF = 10^{-12} \ F$$

一般情况下，说"电容"一词及其符号 C 时，既表示电容元件也表示电容量的大小。图 1-33 中，当电流 i 与电压 u 参考方向一致时，$q = Cu$。

由 $i = dq/dt$ 得

$$i = \frac{dq}{dt} = C \frac{du}{dt} \qquad (1-18)$$

式（1-18）即为电容元件的电压与电流的关系。如果电压和电流的参考方向为非关联，则公式前应冠以负号"–"。

$$i = \frac{dq}{dt} = -C \frac{du}{dt} \qquad (1-19)$$

例 1.5 电容元件上的电压、电流方向如图 1-33 所示，已知 $u = -60 \sin 100t$ V，$C = 0.013$ F。求 $t = 2\pi/300$ s 时的电流。

解： 由题图可知，电容元件上的电压、电流方向为关联参考方向，根据公式（1-18）得

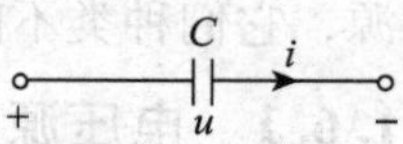

$$i = C\frac{\mathrm{d}u}{\mathrm{d}t} = C\frac{\mathrm{d}\ (\ -60\sin 100t)}{\mathrm{d}t} = -60 \times 100C\cos 100t$$

图 1-33　例 1.5 图

$$= -60 \times 100 \times 0.013\cos\ (100 \times 2\pi/300)$$

$$= 39\mathrm{A}$$

1.5.2　电容元件储存的能量

当电压和电流取关联参考方向时，线性电容元件吸收的功率为

$$p = ui = Cu\frac{\mathrm{d}u}{\mathrm{d}t}$$

从 $t = -\infty$ 到 t 时刻，电容元件吸收的电场能量为

$$W_{\mathrm{C}} = \int_{-\infty}^{t} u(i)i(t)\mathrm{d}t = \int_{-\infty}^{t} Cu(t)\frac{\mathrm{d}u(t)}{\mathrm{d}t}$$

$$= \int_{u(-\infty)}^{u(t)} u(t)\mathrm{d}u(t)$$

$$= \frac{1}{2}Cu^2(t) - \frac{1}{2}Cu^2(-\infty)$$

电容元件吸收的能量以电场能量的形式储存在元件的电场中。

可以认为在 $t = -\infty$ 时，$u\ (-\infty) = 0$，其电场能量也为零，因此电容元件在任何时刻（t）储存的电场能量 $W_{\mathrm{C}}(t)$ 等于它吸收的能量，可写为

$$W_{\mathrm{C}}(t) = \frac{1}{2}Cu^2(t) \tag{1-20}$$

从 t_1 到 t_2 时刻，电容元件吸收的能量为

$$W_{\mathrm{C}} = C\int_{u(t_1)}^{u(t_2)} u\mathrm{d}u = \frac{1}{2}Cu^2(t_2) - \frac{1}{2}Cu^2(t_1) = W_{\mathrm{C}}(t_2) - W_{\mathrm{C}}(t_1)$$

当 $|u\ (t_2)| > |u\ (t_1)|$ 时，$W_{\mathrm{C}}\ (t_2) > W_{\mathrm{C}}\ (t_1)$，电容元件充电；当 $|u\ (t_2)| < |u\ (t_1)|$ 时，$W_{\mathrm{C}}\ (t_2) < W_{\mathrm{C}}\ (t_1)$，电容元件放电。由上式可知，若元件原先没有充电，则它在充电时吸收并储存起来的能量一定会在放电完毕时全部释放，它并不消耗能量。所以，电容元件是一种储能元件。同时，电容元件也不会释放出多于它所吸收或储存的能量，因此它也是一种无源元件。

思考讨论 >>>

1. 流过电容的电流与其两端的电压有什么关系？
2. 当电容上 $\mathrm{d}u/\mathrm{d}t > 0$ 时，电容上的电流会怎样？
3. 当电容上 $\mathrm{d}u/\mathrm{d}t = 0$ 时，电容上的电流会怎样？
4. 当电容上 $\mathrm{d}u/\mathrm{d}t < 0$ 时，电容上的电流会怎样？

1.6　电源元件

生活中，我们见过的电源很多，如干电池、蓄电池以及实验室里的交流电源、直流电

源，它们种类不同、形式各异，那么用什么样的电路模型去表示电源呢？

1.6.1 电压源

1. 理想电压源

理想电压源简称为电压源（或恒压源），它的特点是：两端的电压一定或按照某给定规律变化，而与流过的电流无关。

端电压为固定常数的电压源称为直流电压源，而电压按照某给定规律变化的电压源称为交流电压源，其图形符号如图 1－34 所示。

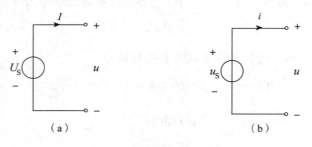

图 1－34　电压源符号

（a）直流电压源　（b）交流电压源

理想电压源的特点如下。

① 无论它的外电路如何变化，它两端的输出电压为恒定值 U_S，或为一定时间的函数 $u_S(t)$。

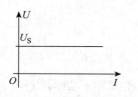

图 1－35　直流电压源伏安特性

② 通过电压源的电流虽是任意的，但仅由它本身是不能决定的，还取决于与之相连接的外部电路。

直流电压源的伏安特性如图 1－35 所示，它是一条以 I 为横坐标且平行于 I 轴的直线，表明其电流由外电路决定，不论电流为何值，直流电压源端电压总为 U_S。

例 1.6　计算图 1－36 电路图中电阻上的电压和电流。

解：图 1－36 中，由电压源的性质可知电压源的电压值与外电路无关，电阻上的电压 $U = U_S = 10\ V$；又由欧姆定律可知，电阻上的电流

$$I = U/R = 10\ V/5\ \Omega = 2\ A$$

思考：当图中电阻为 50 Ω 时，电阻上的电压和电流分别为多少？

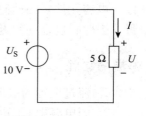

图 1－36　例 1.6 图

2. 实际电压源

理想电压源实际上是不存在的，只有在实际电压源的内阻可以忽略不计的情况下，才可以视其为理想电压源。当实际电压源的内阻不可忽略时，可以用一个电压源和一个电阻相串联的电路模型来表示实际电压源。图 1－37 中虚线框内的部分即为实际直流电压源的电路模型。

当实际电压源接上负载 R_L 之后，在图 1－37 所示的参考方向下，实际电压源的端电

压 U 与流过它的电流 I 之间的关系为

$$U = U_S - R_0 I \tag{1-21}$$

式中：U_S 为电压源电压；R_0 为实际电压源的内阻；I 为流过电压源和负载的电流；U 为实际电压源的端电压，也是负载 R_L 两端的电压。

由式（1-21）可知，在 U_S 和 R_0 不变的情况下，U 和 I 的关系曲线如图 1-38 所示。也就是说，实际直流电压源的伏安特性曲线是一条斜直线。当 I 不为零时，电压源的端电压 U 总是低于电压源电压 U_S。当 $R_0 \ll R_L$ 时，$U \approx U_S$，此时可以把一个实际电压源看作理想电压源。

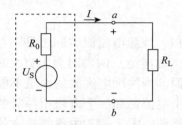
图 1-37　实际直流电压源供电电路

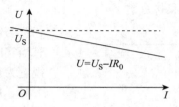
图 1-38　实际直流电压源伏安特性

1.6.2　电流源

1. 理想电流源

理想电流源简称电流源（或恒流源），它的特点是：电流固定或按照某给定规律变化，而与其端电压无关。电流为固定常数的电流源称为直流电流源，而电流按照某给定规律变化的电流源称为交流电流源，其图形符号如图 1-39 所示。

电流源

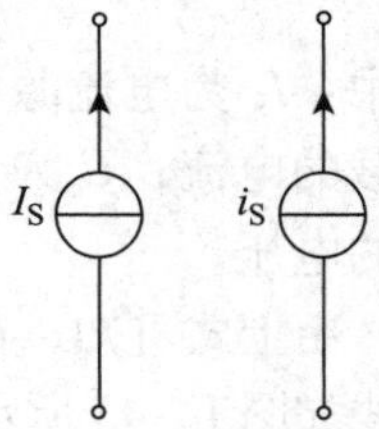

理想电流源有以下特点。

① 电流源的电流为恒定值 I_S，或为一定时间的函数 $i_S(t)$。

② 电流源的端电压由电流源和外接电路共同决定。

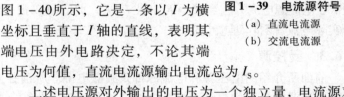

（a）　　　　（b）
图 1-39　电流源符号
（a）直流电流源
（b）交流电流源

直流电流源的伏安特性如图 1-40 所示，它是一条以 I 为横坐标且垂直于 I 轴的直线，表明其端电压由外电路决定，不论其端电压为何值，直流电流源输出电流总为 I_S。

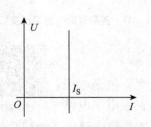
图 1-40　直流电流源伏安特性

上述电压源对外输出的电压为一个独立量，电流源对外输出的电流也为一个独立量，因此二者常被称为独立电源。

例 1.7　计算电路图 1-41（a）中电阻上的电压和电流。

解：由于电流源的电流值与外电路无关，则电阻上的电流 $I = I_S = 2$ A；又由欧姆定律可知，电阻上的电压 $U = IR = 2$ A $\times 5$ Ω $= 10$ V。

思考：当图 1-41（a）中电阻为 50 Ω 时，电阻上的电压和电流为多少？

当电路如图 1-41（b）所示时，电阻上的电压和电流是多少？

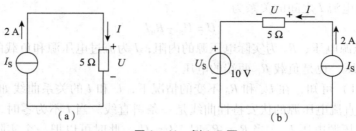

图 1-41 例 1.7 图

（a）电路一 （b）电路二

2. 实际电流源

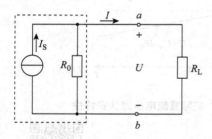

图 1-42 实际直流电流源供电电路

与电压源相似，理想电流源实际上是不存在的。只有当实际电流源（如电池）的内阻为无穷大时，才可以视它为理想电流源。当实际电流源的内阻不能视为无穷大时，可以用一个电流源和一个电阻相并联的电路模型来表示实际的电流源。图 1-42 中虚线框内的部分即为实际直流电流源的电路模型。

当实际电流源接上负载 R_L 之后，如图 1-42 所示，在图示的参考方向下，实际电流源的端电压 U 和通过负载的电流 I 之间的关系为

$$I = I_S - \frac{U}{R_0}$$

式中：I_S 为电流源电流；R_0 为实际电流源内阻；I 为流过负载的电流；U 为实际电流源的端电压，也是负载 R_L 两端的电压。

由上式可知，在 I_S 和 R_0 不变的情况下，U 和 I 的关系曲线如图 1-43 所示。也就是说，实际直流电流源的伏安特性曲线是一条斜直线。当 U 不为零时，流过负载的电流总是低于电流源电流 I_S。当 $R_0 \gg R_L$ 时，$I \approx I_S$，此时可以把一个实际电流源看作理想电流源。

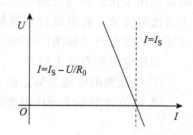

图 1-43 实际直流电流源伏安特性

1.6.3 受控源

前面所介绍的电压源和电流源都是独立电源。所谓独立电源，就是电压源的电压或电流源的电流不受外电路的控制而独立存在。此外，在电子电路中还将会遇到另一种类型的电源，电压源的电压和电流源的电流是受电路中其他部分的电流或电压控制的，这种电源称为受控电源。当控制的电压或电流消失或等于零时，受控电源的电压或电流也将为零。

受控源

1. 受控源分类

受控源在电子电路中得到了广泛的应用，例如晶体三极管是电子电路中常见的一种器件，它有基极 b、发射极 e 和集电极 c 三个电极。根据晶体三极管的特性，在一定范围内，集电极电流 i_c 与基极电流 i_b 成正比，即 $i_c = \beta i_b$。事实上 i_c 是受 i_b 控制的，如图 1-44（a）

所示。将其理想化，就可以用电流控制电流源来描述其工作性能。这种受控源简称 CCCS，其图形符号如图 1-44（b）所示。

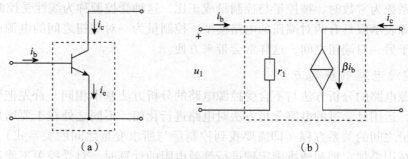

图 1-44 电流控制电流源的一个例子

（a）电路模型 （b）图形符号

独立源与受控源在电路中的作用不同。独立源作为电路的输入，反映了外界对电路的作用；受控源用来表示电路的某一器件中所发生的物理现象，反映了电路中某处的电压或电流能控制另一处的电压或电流。

根据控制量是电压还是电流以及受控的是电压源还是电流源，受控源有四种：电压控制电压源（VCVS）、电流控制电压源（CCVS）、电压控制电流源（VCCS）和电流控制电流源（CCCS）。它们在电路中的图形符号如图 1-45 所示，图中菱形符号表示受控电压源或受控电流源，其参考方向的表示方法与独立源相同。

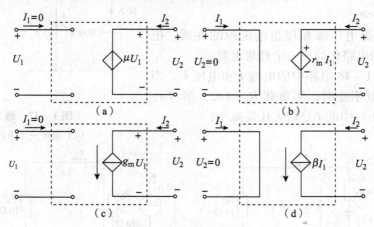

图 1-45 四种受控源

（a）VCVS （b）CCVS （c）VCCS （d）CCCS

四种受控源，在受控端与控制端之间的转移关系分别用 μ、g_m、r_m、β 来表示。即

$\mu = \dfrac{U_2}{U_1}$ 为电压控制电压源的转移电压比；

$g_m = \dfrac{I_2}{U_1}$ 为电压控制电流源的转移电导；

$r_m = \dfrac{U_2}{I_1}$ 为电流控制电压源的转移电阻；

$$\beta = \frac{I_2}{I_1}$$ 为电流控制电流源的转移电流比。

当这些系数为常数时，被控量与控制量成正比，这种受控源称为线性受控源。

把受控源表示成具有两对端钮的电路模型，控制量为一对端钮之间的电源或电流，被控制量存在于另一对端钮之间，这样常会带来方便。

2. 受控源电路的解题方法

含受控源电路的分析方法与不含受控源电路的分析方法基本相同。首先把受控源作为独立源看待，运用已学过的电路分析方法对电路进行化简。不同之处在于要增加一个控制量与所求变量之间的关系方程（即需要找到控制量与所求变量之间的关系式）。需要特别指出的是，在用叠加定理和戴维南定理进行等效电阻的计算时，对受控源不能像其他方法那样当成独立源处理，而要把它视为电阻来处理（即不能将其短路或断路，而要保持其在电路中原来的位置和原来的参数不变）。

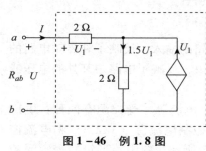

图 1-46 例 1.8 图

例 1.8 求图 1-46 中电路 ab 端口的输入电阻。

解：输入电阻

$$R_{ab} = \frac{U}{I} = \frac{U_1 + 2 \times 1.5U_1}{\frac{U_1}{2}} = 8\ \Omega$$

思考讨论 >>>

1. 根据理想电压源和理想电流源的性质，把图 1-47 所示的电路化简成一个理想电源。

2. 计算图 1-48 电路中的电流 I 和电压 U。当实际电源的参数不变时，将负载 R_L 增大，图（a）中的 U 和图（b）中的 I 是增大还是减小？

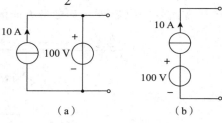

图 1-47 题 1 图
（a）电路一　（b）电路二

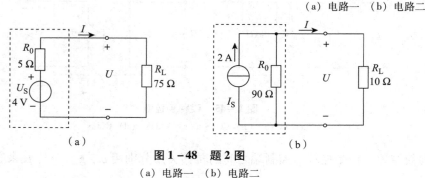

图 1-48 题 2 图
（a）电路一　（b）电路二

1.7　基尔霍夫定律的应用

分析和计算电路中的电压和电流时，所依据的不仅是元件的伏安特性，还有电路的基本规律：基尔霍夫定律。那么基尔霍夫定律的内容是什么？怎样用它来分析电路呢？

1.7.1 电路中的常用术语

基尔霍夫定律是电路中电压和电流所遵循的基本规律，是分析计算电路的基础。它包括两方面的内容：一是基尔霍夫电流定律，简写为 KCL 定律；二是基尔霍夫电压定律，简写为 KVL 定律。它们与构成电路的元件性质无关，仅与电路的结构有关。为了叙述问题方便，先介绍电路模型图中的一些常用术语。

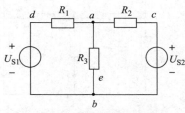

电路结构中的常用术语

1. 支路

一般来说，常把电路中流过同一电流的几个元件互相连接起来的分支称为一条支路。图 1-49 的电路中有三条支路，分别为 adb、aeb、acb。

2. 节点

一般来说，节点是指三条或三条以上支路的连接点。图 1-49 的电路中有两个节点，分别为 a 点和 b 点。

3. 回路

由一条或多条支路所组成的任何闭合电路称为回路。图 1-49 的电路中有三个回路，分别为 $adbca$、$adbea$、$aebca$。

图 1-49 电路的基本概念

4. 网孔

在电路图中，内部不含支路的回路称为网孔。图 1-49 的电路中有两个网孔，分别为 $adbea$ 和 $aebca$。

1.7.2 基尔霍夫电流定律（KCL）

基尔霍夫电流定律

基尔霍夫电流定律简称 KCL。它是根据电流的连续性，即电路中任一节点在任一时刻均不能堆积电荷的原理推导来的。其基本内容是：对电路中的任一节点，在任一时刻流出或流入该节点电流的代数和为零。写成数学表达式为

$$\sum_{i=1}^{n} I_i = 0 \qquad (1-22)$$

对于交流电路也可以写成

$$\sum_{i=1}^{n} i_i = 0 \qquad (1-23)$$

通常把上面两式称为节点电流方程，简称 KCL 方程。

应当指出：在列写节点电流方程时，各电流变量前的正、负号取决于各电流的参考方向与该节点的关系（是"流入"还是"流出"）；而各电流值的正、负反映了该电流的实际方向与参考方向的关系（是相同还是相反）。通常规定，对参考方向背离节点的电流取正号，而对参考方向指向节点的电流取负号。

例 1.9 在图 1-50 中，已知 $I_1 = 2$ A，$I_2 = -3$ A，$I_3 = -2$ A，试求 I_4。

解： 由基尔霍夫电流定律可知

$$I_1 - I_2 + I_3 - I_4 = 0$$

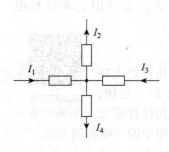

图 1 – 50　例 1.9 图

即

$$2 - (-3) + (-2) - I_4 = 0$$

得

$$I_4 = 3 \text{ A}$$

KCL 定律不仅适用于电路中的节点，还可以推广应用于电路中的任一假设的封闭面（称为广义节点）。即在任一瞬间，通过电路中的任一假设的封闭面的电流的代数和为零。

如图 1 – 51（a）所示，对于回路 2 – 3 – 4 – 2 有

$$i_1 + i_2 + i_3 = 0$$

图 1 – 51（b）中，$i = 0$；图 1 – 51（c）中，$i = 0$。

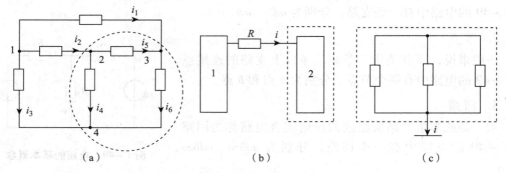

图 1 – 51　KCL 应用

（a）图 1　（b）图 2　（c）图 3

1.7.3　基尔霍夫电压定律（KVL）

基尔霍夫电压定律简称 KVL，它是根据能量守恒定律推导而得的，当单位正电荷沿任一闭合路径移动一周时，其能量不改变。它的内容是：对电路中的任一回路，在任一时刻沿回路绕行方向，各段电压的代数和为零。即

基尔霍夫电压
定律

$$\sum_{i=1}^{n} U_i = 0 \qquad\qquad (1 - 24)$$

在交流的情况下，则有

$$\sum_{i=1}^{n} u_i = 0 \qquad\qquad (1 - 25)$$

通常把上面两式称为回路电压方程，简称 KVL 方程。

在列写 KVL 方程时，需要任意选定一个回路的绕行方向，当电压的参考方向与绕行方向一致时，该电压前面取 " + " 号；当电压的参考方向与绕行方向相反时，则取 " – " 号。

例 1.10　有一闭合回路如图 1 – 52 所示，各支路的元件是任意的，已知 $U_{AB} = 5 \text{ V}$，$U_{BC} = -4 \text{ V}$，$U_{DA} = -3 \text{ V}$，试求 U_{CD}。

解： 由基尔霍夫电压定律可知

$$U_{AB} + U_{BC} + U_{CD} + U_{DA} = 0$$

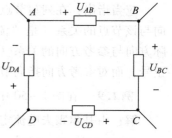

图 1 – 52　例 1.10 图

即

$$5 + (-4) + U_{CD} + (-3) = 0$$

得

$$U_{CD} = 2 \text{ V}$$

KVL 定律不仅适用于电路中的具体回路,还可以推广应用于电路中的任一假想的回路。即在任一瞬间,沿回路绕行方向,电路中假想的回路中各段电压的代数和为零。

例如,图 1 – 53 所示为某电路中的一部分,路径 a、f、c、b 并未构成回路,选定图中所示的回路"绕行方向",对假想的回路 $afcba$ 列写 KVL 方程有

$$-U_4 + U_5 - U_{ab} = 0$$

则

$$U_{ab} = -U_4 + U_5$$

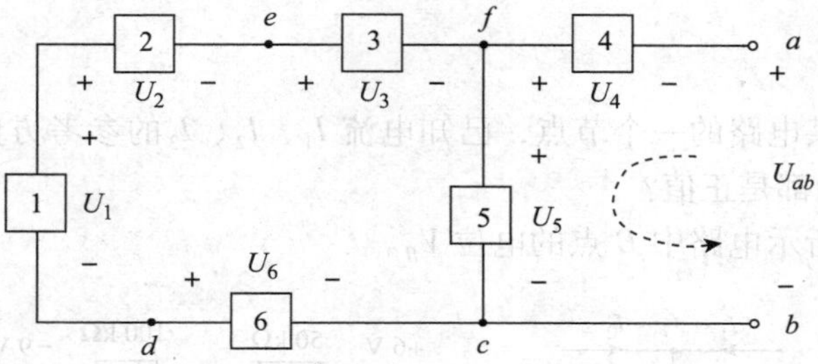

图 1 – 53   KVL 应用

由此可见:电路中 a、b 两点的电压 U_{ab} 等于以 a 为出发点,以 b 为终点的绕行方向上的任一路径各段电压的代数和。其中,a、b 可以是某一元件或一条支路的两端,也可以是电路中的任意两点。今后若要计算电路中任意两点间的电压,可以直接利用这一推论。

如例 1.10,如果还要求 U_{CA},虽然 $ABCA$ 不是闭合回路,也可应用基尔霍夫电压定律的推论列出

$$U_{AB} + U_{BC} + U_{CA} = 0$$

即

$$5 + (-4) + U_{CA} = 0$$

得

$$U_{CA} = -1 \text{ V}$$

例 1.11   如图 1 – 54 所示的电路中,已知 $R_1 = 10 \text{ k}\Omega$, $R_2 = 20 \text{ k}\Omega$, $U_{S1} = 6 \text{ V}$, $U_{S2} = 6 \text{ V}$, $U_{AB} = -0.3 \text{ V}$,试求电流 I_1、I_2 和 I_3。

解: 对回路 1 应用基尔霍夫电压定律得

$$-U_{S2} + R_2 I_2 + U_{AB} = 0$$

即

$$-6 + 20 I_2 + (-0.3) = 0$$

故

$$I_2 = 0.315 \text{ mA}$$

对回路 2 应用基尔霍夫电压定律得

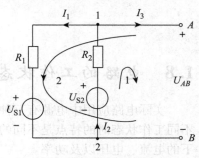

图 1 – 54   例 1.11 图

$$U_{S1} + R_1 I_1 - U_{AB} = 0$$

即

$$6 + 10I_1 - (-0.3) = 0$$

故

$$I_1 = -0.63 \text{ mA}$$

对节点 1 应用基尔霍夫电流定律得

$$-I_1 + I_2 - I_3 = 0$$

即

$$-(-0.63) + 0.315 - I_3 = 0$$

故

$$I_3 = 0.945 \text{ mA}$$

思考讨论 >>>

1. 图 1–55 是某电路的一个节点，已知电流 I_1、I_2、I_3 的参考方向如图所示，试判断这三个电流有无可能都是正值？

2. 求图 1–56 所示电路中 B 点的电位 V_B。

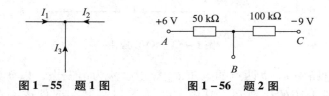

图 1–55　题 1 图　　　　图 1–56　题 2 图

3. 在图 1–57 所示的两个电路中，各有多少支路和节点？U_{ab} 和 I 是否等于零？

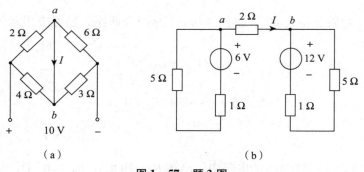

（a）　　　　　　　　（b）

图 1–57　题 3 图

（a）电路一　（b）电路二

1.8　电路的工作状态

电路的工作状态

　　实际电路应用中电源有三种状态，即有载工作状态、开路状态和短路状态。电路处在不同工作状态时的特点是不同的。下面以最简单的直流电源为例分别讨论电源在三种状态下的电流、电压以及功率。

1.8.1　电源的有载工作状态

将图 1 – 58 中的开关 Q 闭合，电源与负载接通，这就是电路的有载工作状态。在图 1 – 58（a）中的参考方向下，实际电压源的输出电流和电压分别为

$$I = \frac{U_S}{R_0 + R_L}$$

$$U = U_S - R_0 I \tag{1 – 26}$$

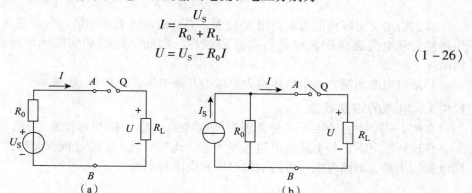

图 1 – 58　电源有载工作状态和开路状态

（a）电压源有载工作和开路状态　（b）电流源有载工作和开路状态

在图 1 – 58（b）中的参考方向下，实际电流源的输出电压和电流分别为

$$U = \frac{I_S}{G_0 + G_L} = \frac{R_0 R_L}{R_0 + R_L} I_S$$

$$I = I_S - G_0 U = I_S - \frac{U}{R_0} \tag{1 – 27}$$

由式（1 – 26）和式（1 – 27）可知，实际电压源电路中，负载上的电压 U 总是小于电压源的电压 U_S；实际电流源电路中，负载上的电流 I 总是小于电流源的电流 I_S。在电源参数不变的情况下，电源输出的电压和电流取决于负载的大小。

实际使用中，流过电源和负载的电流不能无限制地增加，否则会由于电流过大而烧坏电源或负载。因此，各种用电设备或电路元件的电压、电流、功率等都有规定的使用数据，这些数据称为该用电设备或电路元件的额定值。确切地说，额定值是制造厂为了使产品能在给定的工作条件下正常运行而规定的正常容许值。按照额定值来使用用电设备或电路元件是最经济、最合理和最安全的，这样才能保证电气设备正常的使用寿命。大多数电气设备的寿命与绝缘材料的耐热性能及绝缘强度有关。当电流超过额定值过多时，由于过热而使绝缘材料损坏；当所加电压超过额定值过多时，绝缘材料有可能被击穿。反之，如果电气设备使用时的电压和电流远低于其额定值，则往往会使设备不能正常工作，或者不能充分利用设备能力达到预期的工作效果。例如，电流或电压过低，电灯灯光会很暗，电动机则不能启动等。

电气设备和电路元件的额定值通常标在铭牌上或写在其他说明中，在使用时应充分考虑额定数据。额定值通常用下标 N 表示，例如额定电压、电流和功率分别用 U_N、I_N 和 P_N 表示。

1.8.2　电源的开路状态

在图 1 – 58 中，若打开开关 Q，则电路处于开路状态，也称空载状态。在这种情况下，外电路的电阻相当于无穷大，此时外电路的电流为零。于是，电压源的输出电压和电流分别为

$$U = U_S$$

$$I = 0 \qquad (1-28)$$

电流源的输出电压和电流分别为

$$U = R_0 I_S$$
$$I = 0 \qquad (1-29)$$

应当指出，实际电流源的内阻 R_0 很大，开路时电流源两端的电压会很高，这样高的电压将使实际电流源内的绝缘材料击穿而毁坏，因此电流源和实际的电流源是不允许开路的。

开路时电源两端的输出电压称为电源的开路电压，通常用 U_{oc} 表示。

1.8.3　电源的短路状态

在图 1-59 中，若由于某种原因而使电源的两端 A 和 B 连接在一起，电源就被短路了。在这种情况下，外电路的电阻相当于零，此时电流 I 不经过负载而经过短路线直接流回电源。于是，短路时电压源的输出电压和电流分别为

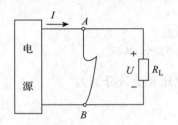

$$U = 0$$
$$I = \frac{U_S}{R_0} \qquad (1-30)$$

电流源的输出电压和电流分别为

$$U = 0 \qquad (1-31)$$
$$I = I_S$$

图 1-59　电源的短路工作状态

短路时的电流称为短路电流，通常用 I_{Sc} 表示。应当指出，因为电压源的内阻 R_0 很小，所以短路时流过电压源的电流 I 很大。这样大的电流将使电源内部遭受强大的电动力和过热而损坏，所以电压源和实际的电压源都是不允许短路的。由于实际中使用的大多数为实际电压源，因此短路是一种严重事故，要特别引起注意。为了防止短路，在电路中通常接入保护装置，例如熔断器、短路自动跳闸装置等，一旦发生短路，能自动切断电源。

例 1.12　若已知电源的开路电压 $U_{oc} = 12$ V，短路电流 $I_{Sc} = 30$ A，试问该电源的电压 U_S 和内阻 R_0 各为多少？

解： 由电源开路和短路时的特点可知：

电源电压

$$U_S = U_{oc} = 12 \text{ V}$$

电源内阻

$$R_0 = \frac{U_S}{I_{Sc}} = \frac{U_{oc}}{I_{Sc}} = \frac{12 \text{ V}}{30 \text{ A}} = 0.4 \ \Omega$$

这就是由电源的开路电压和短路电流计算电源电压和内阻的一种方法。但是，实际使用中，一定要避免电压源短路和电流源开路。

思考讨论 >>>

1. 试求图 1-60 中各个电路的电流 I 和电压 U，并说出实际使用中哪几种情况是不允许的。

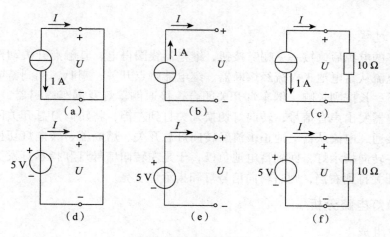

图 1-60 题 1 图

(a) 电路一 (b) 电路二 (c) 电路三
(d) 电路四 (e) 电路五 (f) 电路六

2. 求图 1-61 所示两个电路中，当开关 Q 合上和断开时的 U_{AB}。

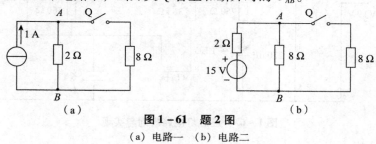

图 1-61 题 2 图

(a) 电路一 (b) 电路二

1.9 简单照明电路的规划

1.9.1 汽车车灯电路分析

1. 电路组成

图 1-62 为解放 CA1091 型汽车信号系统电路模型。

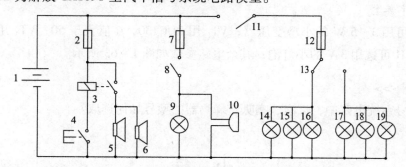

图 1-62 解放 CA1091 型汽车信号系统电路模型

1—蓄电池（12 V）；2，7，12—熔断器；3—继电器；4—喇叭按钮；5，6—喇叭；
8—倒车灯开关；9—倒车灯；10—倒车蜂鸣器；11—转向灯总开关；13—转向灯切换开关；
14，15—左转向信号灯；16—左转向指示灯；17，18—右转向信号灯；19—右转向指示灯

2．工作过程

启动汽车的电源后，按一下喇叭按钮，继电器线圈得电，其触点开关动作闭合，接通喇叭电路，电流从蓄电池正极流经熔断器、继电器触点开关、喇叭，回到蓄电池负极，于是喇叭响一下，长按则长响；倒车灯开关闭合，接通倒车灯及倒车蜂鸣器，倒车灯发亮，同时倒车蜂鸣器发出声音信号；转向灯切换开关打到左挡，将转向灯总开关闭合，左转向信号灯电路接通，电流从蓄电池正极流经转向灯总开关、熔断器、转向灯切换开关、左转向信号灯和左转向指示灯，回到蓄电池负极，于是左转向信号灯和指示灯发亮；同理，若转向灯切换开关打到右挡，则右转向信号灯和指示灯发亮。

1.9.2　应急灯电路分析

1．电路组成

图 1－63 为应急灯电路规划与实现。

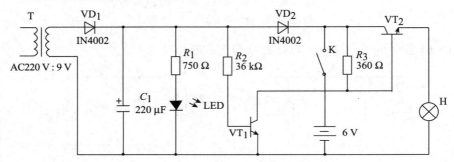

图 1－63　应急灯电路规划与实现

2．工作过程

如图 1－63 所示，220 V 市电经变压器 T 降压、VD_1 整流后，在电容器 C_1 上得到大约 9 V 的直流电压。此电压一路经 VD_2 对蓄电池充电，一路经电阻 R_2 为 VT_1 提供基极偏压，使 VT_1 饱和导通，VT_2 截止，灯泡 H 不亮。当市电突然停电后，C_1 两端的电压消失，由于 VD_2 的隔离作用，使 R_2 上无电流流过，VT_1 截止，此时蓄电池的正极经 R_3 为 VT_2 提供基极电流使其导通，灯泡 H 点亮。R_1、LED 组成电源指示电路。

3．元件参数

变压器可用 3～5 W 的小型变压器；VT_1 用 3DG130，β 值大于 50；VT_2 用 3DD15，β 值大于 30；H 可选用 3 V 的小灯泡；其余电路参数如图 1－63 所示。

思考讨论 >>>

汽车信号系统电路中，灯泡、喇叭、蜂鸣器的型号如何选取？

小　结

1．实际电路和电路模型

实际电路是由电源、负载和中间环节组成的。为方便分析电路，要把实际电路用理想元件代替组成电路模型。我们分析的是电路模型的物理量。

2. 电路变量

电路变量指的是电路中的电流、电压和功率。

① 电流 $\begin{cases} \text{大小} & i = \dfrac{\mathrm{d}q}{\mathrm{d}t}; \\ \text{方向} & \text{规定正电荷移动的方向为电流方向。} \end{cases}$

② 电压 $\begin{cases} \text{大小} & u = \dfrac{\mathrm{d}W}{\mathrm{d}q}; \\ \text{方向} & \text{规定由高电位（ + ）指向低电位（ – ）。} \end{cases}$

③ 功率　$P = \pm UI \begin{cases} >0 & \text{吸收功率;} \\ <0 & \text{发出功率;} \\ =0 & \text{不吸收也不发出功率。} \end{cases}$

3. 理想元件

① 电阻：$U = \pm RI$。

② 电感：$U = \pm L \dfrac{\mathrm{d}i}{\mathrm{d}t}$。

③ 电容：$I = \pm C \dfrac{\mathrm{d}u}{\mathrm{d}t}$。

④ 电压源：$U = $ 恒量；I 由外电路决定。

⑤ 电流源：$I = $ 恒量；U 由外电路决定。

4. 电路规律

① 基尔霍夫电流定律（KCL）。对于任一节点

$$\sum_{i=1}^{n} I_i = 0$$

② 基尔霍夫电压定律（KVL）。对于任一回路

$$\sum_{i=1}^{n} U_i = 0$$

习 题 1

一、选择题

1. 下面的一些说法中错误的是（　　）。

　A. 电路是电流的通路，是为了某种需要由电工设备或电路元件按一定方式组合而成的

　B. 电路的作用是实现电能的传输、分配与转换以及实现信号的传递与处理

　C. 电流 I 既有大小，又有方向，所以电流是矢量

　D. 电流的大小常用电流强度来表示。电流强度指单位时间内通过导体横截面的电荷量

2. 当实际电源的参数不变时，将负载增大，则线路中的电流（　　）。

    A. 增大　　　　　　　B. 减小　　　　　　　C. 不变　　　　　　　D. 无法确定

3. 通过一个电阻的电流是 5 A，经过 4 min，通过该电阻的一个截面的电荷量是（　　）C。

    A. 20　　　　　　　　B. 50　　　　　　　　C. 1 200　　　　　　　D. 2 000

4. 关于参考方向下面说法正确的是（　　）。

    A. 参考方向与电流实际方向一致

    B. 参考方向是根据基尔霍夫定律计算得出的

    C. 参考方向是根据欧姆定律计算得出的

    D. 参考方向是随意假定的

5. 1 A 的电流在 1 h 内通过某导体横截面的电量是（　　）C。

    A. 1　　　　　　　　B. 60　　　　　　　　C. 3 600　　　　　　　D. 10

6. 如题 1－6 图所示电路，端口电压的表达式为（　　）。

    A. $U = U_\mathrm{s} - IR$

    B. $U = -U_\mathrm{s} - IR$

    C. $U = -U_\mathrm{s} + IR$

    D. $U = U_\mathrm{s} + IR$

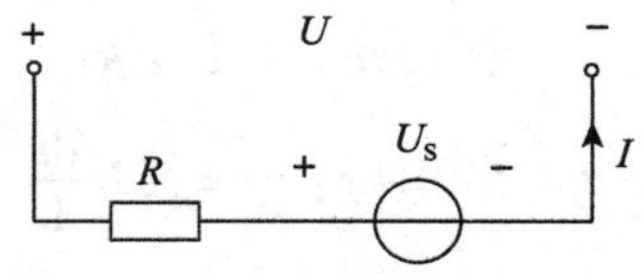

题 1－6 图

7. （　　）是衡量电源将其能量转换为电能的本领大小的物理量。

    A. 电流　　　　　　　B. 电压　　　　　　　C. 电动势　　　　　　D. 电功率

8. 电流在外电路中从电源的正极流向负极，在电源内部（　　）。

    A. 从电源的负极流向正极　　　　　　　B. 从负载的正极流向负极

    C. 从电源的正极流向负极　　　　　　　D. 从负载的负极流向正极

9. 如题 1－9 图电路中，$I = 2$ A 时，2 Ω 电阻吸收的功率 P 为（　　）W。

    A. 8　　　　　　　　　　　　　　　　　B. 20

    C. -20　　　　　　　　　　　　　　　　D. -8

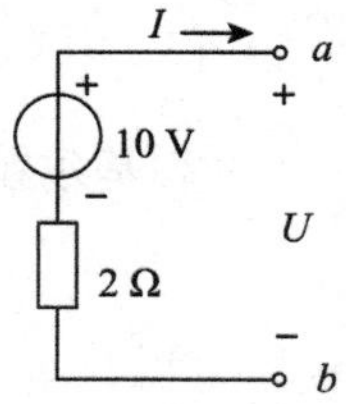

题 1－9 图

10. 220 V、40 W 白炽灯正常发光（　　）h，消耗的电能为 1 kW·h。

    A. 20　　　　　　　　　　　　　　　　B. 40

    C. 45　　　　　　　　　　　　　　　　D. 25

11. 已知一段电路消耗的电功率为 10 W，该段电路两端的电压为 5 V，则该段电路的电阻为（　　）Ω。

    A. 10　　　　　　　　B. 2　　　　　　　　C. 5　　　　　　　　D. 2.5

12. 求导体电阻大小的表达式为（　　）。

    A. $R = \rho L s$　　　B. $R = \rho L/s$　　　C. $R = \rho s/L$　　　D. $R = L s/\rho$

13. 若将一段电阻为 R 的导线均匀拉长至原来的两倍，则其阻值为（　　）。

    A. $2R$　　　　　　　B. $4R$　　　　　　　C. $R/2$　　　　　　　D. $8R$

14. 相同材料制成的两个均匀导体，长度之比为 3:5，截面之比为 4:1，则其电阻之比为（　　）。

A. 12:5 　　　　　B. 3:20 　　　　　C. 7:6 　　　　　D. 20:3

15. 如将两只额定值为 220 V/100 W 的白炽灯串联接在 220 V 的电源上，每只灯消耗
的功率为（　　）W。（设灯电阻没有变化）

A. 100 　　　　　B. 50 　　　　　C. 25 　　　　　D. 12.5

16. 下列电路元件中，储存电场能量的元件是（　　）。

A. 电阻 　　　　　B. 电感 　　　　　C. 电容 　　　　　D. 电源

17. 下列电路元件中，储存磁场能量的元件是（　　）。

A. 电阻 　　　　　B. 电感 　　　　　C. 电容 　　　　　D. 电源

18. 已知电源电动势为 24 V，电源内阻为 2 Ω，外接负载电阻为 6 Ω，则电路电流为
（　　）A。

A. 3 　　　　　B. 4 　　　　　C. 6 　　　　　D. 12

19. 电源是将其他能量转换为（　　）的装置。

A. 电量 　　　　　B. 电压 　　　　　C. 电流 　　　　　D. 电能

20. 如题 1-20 图所示，电路中有（　　）个节点、（　　）个回路、（　　）条支
路、（　　）个网孔。

A. 3、3、5、3 　　　B. 3、6、5、3 　　　C. 2、4、5、3 　　　D. 4、4、3、3

21. 如题 1-21 图所示，已知：$I_1 = -5$ A，$I_2 = 3$ A，则 $I_3 =$（　　）A。

A. 8 　　　　　B. -8 　　　　　C. 2 　　　　　D. -2

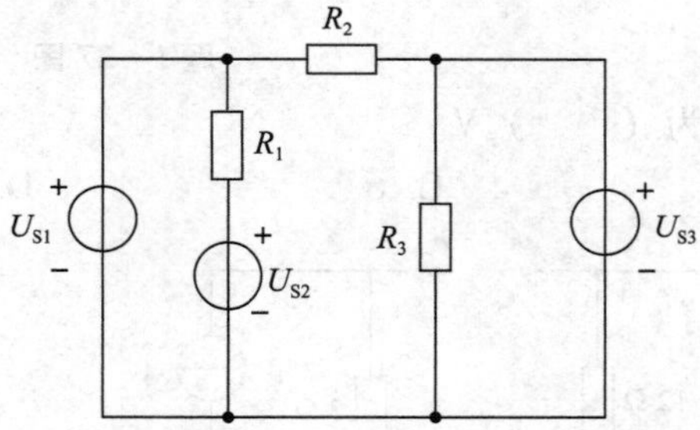

题 1-20 图 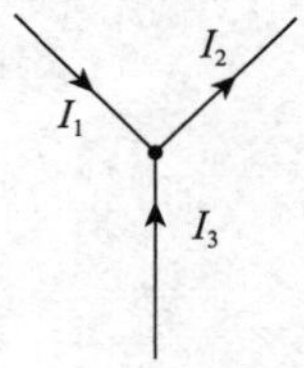　　　　　　　　　　题 1-21 图

22. 如题 1-22 图所示，已知 $U_1 = 10$ V，$U_2 = 5$ V，$U_3 = 2$ V，则 $U_4 =$（　　）V。

A. 17 　　　　　B. 7 　　　　　C. -7 　　　　　D. -17

23. 如题 1-23 图所示电路中，$I =$（　　）A。

A. 0 　　　　　B. 2 　　　　　C. -2 　　　　　D. 4

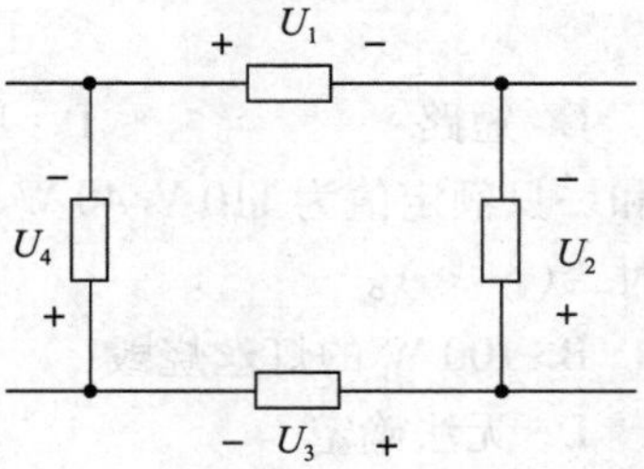

题 1-22 图 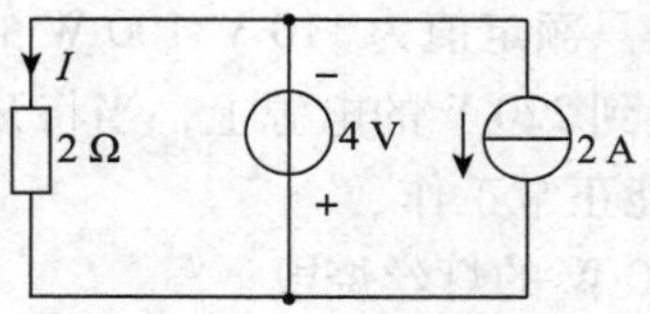　　　　　　　　　　题 1-23 图

24. 电路如题 1-24 图所示，3 Ω 电阻上的电压 $U =$（　　）V。

A. 9 　　　　　B. -9 　　　　　C. 27 　　　　　D. -27

25. 题 1 – 25 图所示电路中，V_a = （　　　）V。

    A. 7　　　　　　　　B. 8　　　　　　　　C. 10　　　　　　　　D. 19

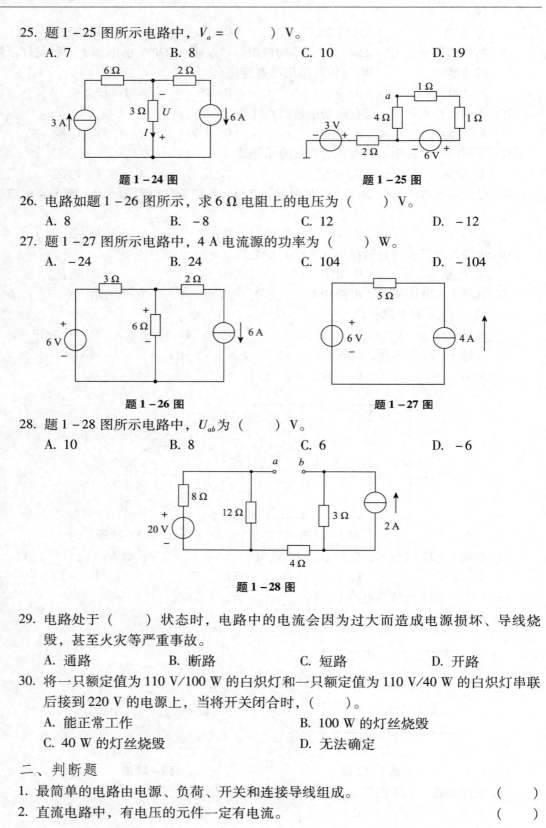

题 1 – 24 图　　　　　　　　　　　　　　题 1 – 25 图

26. 电路如题 1 – 26 图所示，求 6 Ω 电阻上的电压为 （　　　）V。

    A. 8　　　　　　　　B. – 8　　　　　　　　C. 12　　　　　　　　D. – 12

27. 题 1 – 27 图所示电路中，4 A 电流源的功率为 （　　　）W。

    A. – 24　　　　　　　B. 24　　　　　　　　C. 104　　　　　　　　D. – 104

题 1 – 26 图　　　　　　　　　　　　　　题 1 – 27 图

28. 题 1 – 28 图所示电路中，U_{ab} 为 （　　　）V。

    A. 10　　　　　　　　B. 8　　　　　　　　C. 6　　　　　　　　D. – 6

题 1 – 28 图

29. 电路处于 （　　　）状态时，电路中的电流会因为过大而造成电源损坏、导线烧毁，甚至火灾等严重事故。

    A. 通路　　　　　　　B. 断路　　　　　　　C. 短路　　　　　　　D. 开路

30. 将一只额定值为 110 V/100 W 的白炽灯和一只额定值为 110 V/40 W 的白炽灯串联后接到 220 V 的电源上，当将开关闭合时，（　　　）。

    A. 能正常工作　　　　　　　　　　　　　B. 100 W 的灯丝烧毁

    C. 40 W 的灯丝烧毁　　　　　　　　　　　D. 无法确定

二、判断题

1. 最简单的电路由电源、负荷、开关和连接导线组成。　　　　　　　　　　　　（　　　）

2. 直流电路中，有电压的元件一定有电流。　　　　　　　　　　　　　　　　　（　　　）

3. 电流的实际方向规定为正电荷移动的方向。 （ ）

4. 选择不同的参考点，电路中各点电位的大小和正负都不受影响。 （ ）

5. 在电源内部，电动势和电流的方向相反。 （ ）

6. 一般规定自负极通过电源内部指向正极的方向为电源电动势的方向。 （ ）

7. 电源电动势的大小由电源本身的性质决定，与外电路无关。 （ ）

8. 一段电路实际上是吸收功率还是输出功率，与参考方向的选择有关。 （ ）

9. 在关联参考方向下功率一定大于零，在非关联参考方向下功率一定小于零。 （ ）

10. 某白炽灯上标有 "220 V，100 W"，则表示该灯泡的额定电压是 220 V。 （ ）

11. 当电阻 R 两端的电压 U 一定时，电阻 R 消耗的电功率 P 与电阻 R 的大小成正比。
（ ）

12. 导体的长度和截面积都增大一倍，则该导体的电阻值也增大一倍。 （ ）

13. 导体电阻的大小与导体的长度成反比，与横截面积成正比，与材料的性质有关。
（ ）

14. 额定电压为 220 V 的白炽灯接在 110 V 电源上，白炽灯的消耗为原来的 1/4。
（ ）

15. 从电阻消耗能量的角度来看，不管电流怎样流，电阻都是消耗能量的。 （ ）

16. 两电阻串联接在某理想电压源上，则电阻大者消耗的功率大。 （ ）

17. 理想电感元件上可以储存电场能量。 （ ）

18. 纯电容元件在直流电路中相当于断路。 （ ）

19. 电源是将其他形式的能量转换为电能的装置。 （ ）

20. 理想电流源的输出电流是恒定的，不随负载变化。 （ ）

21. 理想电压源输出电流不随外部电路变化而变化。 （ ）

22. 流过某元件的电流为零，则该元件的端电压一定为零。 （ ）

23. 电路中两点的电压等于零，则两点可以用短路来代替。 （ ）

24. 电路中两点的电流为零，则两点可以用短路来代替。 （ ）

25. 基尔霍夫定律仅适用于直流电路。 （ ）

26. 题 2 - 26 图所示电路中，因无电流流出节点 A，所以基尔霍夫电流定律不适用。
（ ）

27. 题 2 - 27 图所示电路中，四个电流有可能都为正值。 （ ）

题 2 - 26 图   题 2 - 27 图

28. 电路的三种状态为通路、短路和断路。 （ ）

29. 不能构成电流通路的电路处于短路状态。 （ ）

30. 开路状态下，电源的端电压不一定最大。 （ ）

三、填空题

1. 任何一个完整的电路都必须由_____、_____和中间环节三部分组成。

2. 电路的作用是实现电能的_____、_____和_____。

3. 电路中_____的定向移动形成电流，电流的大小是指单位_____内通过导体横截面的_____。

4. 在分析与计算电路时，常任意选定某一方向作为电压或电流的_____，当所选的电压或电流方向与实际方向一致时，电压或电流为_____值；反之为_____值。

5. 某支路的电流、电压选择一致的参考方向称为____方向，否则称为____方向。

6. 已知 $V_A = 2$ V，$V_B = -4$ V，则 $U_{AB} =$ ____ V；已知 $U_{AB} = -3$ V，则 V_A____ V_B。

7. 如题 3-7 图所示，$U_{ab} =$ _____ V。

8. 在题 3-8 图所示电路中，a 点的电位 $V_a =$ _____ V。

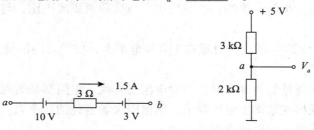

题 3-7 图　　　　　　　题 3-8 图

9. 电源的电动势在数值上等于电源两端的_____，但两者方向_____。

10. 当电压与电流的参考方向相同时，功率的正值表示该元件_____功率，该元件是_____；功率的负值表示该元件_____功率，说明该元件是_____。

11. 一个用电器的额定电压为 220 V，额定电流为 2 A，则该用电器电功率为_____。

12. 在题 3-12 图所示电路中，已知元件 C 产生功率 30 W，则 $I_3 =$ _____ A。

13. 导体的阻值大小与_____、_____和_____有关。

14. 一个标有"200 V、25 W"的灯泡，它正常工作时的电流为_____ A，灯泡的电阻为_____ Ω。

15. 一个标有"200 V、40 W"的灯炮，它在正常工作条件下的电阻是_____ Ω，通过灯丝的电流是_____ A。

16. 储能元件有_____和_____。

17. 如题 3-17 图所示电路中有_____个节点，_____条支路。

18. 如题 3-18 图所示，已知：$I_1 = 3$ A，$I_2 = 1$ A，$I_3 =$ _____ A。

题 3-12 图

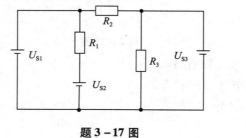

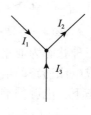

题 3-17 图　　　　　　　题 3-18 图

19. 在题 3 – 19 图所示电路中，电流 $I =$ _____ A。

20. 电路如题 3 – 20 图所示，求 3 Ω 电阻上的电流 I 为 _____ A。

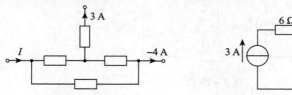

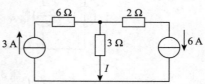

题 3 – 19 图　　　　　　　　题 3 – 20 图

21. 在题 3 – 21 图所示电路中，已知 $U_1 = 10$ V，$U_2 = 5$ V，$U_3 = 2$ V，则 $U_4 =$ _____ V。

22. 在题 3 – 22 图所示电路中，电压 $U =$ _____ V。

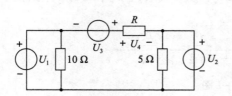

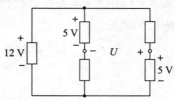

题 3 – 21 题　　　　　　　　题 3 – 22 图

23. 在题 3 – 23 图所示电路中，电流 $I =$ _____ A，电压 $U_{ab} =$ _____ V。

24. 在题 3 – 24 图所示电路中，10 Ω 电阻吸收的功率为 _____ W。

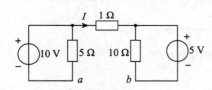

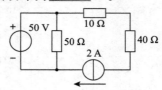

题 3 – 23 图　　　　　　　　题 3 – 24 图

25. 在题 3 – 25 图所示电路中，1 A 电流源产生的功率为 _____ W。

26. 题 3 – 26 图所示电路的伏安关系为 _____。

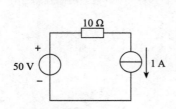

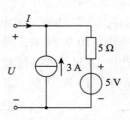

题 3 – 25 图　　　　　　　　题 3 – 26 图

27. 题 3 – 27 图所示电路中的 $U =$ _____ V。

28. 题 3 – 28 图所示电路中的 $I =$ _____ A。

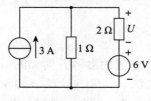

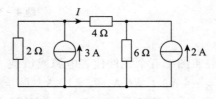

题 3 – 27 图　　　　　　　　题 3 – 28 图

29. 在题 3 − 29 图所示电路中，电压 $U_{AB} =$ _____ V。

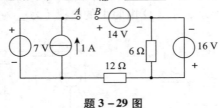

题 3 − 29 图

30. 电路通常有_____、_____和_____三种状态。

四、计算分析题

1. 在题 4 − 1 图所示电路中，已知 $U_2 = 6$ V，求 U_1、U_3、U_4 和 U_{ae}，并比较 a、b、c、d、e 各点电位的高低。

$$I \quad + \ U_1 \ - \quad + \ U_2 \ - \quad + \ U_3 \ - \quad + \ U_4 \ -$$

$$a \quad 1\,\Omega \quad b \quad 2\,\Omega \quad c \quad 3\,\Omega \quad d \quad 4\,\Omega \quad e$$

题 4 − 1 图

2. 在题 4 − 2 图所示电路中，已知 a 点电位为 $U_a = -10$ V，求电流 I_1、I_2、I_3。

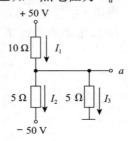

题 4 − 2 图

3. 在题 4 − 3 图所示各电路中，
(1) 元件 1 消耗 10 W 功率，求电压 U_{ab}；
(2) 元件 2 消耗 − 10 W 功率，求电压 U_{ab}；
(3) 元件 3 产生 10 W 功率，求电流 I；
(4) 元件 4 产生 − 10 W 功率，求电流 I。

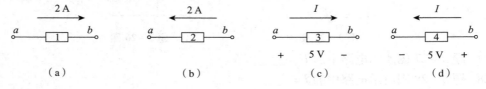

题 4 − 3 图

4. 题 4 − 4 图中五个元件代表电源或负载。电压和电流的参考方向如图所示。通过测量得知：$I_1 = -4$ A，$I_2 = 6$ A，$I_3 = 10$ A，$U_1 = 140$ V，$U_2 = -90$ V，$U_3 = 60$ V，$U_4 = -80$ V，$U_5 = 30$ V，试计算各元件功率，并指出哪些元件是电源，哪些元件是负载？

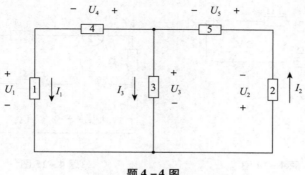

题 4 – 4 图

5. 一个额定值为 5 W、100 Ω 的电阻器，使用时最高能加多少伏电压，能允许通过多少安的电流？

6. 有一盏 "220 V、60 W" 的电灯，试求：（1）电灯的电阻；（2）当接到 220 V 电压下工作时的电流；（3）如果每晚用 3 小时，问 1 个月（按 30 天计算）用多少电？

7. 一个 1 kW、220 V 的电炉，正常工作时电流多大？如果不考虑温度对电阻的影响，把它接在 110 V 的电压上，它的功率将是多少？

8. 一直流电源，其开路电压为 110 V，短路电流为 44 A。现将一个 220 V、40 W 的电烙铁接在该电源上，该电烙铁能否正常工作？它实际消耗多少功率？

9. 试求一个 10 μF 的电容元件充电到 10 V 时的电荷及其储存电能。

10. 求题 4 – 10 图所示电路中 6 Ω 电阻吸收的功率、4 A 电流源发出的功率。

11. 计算题 4 – 11 图所示电路中各元件消耗或发出的功率。

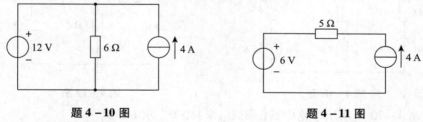

题 4 – 10 图　　　　　　　　　题 4 – 11 图

12. 求题 4 – 12 图所示电路中的电压 U_{ab}。

13. 求题 4 – 13 图所示电路中的电压 U。

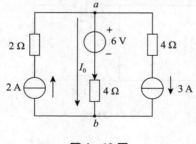

题 4 – 12 图

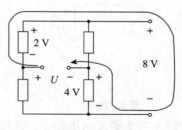

题 4 – 13 图

14. 求题 4 – 14 图所示电路中 A 点的电位。

15. 求题 4 – 15 图所示电路 a、b 两点之间的电压 U_{ab}。

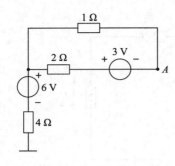

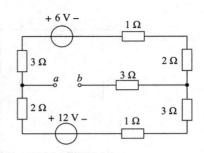

题 4 – 14 图　　　　　　　　**题 4 – 15 图**

16. 求题 4 – 16 图所示电路中的电压 U_{ac} 和 U_{bd}。

17. 在题 4 – 17 图所示电路中，已知 $I = 0$，求电阻 R。

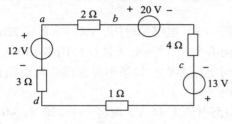

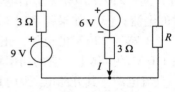

题 4 – 16 图　　　　　　　　**题 4 – 17 图**

18. 在题 4 – 18 图所示电路中，已知流过电阻 R 的电流 $I = 0$，求 U_{S2}。

19. 在题 4 – 19 图所示电路中，求 a 点的电位 V_a。

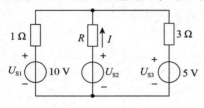

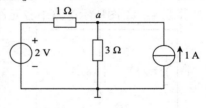

题 4 – 18 图　　　　　　　　**题 4 – 19 图**

20. 在题 4 – 20 图所示电路中，已知 $U_{AB} = 110$ V，求 I 和 R。

21. 求题 4 – 21 图所示电路中的 I、U_1、U_2。

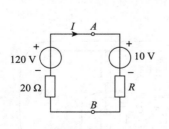

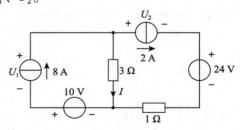

题 4 – 20 图　　　　　　　　**题 4 – 21 图**

22. 在题 4 – 22 图所示电路中，求电压 U_{ab}。

23. 在题 4 – 23 图所示电路中，已知 $U_1 = 10$ V，$E_1 = 4$ V，$E_2 = 2$ V，$R_1 = 4$ Ω，$R_2 = 2$ Ω，$R_3 = 5$ Ω，1、2 两点间处于开路状态，试计算开路电压 U_2。

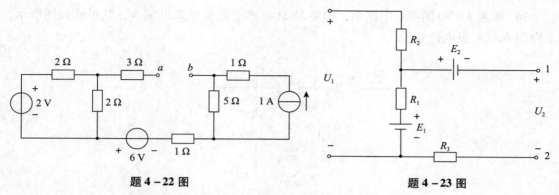

题 4 - 22 图　　　　　　　　　　　　题 4 - 23 图

24. 求题 4 - 24 图所示电路中 18 Ω 电阻上流过的电流 I。

25. 在题 4 - 25 图所示的电路中，已知 $U_{S1} = 12$ V，$U_{S2} = 8$ V，$R_1 = 0.2$ Ω，$R_2 = 1$ Ω，$I_1 = 5$ A，求 U_{ab}、I_2、I_3、R_3。

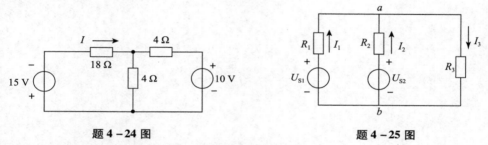

题 4 - 24 图　　　　　　　　　　　　题 4 - 25 图

26. 求题 4 - 26 图所示电路中负载吸收的功率。

27. 计算题 4 - 27 图所示电路中各电源的功率。

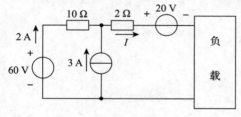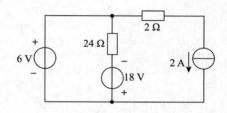

题 4 - 26 图　　　　　　　　　　　　题 4 - 27 图

28. 在题 4 - 28 图所示电路中，已知电阻 R_3 消耗功率为 $P_3 = 120$ W，求 U_S。

29. 试求题 4 - 29 图所示电路中 a 点和 b 点的电位。如将 a、b 两点直接连接或接一电阻，对电路工作有无影响？

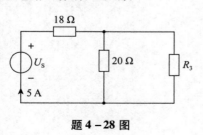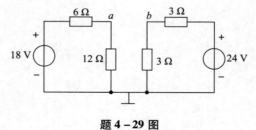

题 4 - 28 图　　　　　　　　　　　　题 4 - 29 图

30. 在题 4 – 30 图所示电路中，如果 15 Ω 电阻上的电压降为 30 V，其极性如图所示，求电阻 R 及 a 点电位。

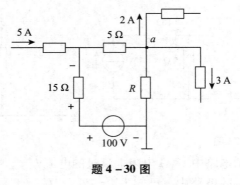

题 4 – 30 图

第2章 直流电路的分析

学 习 目 标

（1）理解电路"等效"的含义。

（2）学会电阻电路的等效化简方法。

（3）学会多电源电路的等效化简。

（4）学会复杂电路电流、电压大小以及方向的测量。

（5）理解分析复杂电路的普遍方法，即支路电流法和节点电压法。

（6）学会应用叠加原理、戴维南定理和诺顿定理解决电路问题。

（7）认识受控源。

直流电路（Direct Current circuit，DC circuit，简称 DC）是指电流的方向不变的电路，直流电路的电流大小是可以改变的。电流的大小方向都不变的称为恒定电流。直流电路是电路的基本形态，掌握直流电路的分析方法是研究其他电路的基础，本章重点介绍直流电路的分析方法，如支路电流法、节点电压法、叠加定理、戴维南定理、诺顿定理等。

2.1 电路的等效变换

前面我们学习了组成电路的基本元件电阻、电感、电容以及电源的特性。由此组成的最简单的电路就是电阻的串并联。那么这样的电路有什么作用？在电路分析中又常常采取什么方法分析它呢？

2.1.1 等效变换

"等效"在电路理论中是一个重要的概念，即用一个较为简单的电路替代原电路，从而使问题得以简化。那么两个电路在满足什么条件时，就是等效的呢？那就是伏安特性相同。

电路的等效变换

如果电路的某一部分只有两个端子与外电路相连，则这部分电路称为二端网络，也叫单口网络。一个二端元件就是一个最简单的二端网络。如图 2-1（a）所示，方框内的字母"N"代表网络；内部含有电源的二端网络称为含源二端网络，方框内用字母"A"表示，如图 2-1（b）所示；网络内不含电源的，称为无源二端网络，方框内用字母"P"表示，如图 2-1（c）所示。

图 2-1 中所标的电压、电流称为端口电压和端口电流，两者之间的关系称为二端网络端口间的伏安特性。若一个二端网络端口的伏安特性与另一个二端网络端口的伏安特性完全相同，则称这两个二端网络对同一个外电路而言是等效的，即互为等效网络。因此，用一个结构简单的等效网络替代原来较复杂的网络，可以简化电路。

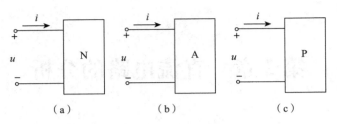

（a）　　　　　　　（b）　　　　　　　（c）

图2-1　二端网络

（a）简单二端网络　（b）含源二端网络　（c）无源二端网络

一个仅由电阻元件组成的无源二端网络，总可以找到一个与之等效的等效电阻，等效电阻等于关联参考方向下该二端网络的端口电压与端口电流的比值。

2.1.2　电阻的串联

两个或更多个电阻连成一串，中间没有分支，各电阻流过同一个电流的连接方式，称为电阻的串联，如图2-2（a）所示。

电阻的串联

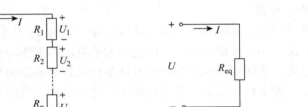

（a）　　　　　　　　　　（b）

图2-2　电阻的串联及等效电路

（a）串联电路　（b）等效电路

串联电路的各个电阻上电流相等，均等于 I，而端口电压等于各电阻电压之和，即

$$U = U_1 + U_2 + \cdots + U_n$$

又由欧姆定律可得

$$U_1 = R_1 I, \ U_2 = R_2 I, \ \cdots, \ U_n = R_n I$$

则

$$U = R_1 I + R_2 I + \cdots + R_n I = (R_1 + R_2 + \cdots + R_n) I \qquad (2-1)$$

图2-2（b）是图2-2（a）的等效电路，显然其端口电压与端口电流的关系为

$$U = R_{eq} I \qquad (2-2)$$

比较式（2-1）和式（2-2），根据等效的概念，有

$$R_{eq} = R_1 + R_2 + \cdots + R_n = \sum_{i=1}^{n} R_i$$

即当电阻串联时，等效电阻等于串联的各电阻之和。这样分析电路时，图2-2中的图（a）就可用简单的图（b）等效，这两个电路在端口处所呈现的电压电流关系完全一样。可见，等效变换对于简化电路非常有用。

串联电阻的电流相等，则各电阻的电压之比等于它们的电阻之比，即

$$U_1 : U_2 : \cdots : U_n = R_1 : R_2 : \cdots : R_n$$

因此串联电阻有"分压"作用。

若只有 R_1、R_2 两个电阻串联，如图 2-3 所示，两个电阻的分
压公式为

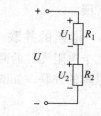

$$\left.\begin{aligned} U_1 = IR_1 = \frac{U}{R_1 + R_2}R_1 = \frac{R_1}{R_1 + R_2}U \\ U_2 = IR_2 = \frac{U}{R_1 + R_2}R_2 = \frac{R_2}{R_1 + R_2}U \end{aligned}\right\} \qquad (2-3)$$

图 2-3 两电阻串联

值得注意的是：若 U_1 的参考方向变了，则

$$U_1 = -\frac{R_1}{R_1 + R_2}U$$

想一想：总结一下什么情况下式（2-3）前为"+"，什么情况下为"-"。

例 2.1 如图 2-4 所示的 C30-V 型磁电式电压表，其表头的内阻 $R_g = 29.28\ \Omega$，各
挡分压电阻分别为 $R_1 = 970.72\ \Omega$，$R_2 = 1.5\ k\Omega$，$R_3 = 2.5\ k\Omega$，$R_4 = 5\ k\Omega$，这个电压表的最
大量程 $U_m = 30\ V$。试计算表头所允许通过的最大电流值 I_{gm}、表头所能测量的最大电压值
U_{gm} 以及扩展后各量程的电压值 U_1、U_2、U_3、U_4。

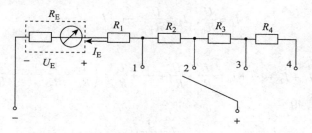

图 2-4 例 2.1 图

解：当开关在"4"挡时，电压表的总电阻
$$R = R_g + R_1 + R_2 + R_3 + R_4 = (29.28 + 970.72 + 1\ 500 + 2\ 500 + 5\ 000)\ \Omega$$
$$= 10\ 000\ \Omega = 10\ k\Omega$$
通过表头的最大电流值
$$I_{gm} = \frac{U_m}{R} = \frac{30\ V}{10\ k\Omega} = 3\ mA$$
当开关在"1"挡时，电压表的量程
$$U_1 = (R_g + R_1)I_{gm} = (29.28 + 970.72) \times 3\ mV = 3\ V$$
当开关在"2"挡时，电压表的量程
$$U_2 = (R_g + R_1 + R_2)I_{gm} = (29.28 + 970.72 + 1\ 500) \times 3\ mV = 7.5\ V$$
当开关在"3"挡时，电压表的量程
$$U_3 = (R_g + R_1 + R_2 + R_3)I_{gm} = (29.28 + 970.72 + 1\ 500 + 2\ 500) \times 3\ mV = 15\ V$$
表头所能测量的最大电压
$$U_{gm} = R_g I_{gm} = 29.28 \times 3\ mV = 87.84\ mV$$
由此可见，直接利用表头测量电压时，它只能测量 87.84 mV 以下的电压，而串联了

分压电阻 R_1、R_2、R_3、R_4 后，它就有 3 V、7.5 V、15 V、30 V 四个量程，实现了电压表的量程扩展。

2.1.3 电阻的并联

几个电阻元件的两端分别连接起来，各电阻的电压都相等的连接方式，称为电阻的并联，如图 2-5 (a) 所示。

电阻的并联

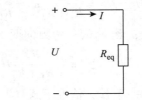

（a）   （b）

图 2-5 电阻的并联及等效电路
（a）并联电路 （b）等效电路

在图 2-5 (a) 中，设电阻的电压为 U，则根据欧姆定律可得通过每一个电阻的电流

$$I_1 = \frac{U}{R_1}, \ I_2 = \frac{U}{R_2}, \ \cdots, \ I_n = \frac{U}{R_n}$$

端口的总电流

$$I = I_1 + I_2 + \cdots + I_n = \frac{U}{R_1} + \frac{U}{R_2} + \cdots + \frac{U}{R_n} = \left(\frac{1}{R_1} + \frac{1}{R_2} + \cdots + \frac{1}{R_n} \right) U \qquad (2-4)$$

由图 2-5 (b) 得

$$I = \frac{1}{R_{eq}} U \qquad (2-5)$$

比较式 (2-4) 和式 (2-5)，只有 $\frac{1}{R_{eq}} = \frac{1}{R_1} + \frac{1}{R_2} + \cdots + \frac{1}{R_n}$ 或 $G_{eq} = G_1 + G_2 + \cdots + G_n$ 时，图 2-5 (a) 和图 2-5 (b) 电路等效。

可见，若干个电阻并联后的等效电阻总是小于其中阻值最小的那个电阻。并联电路电阻上的电压相等，则各电阻的电流与它们的电导成正比，即与它们的电阻成反比，即

$$I_1:I_2: \cdots : I_n = \frac{1}{R_1}:\frac{1}{R_2}: \cdots : \frac{1}{R_n} = G_1:G_2: \cdots : G_n$$

因此并联电阻有"分流"作用。

若只有 R_1、R_2 两个电阻并联，如图 2-6 所示，则

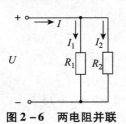

$$\frac{1}{R_{eq}} = \frac{1}{R_1} + \frac{1}{R_2} = \frac{R_1 + R_2}{R_1 R_2}$$

可得等效电阻

图 2-6 两电阻并联

$$R_{eq} = \frac{R_1 R_2}{R_1 + R_2}$$

则两个电阻并联时的分流公式为

$$I_1 = \frac{U}{R_1} = \frac{R_{eq}I}{R_1} = \frac{R_2}{R_1 + R_2}I$$

$$I_2 = \frac{U}{R_2} = \frac{R_{eq}I}{R_2} = \frac{R_1}{R_1 + R_2}I$$

$$(2-6)$$

若 I_1 的参考方向相反，则有

$$I_1 = -\frac{R_2}{R_1 + R_2}I$$

例 2.2　如图 2-7 所示电路，若将内阻为 2 kΩ，满偏电流为 50 μA 的表头改装成量程为 1 mA 的直流电流表，应并联多大的分流电阻？

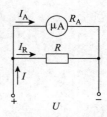

解：由题 $I_A = 50$ μA，$R_A = 2$ kΩ，$I = 1$ mA，则

$$I_R = I - I_A = 1 \text{ mA} - 50 \text{ μA} = 950 \text{ μA}$$

并联部分电压相等，得

$$\frac{I_A}{I_R} = \frac{R}{R_A}$$

$$R = \frac{I_A}{I_R}R_A = \frac{50 \text{ μA}}{950 \text{ μA}} \times 2 \text{ kΩ} = 105.26 \text{ Ω}$$

图 2-7　例 2.2 图

思考讨论 >>>

额定电压为 110 V 的 100 W、60 W、40 W 三个灯泡，如何连接在 220 V 电路中，使各灯泡都能正常发光，并用计算简单说明原因。

2.1.4　电阻的混联

电阻的混联

在实际电路中经常出现的是既有电阻的串联又有电阻的并联的混联电阻电路。分析混联电路的关键是找出电阻的串并联关系。一般可从以下三个方面入手分析。

① 分析电路的结构特点。若两个电阻连成一串即是串联；若两个电阻连接在相同的两点间就是并联。

② 分析电压电流关系。若流经两个电阻的是同一个电流就是串联；若两个电阻承受的是同一个电压就是并联。

③ 对电路连接变形。对电路做扭动变形，如左边的支路扭到右边，上面的支路翻到下面，弯曲的支路拉直；对电路中的短路线任意压缩或拉伸，对多点接地的点用短路线连接。

例 2.3　求图 2-8 中 ab 端口的等效电阻，且图中 $R_1 = 1$ Ω，$R_2 = 4$ Ω，$R_3 = 2$ Ω，$R_4 = 3$ Ω，$R_5 = 6$ Ω。

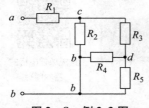

图 2-8　例 2.3 图

解：把图中短路线压缩为一点 b，可以看出 R_4 与 R_5 并联，则

$$R_{ab} = R_1 + R_2//[R_3 + (R_4//R_5)]$$
$$= 1 + 4//[2 + (3//6)] = 3$$

注：这里 "//" 表示两元件并联，其运算规律遵守该类元件的并联公式。

思考讨论 >>>

1. 怎样理解等效的概念？两个二端网络满足怎样的条件才能彼此等效？
2. 电路如图 2－9 所示，求等效电阻。

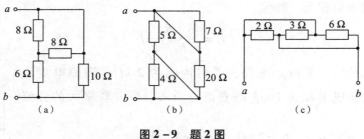

图 2－9 题 2 图

（a）电路一 （b）电路二 （c）电路三

3. 电路如图 2－10 所示，求端口 ab 的等效电阻。

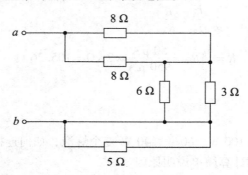

图 2－10 题 3 图

2.2 电桥电路的等效变换

电阻元件是电路中最常用的元件之一，有关电阻的测量，在电气测量中占重要地位。最普遍的方法是直接采用万用表来测量，只是测量的结果误差较大；实验室里往往采用伏安法来间接测量，步骤比较烦琐；要想精确地测量电阻阻值，直流电桥是最佳的测量仪表，如图 2－11 所示。

（a）

直流单臂电桥的
基本原理

图 2－11 直流单臂电桥

（a）模拟式 （b）数字式

　　直流电桥按其功能可分为直流单臂电桥和直流双臂电桥,其中直流单臂电桥又称惠斯登电桥,适合精确测量 1 Ω 以上的电阻,主要用来测量各种电机、变压器及各种电气设备的直流电阻,以进行设备出厂试验及故障分析,使用比较广泛。那么电桥电路是如何测量电阻值的? 电桥电路中的电流、电压大小和方向是怎样分析的呢?

2.2.1　电阻的星形与三角形连接

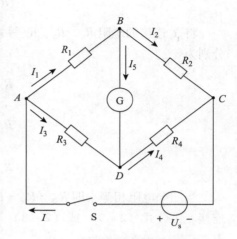

　　由前面的内容可知,我们在分析电路时可用等效的方法,即用一个简单的电路等效化简复杂电路。比如将串联或并联电阻化简为一个等效电阻,这样分析时电路就大为简化。但有些电路,例如图 2 – 12 所示的电桥电路,该电路中的电阻既不是串联,也不是并联,因而求其等效电阻时就不能用串、并联电阻的方法直接化简。那么,如何化简这样的电路呢? 怎样知道这样一个电路中电压、电流的大小和方向呢?

　　三个电阻的一端连接在一起构成一个节点 0,另一端分别为网络的三个端钮 a、b、c,它们分别与外电路相连,这种三端网络叫电阻的星形连接,又叫电阻的 Y 连接,如图 2 – 13 (a) 所示。

图 2 – 12　电桥电路原理图

　　三个电阻串联起来构成一个回路,而三个连接点为网络的三个端钮 a、b、c,它们分别与外电路相连,这种连接叫电阻的三角形连接,又叫电阻的 △ 连接,如图 2 – 13 (b) 所示。

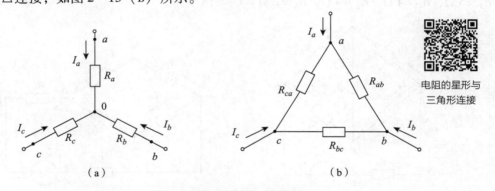

图 2 – 13　电阻的星形与三角形连接

(a) 星形连接　(b) 三角形连接

2.2.2　电阻的星形连接与三角形连接的等效变换

电阻的星形与三角形等效变换

　　电阻的星形与三角形连接都构成一个三端网络,因此两电路在满足一定条件下是可以等效变换的。电阻的星形与三角形连接所谓的等效,是指对外部等效,即当它们对应外部端钮间的电压相同时,相应端钮的电流分别相同,也就是每对端口的伏安特性是相同的。利用此条件可以证明,将 △ 连接的电阻 R_{ab}、R_{bc}、R_{ca} 等效变换为 Y 连接的电阻 R_a、R_b、R_c 时,等效的电阻分别为

$$R_a = \frac{R_{ab}R_{ca}}{R_{ab} + R_{bc} + R_{ca}}$$

$$R_b = \frac{R_{bc}R_{ab}}{R_{ab} + R_{bc} + R_{ca}} \left.\right\} \qquad (2-7)$$

$$R_c = \frac{R_{ca}R_{bc}}{R_{ab} + R_{bc} + R_{ca}}$$

将 Y 连接的电阻 R_a、R_b、R_c 等效变换为△连接的电阻 R_{ab}、R_{bc}、R_{ca}时，等效的电阻分别为

$$R_{ab} = R_a + R_b + \frac{R_aR_b}{R_c}$$

$$R_{bc} = R_b + R_c + \frac{R_bR_c}{R_a} \left.\right\} \qquad (2-8)$$

$$R_{ca} = R_c + R_a + \frac{R_cR_a}{R_b}$$

当三个电阻相等，即 $R_{ab} = R_{bc} = R_{ca}$（或 $R_a = R_b = R_c$）时，称为对称△（或 Y）电阻连接。由公式（2-7）或（2-8）等效成的 Y（或△）连接电阻也是对称的，且 $R_Y = \frac{1}{3}R_\triangle$（或 $R_\triangle = 3R_Y$）。

例2.4 计算图 2-14（a）所示电桥电路中各电阻的电流，其中 $R_1 = 1\ \Omega$，$R_2 = 8\ \Omega$，$R_3 = 5\ \Omega$，$R_4 = 4\ \Omega$，$R_5 = 4\ \Omega$，$R_0 = 2\ \Omega$，$U_S = 18\ \text{V}$。

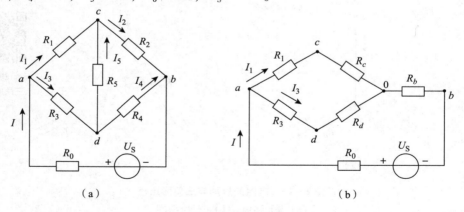

图 2-14　例 2.4 图

（a）电路一　（b）电路二

解：此电桥电路，不能用简单的电阻串并联的关系求解。可将接到 c、b、d 作三角形连接的三个电阻等效变换为星形连接，如图 2-14（b）所示。由式（2-7）得

$$R_c = \frac{4 \times 8}{4 + 4 + 8} = 2\ \Omega$$

$$R_d = \frac{4 \times 4}{4 + 4 + 8} = 1\ \Omega$$

$$R_b = \frac{4 \times 8}{4 + 4 + 8} = 2 \ \Omega$$

则

$$R_{1c} = 1 + 2 = 3 \ \Omega$$

$$R_{3d} = 5 + 1 = 6 \ \Omega$$

所以

$$I = \frac{U_S}{R_{1c} // R_{3d} + R_b + R_0} = \frac{18}{\dfrac{3 \times 6}{3 + 6} + 2 + 2} = 3 \ \text{A}$$

由分流公式得

$$I_1 = \frac{R_{3d}}{R_{1c} + R_{3d}} I = \frac{6}{3 + 6} \times 3 = 2 \ \text{A}$$

$$I_3 = \frac{R_{1c}}{R_{1c} + R_{3d}} I = \frac{3}{3 + 6} \times 3 = 1 \ \text{A}$$

由图 2 – 14（b）知

$$U_{cb} = I_1 R_c + I R_b = 2 \times 2 + 3 \times 2 = 10 \ \text{V}$$

由等效关系，再回到图 2 – 14（a）知

$$I_2 = \frac{U_{cb}}{R_2} = \frac{10}{8} = 1.25 \ \text{A}$$

$$I_5 = I_2 - I_1 = 1.25 - 2 = -0.75 \ \text{A}$$

$$I_4 = I_3 - I_5 = 1 - (-0.75) = 1.75 \ \text{A}$$

　　题中也可将 R_3、R_4、R_5 三个电阻等效成三角形连接来求解，读者可自行完成。

思考讨论 >>>

　　1. 在如图 2 – 15 所示电路中，$R_1 = R_2 = R_3 = 3 \ \Omega$，$R_4 = R_5 = R_6 = 6 \ \Omega$，试求电路 ab 端口的等效电阻。

　　2. 如图 2 – 16 所示电路中，已知电路各参数，求电流 I。

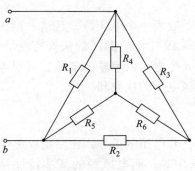

图 2 – 15　题 1 图

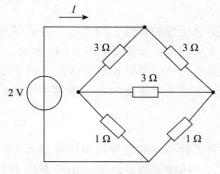

图 2 – 16　题 2 图

3. 在如图 2 – 17 所示电路中，求 ab 间电阻。

4. 在如图 2 – 18 所示电路中，求 R_{ab}。

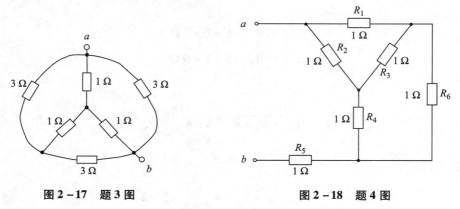

图 2 – 17　题 3 图

图 2 – 18　题 4 图

2.3　电源的等效变换

　　通过对电阻的星形与三角形连接电路等效变换，可以使多电阻电路得以化简。那么，含有多个电源的电路是不是也能通过等效来化简呢？含有多个电源的电路怎样化简呢？

2.3.1　电压源串联

　　图 2 – 19（a）为两个电压源串联的电路，由 KVL 可知

$$U = U_{S1} + U_{S2} = U_S$$

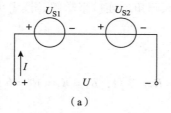

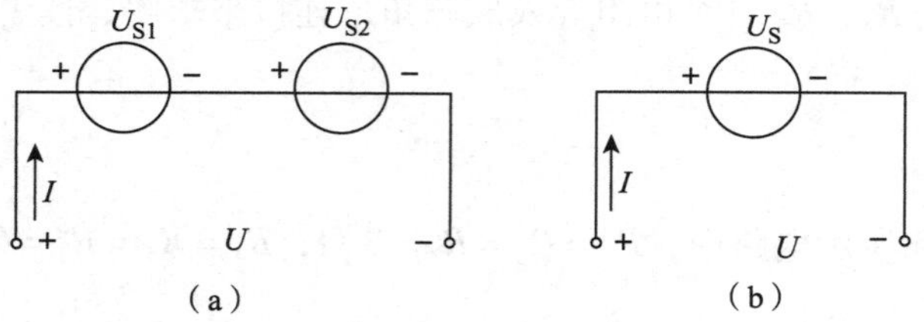

图 2 – 19　电压源串联

（a）电路一　（b）电路二

　　依据电压源的特性，两个电压源串联对外可以等效为一个电压源，且这一恒压源的电压 $U_S = U_{S1} + U_{S2}$，如图 2 – 19（b）所示。显然图 2 – 19 中两电路图的伏安特性是相同的，即两电路图对外电路来说是等效的。以此类推，有 n 个电压源串联的电路，可以等效成一个电压源，这个电压源的电压值等于串联的各电压源电压的代数和，即

$$U_S = \sum_{i=1}^{n} U_{Si}$$

　　所谓代数和，即与等效电压源参考方向一致的，其电压取正号；相反则取负号。

　　那么电压源能否并联呢？由于并联电路的电压相等，而电压源的基本特性是电压恒定，所以电压值不相等的电压源是不允许并联的。几个电压源，只有在各电压源的电压值相等的情况下，才允许并联，而且要同极性相并，并联后等效为一个等值的电压源，如

图 2 –20所示。应当指出的是，等效是对外电路来说的，对内电路是不等效的。

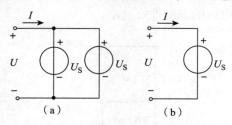

图 2 – 20　相同电压源的并联

（a）电路一　（b）电路二

　　特别是电压源与任一元件或支路并联时，仍然等效于电压源，根据并联电路特点，它们对输出电压无影响，如图 2 – 21 所示。

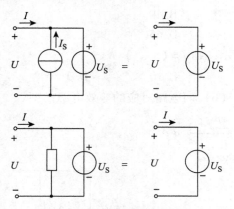

图 2 – 21　电压源与支路并联

理想电源并联

2.3.2　电流源并联

　　图 2 – 22 （a） 为两个电流源并联的电路，若要图 2 – 22 （a）和 （b） 两电路对外等效，则

$$I_{S1} + I_{S2} = I_S$$

即两个电流源并联，可以等效为一个电流源。以此类推，有 n 个电流源并联的电路，则可等效成一个电流源，这个电流源的电流等于并联的各电流源电流的代数和，即

$$I_S = \sum_{i=1}^{n} I_{Si}$$

　　求代数和时，与等效电流源参考方向一致的，其电流取正号；相反则取负号。

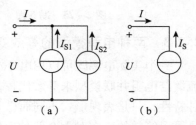

图 2 – 22　电流源并联

（a）电路一　（b）电路二

思考讨论 >>>

　　1. 几个电流源能否串联？几个电压源能否并联？为什么？

　　2. 电阻与电流源串联，电压源与电流源串联，某二端电路与电流源串联能等效化简成什么电路?

3. 作出图 2-23 所示电路的最简等效电路。

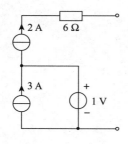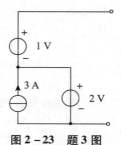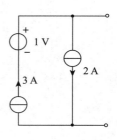

图 2-23　题 3 图

4. 电路如图 2-24 所示，则 $U=($　　$)$ V。

A. 25　　　　　　　　B. 40

C. 15　　　　　　　　D. 65

5. 电路如图 2-25 所示，则 $I=($　　$)$ A。

A. 7　　　　B. 5　　　　C. 10　　　　D. 3

6. 求与图 2-26（a）（b）两电路对应的等效电源模型。

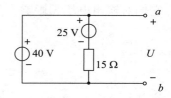

图 2-24　题 4 图

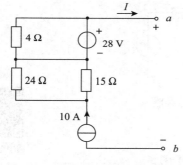

图 2-25　题 5 图

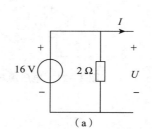

图 2-26　题 6 图

2.3.3　两种电源模型的等效变换

两种实际电源
的等效

一个实际电源既可以用电压源与电阻串联模型来等效代替，也可以用电流源与电阻并联模型来等效代替，两种电源模型反映的是同一个实际电源的外特性，只是表现形式不同而已。因此在满足一定条件下，两种电源模型也是可以等效的。在对含有两种电源模型的电路进行分析计算时，为了方便，有时需将实际电压源等效变换成实际电流源，有时又需要将实际电流源等效变换成实际电压源。

图 2-27 为两种实际电源模型，当实际电压源与实际电流源之间进行等效变换时，要保证通过负载的电流及其两端的电压不变，对负载来说，电压源供电和电流源供电效果是一样的，即它们端口的伏安特性是相同的。

由图 2-27（a）可知其伏安特性为

$$U = U_\mathrm{S} - IR_\mathrm{S}$$

由图 2 –27（b）可知其伏安特性为

$$U = I_S R'_S - I R'_S$$

比较以上两式可知当同时满足条件

$$\left.\begin{array}{c} U_S = I_S R'_S \\ R_S = R'_S \end{array}\right\} \qquad (2-9)$$

或

$$\left.\begin{array}{c} I_S = \dfrac{U_S}{R_S} \\ R'_S = R_S \end{array}\right\} \qquad (2-10)$$

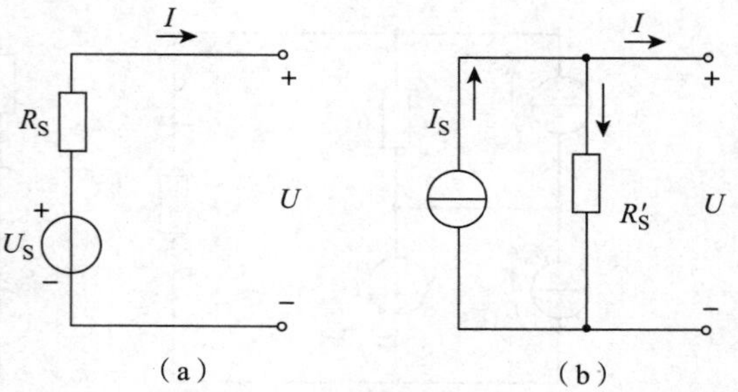

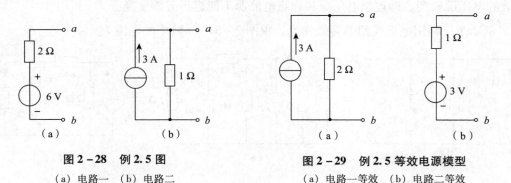

图 2 –27　两种实际电源模型

（a）实际电压源　（b）实际电流源

此时两电路的伏安特性是完全相同的，因此两电路是等效的。

例 2.5　求与图 2 –28（a）（b）两电路对应的等效电源模型。

解：图 2 –28（a）是实际电压源模型，可等效为实际电流源模型，则

$$I_S = \frac{U_S}{R_S} = \frac{6}{2} = 3 \text{ A}$$

$$R'_S = R_S = 2 \ \Omega$$

其等效电流源模型如图 2 –29（a）所示。

图 2 –28（b）为实际电流源模型，可等效为实际电压源模型，则

$$U_S = I_S R_S = 3 \times 1 = 3 \text{ V}$$

$$R'_S = R_S = 1 \ \Omega$$

其等效电压源模型如图 2 –29（b）所示。

图 2 –28　例 2.5 图

（a）电路一　（b）电路二

图 2 –29　例 2.5 等效电源模型

（a）电路一等效　（b）电路二等效

想一想：如果图 2 –28（a）中的 6 V 电压源极性改变，等效后的电流源有什么不同？

　在进行电源模型的等效变换时，电源参数不仅要满足式（2 –9）式（2 –10）的条件，还应当注意的是电压源的电压极性与电流源的电流方向之间的关系，即两者的参考方向要求一致，也就是说电压源的正极对应着电流源电流的流出端。另外电压源与电流源的等效变换只是对外电路而言等效，对内电路是不等效的。

例 2.6　电路如图 2 –30 所示，已知 $U_{S1} = 10 \text{ V}$，$I_{S1} = 15 \text{ A}$，$I_{S2} = 5 \text{ A}$，$R_1 = 30 \ \Omega$，$R_2 = 20 \ \Omega$，求电流 I。

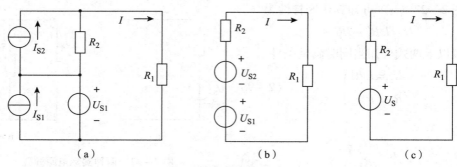

图 2－30　例 2.6 图

（a）原电路　（b）等效变换一　（c）等效变换二

解： 在图 2－30（a）中，电压源 U_{S1} 与电流源 I_{S1} 并联可等效为电压源 U_{S1}；电流源 I_{S2} 与电阻 R_2 的并联可等效变换为电压源 U_{S2} 与电阻 R_2 的串联，电路变换如图 2－30（b），其中

$$U_{S2} = I_{S2} R_2 = 5 \times 20 = 100 \text{ V}$$

在图 2－30（b）中，电压源 U_{S1} 与电压源 U_{S2} 的串联可等效变换为电压源 U_S，电路变换如图 2－30（c），其中

$$U_S = U_{S2} + U_{S1} = 100 + 10 = 110 \text{ V}$$

在图 2－30（c）中，根据欧姆定律可知：

$$I = \frac{U_S}{R_1 + R_2} = \frac{110}{30 + 20} = 2.2 \text{ A}$$

应当注意的是理想电压源的特性是在任何电流下保持端电压不变，没有一个电流源能具有这样的特性，所以理想电压源没有等效的电流源模型。同样道理，理想电流源也没有等效的电压源模型。即理想电压源和理想电流源不能进行等效变换。

例 2.7 利用电源模型的等效变换，求图 2－31（a）中的电流 I。

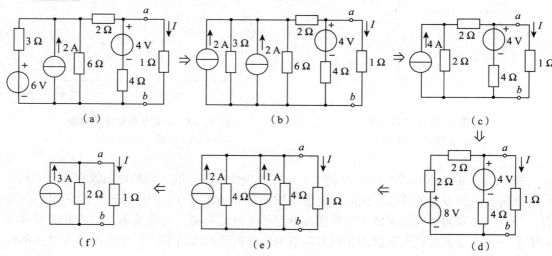

图 2－31　例 2.7 图

（a）原电路　（b）等效变换一　（c）等效变换二　（d）等效变换三

（e）等效变换四　（f）等效变换五

解：本题结构较复杂，我们从左向右逐步化简，等效变换的过程如图 2 – 31 （b）、（c）、（d）、（e）和（f）所示，最后将 a、b 端左侧的电路化简为电流源模型。利用分流公式得

$$I = \frac{2}{2+1} \times 3 = 2 \text{ A}$$

思考讨论 >>>

1. 理想电压源与理想电流源能否彼此等效？为什么？

2. 利用电源的等效变换进行电路等效简化时，一般什么情况下把实际电压源化成实际电流源，又在什么情况下把实际电流源化成实际电压源呢？

3. 试求图 2 – 32 所示电路中的电流 I。

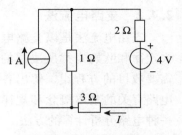

图 2 – 32　题 3 图

2.4　支路电流法

搭建一个如图 2 – 33 所示的电桥电路，分析电桥平衡的条件。进一步分析电桥不平衡时，各支路电流、电压的大小和方向。

2.4.1　直流单臂电桥的基本原理

直流单臂电桥的原理电路如图 2 – 33 所示。它是由四个电阻 R_1、R_2、R_3、R_X 连成的一个四边形回路，这四个电阻称为电桥的四个"臂"。在这个四边形回路的 a、d 点间接入直流工作电源；另两点 b、c 间接入检流计，这个支路一般称为"桥"。适当地调节 R_X 值，可使 b、c 两点电位相同，检流计中无电流流过，这时称电桥达到了平衡。在电桥平衡时，有

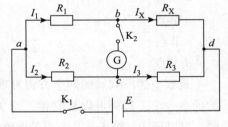

图 2 – 33　电桥电路基本原理图

$$R_1 I_1 = R_2 I_2$$
$$R_X I_X = R_3 I_3$$
$$I_1 = I_X$$
$$I_2 = I_3$$

整理可得

$$\frac{R_1}{R_X} = \frac{R_2}{R_3}$$

即

$$R_X = \frac{R_1}{R_2} R_3$$

令 $K = R_1/R_2$，则 $R_X = KR_3$。

可见电桥平衡时，由已知的 R_1、R_2（或 K）及 R_3 值便可算出 R_X。人们常把 R_1、R_2 称作比例臂，K 为比例臂的倍率；R_3 称作比较臂；R_X 称作待测臂。若 R_3 和倍率 K 已知，即可由上式求出 R_X。

思考讨论 >>>

电桥平衡时可以计算出每个电阻上的电流，如电桥不平衡，那么怎样计算各电阻上的电流呢？

要回答上面的问题，就要了解几种分析线性电路普遍适用的基本方法。

2.4.2 支路电流法

支路电流法是以支路电流为未知量，由基尔霍夫定律和欧姆定律所决定的两类约束关系，列写出需要数目的方程组，解出各支路电流，进而再根据电路有关的基本概念和规律求解电路其他未知量的一种电路分析计算的方法。

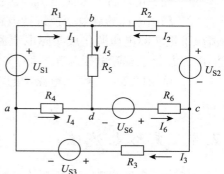

支路电流法

下面以一个具体的电路为例，介绍支路电流法分析电路的全过程。

例如，图 2-34 中有 6 条支路、4 个节点，假设 6 条支路上的电流分别为 I_1、I_2、I_3、I_4、I_5、I_6。

图 2-34 支路电流法

① 首先列写出电路的 KCL 方程：

a 节点 $\quad\quad I_1 - I_3 + I_4 = 0$

b 节点 $\quad\quad\quad\quad\quad -I_1 - I_2 + I_5 = 0$

c 节点 $\quad\quad\quad\quad\quad I_2 + I_3 - I_6 = 0$

d 节点 $\quad\quad\quad\quad\quad -I_4 - I_5 + I_6 = 0$

观察上述所列写的四个方程发现，四个方程相加，得恒等式 $0 = 0$，说明这四个方程中的任意一个方程都可以从其他三个方程中推导出，即这四个方程中只有三个方程是独立的。可以证明，对于 n 个节点的电路，根据 KCL 定律，只能列写出 $(n-1)$ 个独立的节点电流方程，并将这 $(n-1)$ 个节点称为一组独立节点。独立节点则是任选的。

② 列写出电路的 KVL 方程。另外三个独立方程可由基尔霍夫电压定律得到。对电路中的每一个回路都可以列写出回路电压方程，同样这些方程也不全是独立的。可以证明，如果电路的支路数为 b，则独立的回路电压方程数

$$l = b - (n-1)$$

也就是说，独立的节点数加上独立的回路数正好等于支路数。独立回路指的是组成回路的支路中至少有一条是其他任何回路都不包含的。而在平面电路中，网孔就是一组独立回路。

在图 2-34 中，有三个网孔，即回路 $abda$、$adca$、$bcdb$，它们是一组独立回路。由 KVL 定律，按顺时针环绕，列写出回路电压方程：

$abda$ 回路 $\quad\quad\quad\quad -U_{S1} + R_1 I_1 + R_5 I_5 - R_4 I_4 = 0$

$dbcd$ 回路 $\quad\quad\quad\quad -R_5 I_5 - R_2 I_2 + U_{S2} - R_6 I_6 + U_{S6} = 0$

$adca$ 回路 $\quad\quad\quad\quad R_4 I_4 - U_{S6} + R_6 I_6 + R_3 I_3 + U_{S3} = 0$

因此，三个独立的节点电流方程加上三个网孔电压方程，6 个独立方程就可以求解出 6 条支路的电流。若每条支路电流都知道了，那么其他电路变量就可由此求出。

例 2.8　图 2 – 35 所示电路中，$U_{S1} = 6$ V、$U_{S2} = 2$ V、$R_1 = 10\ \Omega$、$R_2 = 20\ \Omega$、$R = 40\ \Omega$，试用支路电流法求各支路电流。

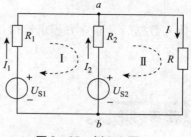

图 2 – 35　例 2.8 图

解：这个电路共有 3 条支路，即 $b = 3$，设 3 条支路的电流分别为 I_1、I_2、I，其参考方向如图 2 – 35 所示。

电路节点数 $n = 2$，所以独立节点为 $(n - 1) = 1$ 个。取 a 点列 KCL 方程得

$$-I_1 - I_2 + I = 0$$

电路网孔数 $l = 2$，选顺时针环绕对 I 、II 两个网孔列 KVL 方程得

$$R_1 I_1 - R_2 I_2 + U_{S2} - U_{S1} = 0$$
$$R_2 I_2 + RI - U_{S2} = 0$$

代入数据整理得

$$\begin{cases} -I_1 - I_2 + I = 0 \\ 10I_1 - 20I_2 = 4 \\ 20I_2 + 40I = 2 \end{cases}$$

解得

$$I_1 = 0.2\ \text{A},\ I_2 = -0.1\ \text{A},\ I = 0.1\ \text{A}$$

由此可以总结出利用支路电流法分析计算电路的一般步骤：

① 确定电路的支路数目 b，并假设各支路电流为未知量，选定其参考方向标于电路中；

② 任选 $(n - 1)$ 个独立节点，列写 KCL 方程；

③ 选定绕行方向，列写出 $l = b - (n - 1)$ 个独立回路的 KVL 方程；

④ 联立求解上述所列写的 b 个方程，从而求解出各支路电流变量。

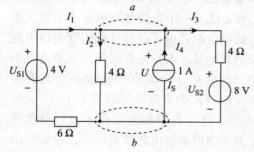

图 2 – 36　例 2.9 图

例 2.9　电路如图 2 – 36 所示，试用支路电流法求恒流源 I_S 两端的电压。

解：图中共有 4 条支路，设支路电流分别为 I_1、I_2、I_3、I_4。

图中共有两个节点，即 a 和 b，任选一点列写 KCL 方程：

a 节点　　$-I_1 + I_2 + I_3 - I_4 = 0$

图中有左、中、右 3 个网孔，选顺时针方向环绕，列写 KVL 方程：

左网孔　　　　　　　　$6I_1 + 4I_2 - U_{S1} = 0$
中网孔　　　　　　　　$-4I_2 + U = 0$
右网孔　　　　　　　　$4I_3 + U_{S2} - U = 0$

KVL 方程中，假设恒流源两端的电压为 U，则需增加一个辅助方程，已知含有恒流源的支路电流确定，即

$$I_4 = 1 \text{ A}$$

代入数据后，联立方程求解得：

$$I_1 = -\frac{1}{4} \text{ A}, \quad I_2 = \frac{11}{8} \text{ A}, \quad I_3 = -\frac{5}{8} \text{ A}; \quad I_4 = 1 \text{ A}; \quad U = \frac{11}{2} \text{ V}$$

思考讨论 >>>

1. 支路电流法的本质是什么？如何列出足够的支路电流方程？
2. 用支路电流法求图 2-37 所示电路电压 U。
3. 试求图 2-38 所示电路中各支路电流。

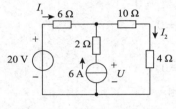

图 2-37　题 2 图

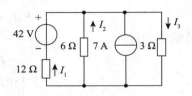

图 2-38　题 3 图

节点电压法（1）

节点电压法（2）

2.5　节 点 电 压 法

支路电流法虽然是分析计算电路的普遍适用的方法，但这种方法比较烦琐，尤其对于支路数目比较多的电路而言，列写的支路电流方程太多，不便于求解。那么，有没有减少方程数目的方法呢？

2.5.1　节点电压方程

节点电压法简称节点法，是电路分析中的一种重要方法。它是以节点电位为未知量求解电路的一种方法。一个电路如果有 n 个节点，若每个节点的电位都知道了，那么我们就可以由此求出电路的其他量。电位是相对量，要确定每一点的电位，就要在 n 个节点中任选一个为参考点，剩下 $(n-1)$ 个节点恰好能列写出 $(n-1)$ 个 KCL 方程。把方程中的变量都用节点电位表示，联立方程即可求解出各节点电位，进而求出电路的其他未知量。下面通过例子说明这种方法。

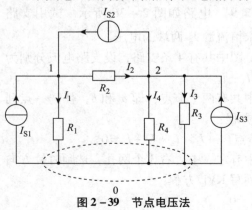

图 2-39　节点电压法

在图 2-39 电路中有三个节点，分别给节点编上号码 0、1、2。设以节点 0 为参考点，则节点 1 和节点 2 的电位等于它们与参考点 0 的电压，分别用 U_{10} 和 U_{20} 表示。列写 KCL 方程：

节点 1 　　　　　　　　$I_1 + I_2 - I_{S1} - I_{S2} = 0$

节点 2 　　　　　　　　$-I_2 + I_3 + I_4 + I_{S2} - I_{S3} = 0$

根据欧姆定律和不闭合电路基尔霍夫电压定律得

$$I_1 = \frac{U_{10}}{R_1} = G_1 U_{10}$$

$$I_2 = \frac{U_{10} - U_{20}}{R_2} = G_2(U_{10} - U_{20})$$

$$I_3 = \frac{U_{20}}{R_3} = G_3 U_{20}$$

$$I_4 = \frac{U_{20}}{R_4} = G_4 U_{20}$$

将支路电流代入节点方程并整理得

节点 1 　　　　　$\left(\dfrac{1}{R_1} + \dfrac{1}{R_2}\right)U_{10} - \dfrac{1}{R_2}U_{20} = I_{S1} + I_{S2}$

节点 2 　　　　　$-\dfrac{1}{R_2}U_{10} + \left(\dfrac{1}{R_2} + \dfrac{1}{R_3} + \dfrac{1}{R_4}\right)U_{20} = I_{S3} - I_{S2}$

用电导表示为

$$\left.\begin{aligned}(G_1 + G_2)U_{10} - G_2 U_{20} &= I_{S1} + I_{S2}\\ -G_2 U_{10} + (G_2 + G_3 + G_4)U_{20} &= I_{S3} - I_{S2}\end{aligned}\right\} \tag{2-11}$$

整理得

$$\left.\begin{aligned}G_{11}U_{10} + G_{12}U_{20} &= \sum I_{1Si}\\ G_{21}U_{10} + G_{22}U_{20} &= \sum I_{2Si}\end{aligned}\right\} \tag{2-12}$$

其中：$G_1 + G_2 = G_{11}$、$G_2 + G_3 + G_4 = G_{22}$ 分别为连到节点 1、2 上的所有支路上的电导之和，称为各节点的自电导，自电导总是正的；两节点 1 和 2 之间的公共电导用 G_{12} 和 G_{21} 表示，称为节点 1 和节点 2 的互电导，互电导总是负的，式（2-12）中 $G_{12} = G_{21} = -\dfrac{1}{R_2}$。因为假设节点电压的参考方向总是由非参考节点指向参考节点，所以各节点电压在自电导中所引起的电流总是流出该节点的，在该节点的电流方程中这些电流前取"＋"号，因而自电导总是正的。节点 1 或 2 中任一节点电压在其公共电导中所引起的电流则是流入另一个节点的，所以在另一个节点的电流方程中这些电流前应取"－"号。用 $\sum I_{1Si}$、$\sum I_{2Si}$ 分别表示电流源流入节点 1 和 2 的电流代数和，当电流源电流指向节点时前面取正号，否则取负号。

如果是电压源和电阻串联支路，则可等效成电流源与电阻并联后同前考虑。

上述关系可推广到一般电路。对具有 n 个节点的电路，其节点电压方程的一般式为

$$\left.\begin{aligned}G_{11}U_{10} + G_{12}U_{20} + \cdots + G_{1(n-1)}U_{(n-1)} &= \sum I_{1Si}\\ G_{21}U_{10} + G_{22}U_{20} + \cdots + G_{2(n-1)}U_{(n-1)} &= \sum I_{2Si}\\ \vdots\quad\\ G_{(n-1)1}U_{10} + G_{(n-1)2}U_{20} + \cdots + G_{(n-1)(n-1)}U_{(n-1)} &= \sum I_{(n-1)Si}\end{aligned}\right\} \tag{2-13}$$

例 2.10 　试用节点电压法求图 2-40 所示电路中的各支路电流。

解： 取节点 0 为参考节点，节点 1、2 的节点电压分别为 U_1、U_2，可得

$$\begin{cases}\left(\dfrac{1}{1}+\dfrac{1}{2}\right)U_1-\dfrac{1}{2}U_2=3\\[2mm]-\dfrac{1}{2}U_1+\left(\dfrac{1}{2}+\dfrac{1}{3}\right)U_2=7\end{cases}$$

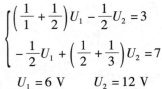

图 2－40　例 2.10 图

解得 $\qquad U_1=6\text{ V}\qquad U_2=12\text{ V}$

取各支路电流的参考方向如图 2－40 所示，根据支路电流与节点电压的关系有

$$I_1=\frac{U_1}{1}=\frac{6}{1}=6\text{ A}$$

$$I_2=\frac{U_1-U_2}{2}=\frac{6-12}{2}=-3\text{ A}$$

$$I_3=\frac{U_2}{3}=\frac{12}{3}=4\text{ A}$$

当电路中含有电压源和电阻串联组合的支路时，先把电压源和电阻串联组合变换成电流源和电阻并联组合，然后再按式（2－13）列方程。若电路中含有恒压源时，可把恒压源中的电流作为变量列入节点方程，虽然多了一个电流变量，但恒压源两端的电压却成为已知，将其电压与两端节点电压的关系作为补充方程并求解。

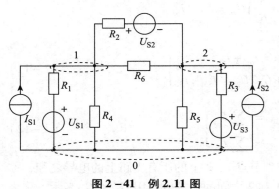

图 2－41　例 2.11 图

例 2.11　如图 2－41 所示，试列出电路的节点电压方程。

解： 电路共有三个节点，分别以 1、2、0 表示，选 0 为参考点，待求的两个节点电压分别为 U_{10}、U_{20}，列节点方程如下：

节点 1 $\quad\left(\dfrac{1}{R_1}+\dfrac{1}{R_4}+\dfrac{1}{R_6}+\dfrac{1}{R_2}\right)U_{10}-\left(\dfrac{1}{R_6}+\dfrac{1}{R_2}\right)U_{20}=I_{S1}+\dfrac{U_{S1}}{R_1}+\dfrac{U_{S2}}{R_2}$

节点 2 $\quad-\left(\dfrac{1}{R_6}+\dfrac{1}{R_2}\right)U_{10}+\left(\dfrac{1}{R_2}+\dfrac{1}{R_3}+\dfrac{1}{R_5}+\dfrac{1}{R_6}\right)U_{20}=I_{S2}-\dfrac{U_{S2}}{R_2}+\dfrac{U_{S3}}{R_3}$

2.5.2　节点电压法解题步骤

① 在电路中任选某一节点为参考节点，设定其余节点与参考节点间的电压。

② 以节点电压为未知量，列写出所有非参考节点的 KCL 方程，且自电导总为正、互电导总为负、流入节点的电流源电流值取"正"、流出节点的电流源电流值取"负"。

③ 求解节点电压方程组，解出各节点电压。

④ 通过节点电压做其他分析。

例 2.12　用节点电压法求图 2－42 所示电路中的电压 U_{12}。

解： 图示电路中，只有 2 个节点，U_{12} 就是节点 1 对节点 2 的节点电压，以节点 2 为参考点，可列出下列方程

$$\left(\frac{1}{R_1}+\frac{1}{R_2}+\frac{1}{R_3}+\frac{1}{R_4}\right)U_{12}=\frac{U_{S1}}{R_1}-\frac{U_{S2}}{R_2}+\frac{U_{S3}}{R_3}$$

解得

$$U_{12} = \frac{\dfrac{U_{S1}}{R_1} - \dfrac{U_{S2}}{R_2} + \dfrac{U_{S3}}{R_3}}{\dfrac{1}{R_1} + \dfrac{1}{R_2} + \dfrac{1}{R_3} + \dfrac{1}{R_4}}$$

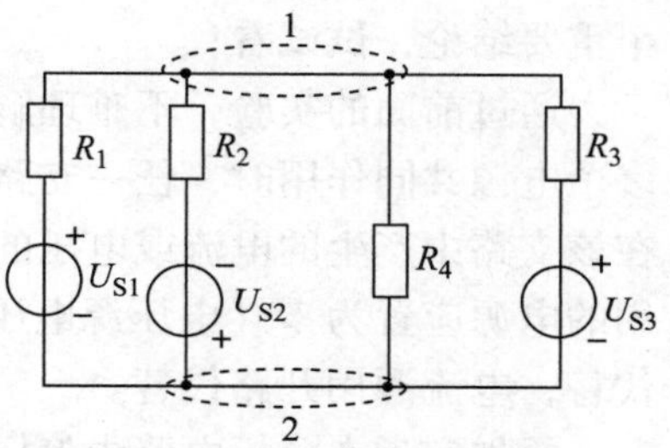

由此可得出求解两节点电路节点电压的一般表达式为

$$U = \frac{\displaystyle\sum_{k=1}^{n} \dfrac{U_{Sk}}{R_k}}{\displaystyle\sum_{k=1}^{n} \dfrac{1}{R_k}}$$

此式称为弥尔曼定理，且应注意分子中各项前的正负号。

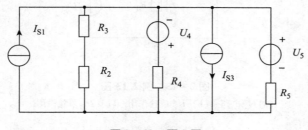

图 2 – 42　例 2.12 图

思考讨论 >>>

1. 节点电压法的本质是什么？方程中各项的含义是什么？正、负号如何确定？
2. 含有理想电压源支路的电路，在列写节点电压方程时，有哪些处理方法？
3. 写出图 2 – 43 的节点电压方程。

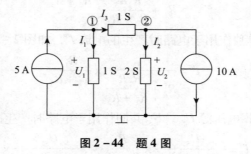

图 2 – 43　题 3 图

4. 用节点分析法求图 2 – 44 各电阻支路电流。

图 2 – 44　题 4 图

2.6　叠加定律

　　有两个电源的电阻电路，可以测出各支路的电流和电压，如果分别只让一个电源单独作用而另一个电源置零，同样测出各支路的电流和电压，比较一下结果，也许你会得到一个重要结论，试试看！

通过前面的实验，不难理解叠加定理的内容，即：在线性电路中，当有多个电源共同作用时，任一支路电流或电压，可看作由各个电源单独作用时在该支路中产生的电流或电压的代数和。当某一电源单独作用时，其他不作用的电源应置为零（电压源电压为零，电流源电流为零），即电压源用短路代替，电流源用开路代替。

叠加定理

叠加定理在分析电路中怎样应用呢？

例 2.13　如图 2 - 45（a）所示电路，试用叠加定理计算电流 I。

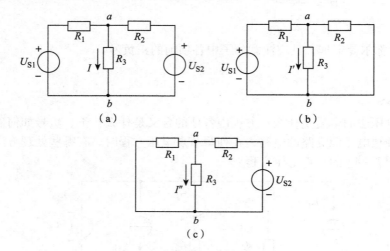

图 2 - 45　例 2.13 图
（a）原电路　（b）U_{S1} 单独作用　（c）U_{S2} 单独作用

解： ① 计算电压源 U_{S1} 单独作用于电路时产生的电流 I'，如图 2 - 45（b）所示。

$$I' = \frac{U_{S1}}{R_1 + \dfrac{R_2 R_3}{R_2 + R_3}} \times \frac{R_2}{R_2 + R_3}$$

② 计算电压源 U_{S2} 单独作用于电路时产生的电流 I''，如图 2 - 45（c）所示。

$$I'' = \frac{U_{S2}}{R_2 + \dfrac{R_1 R_3}{R_1 + R_3}} \times \frac{R_1}{R_1 + R_3}$$

③ 由叠加定理，计算电压源 U_{S1}、U_{S2} 共同作用于电路时产生的电流 I。

$$I = I' + I'' = \frac{U_{S1}}{R_1 + \dfrac{R_2 R_3}{R_2 + R_3}} \times \frac{R_2}{R_2 + R_3} + \frac{U_{S2}}{R_2 + \dfrac{R_1 R_3}{R_1 + R_3}} \times \frac{R_1}{R_1 + R_3}$$

$$= \frac{R_2}{R_1 R_2 + R_2 R_3 + R_3 R_1} U_{S1} + \frac{R_1}{R_1 R_2 + R_2 R_3 + R_3 R_1} U_{S2}$$

$$= K_1 U_{S1} + K_2 U_{S2}$$

由此不难看出，线性电路中，当激励（电压源、电流源）同时增大或缩小时，电路响应（电压、电流）也将同样增大或缩小。这就是线性电路的齐性定理。

由上面的例子，可归纳用叠加定理分析电路的一般步骤：

① 将复杂电路分解为含有一个（或几个）独立源单独（或共同）作用的分解电路；

② 分析各分解电路，分别求得各电流或电压分量；

③ 将各电源单独作用的结果进行叠加，得出最后结果。

例 2.14　图 2 - 46（a）所示桥形电路中，$R_1 = 2\ \Omega$，$R_2 = 1\ \Omega$，$R_3 = 3\ \Omega$，$R_4 = 0.5\ \Omega$，$U_S = 4.5\ V$，$I_S = 1\ A$。试用叠加定理求电压源的电流 I 和电流源的端电压 U。

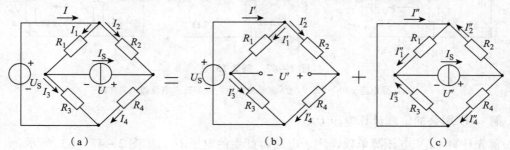

图 2 - 46　例 2.14 图
(a) 原电路　(b) 电压源单独作用　(c) 电流源单独作用

解：① 当电压源单独作用时，电流源开路，如图 2 - 46（b）所示，各支路电流分别为

$$I'_1 = I'_3 = \frac{U_S}{R_1 + R_3} = \frac{4.5}{2 + 3} = 0.9\ A$$

$$I'_2 = I'_4 = \frac{U_S}{R_2 + R_4} = \frac{4.5}{1 + 0.5} = 3\ A$$

$$I' = I'_1 + I'_2 = 0.9 + 3 = 3.9\ A$$

电流源支路的端电压

$$U' = R_4 I'_4 - R_3 I'_3 = 0.5 \times 3 - 3 \times 0.9 = -1.2\ V$$

② 当电流源单独作用时，电压源短路，如图 2 - 46（c）所示，则各支路电流分别为

$$I''_1 = \frac{R_3}{R_1 + R_3} I_S = \frac{3}{2 + 3} \times 1 = 0.6\ A$$

$$I''_2 = \frac{R_4}{R_2 + R_4} I_S = \frac{0.5}{1 + 0.5} \times 1 = 0.333\ A$$

$$I'' = I''_1 - I''_2 = 0.6 - 0.333 = 0.267\ A$$

电流源的端电压

$$U'' = R_1 I''_1 + R_2 I''_2 = 2 \times 0.6 + 1 \times 0.333 = 1.533\ V$$

③ 两个独立源共同作用时，电压源的电流

$$I = I' + I'' = 3.9 + 0.267 = 4.167\ A$$

电流源的端电压

$$U = U' + U'' = -1.2 + 1.533 = 0.333\ V$$

由此可见，叠加定理对电路中的电流、电压都是适用的。那么，功率是不是也适用于叠加定理呢？

例 2.15 如图 2-47（a）所示电路：① 试用叠加定理计算电压 U；② 计算 3 Ω 电阻的功率。

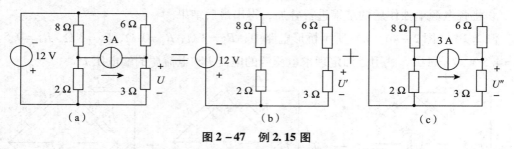

图 2-47 例 2.15 图

（a）原电路 （b）12 V 电压源单独作用 （c）3 A 电流源单独作用

解： ① 用叠加定理计算电压 U。

首先计算 12 V 电压源单独作用于电路时产生的电压 U'，如图 2-47（b）所示。

$$U' = -\frac{12}{6+3} \times 3 = -4 \text{ V}$$

其次计算 3 A 电流源单独作用于电路时产生的电压 U''，如图 2-47（c）所示。

$$U'' = 3 \times \frac{6}{6+3} \times 3 = 6 \text{ V}$$

最后由叠加定理，计算 12 V 电压源、3 A 电流源共同作用于电路时产生的电压 U。

$$U = U' + U'' = -4 + 6 = 2 \text{ V}$$

② 计算 3 Ω 电阻的功率。

电阻元件的功率

$$P = UI = \frac{U^2}{R} = \frac{2^2}{3} = \frac{4}{3} \text{ W}$$

由题可知

$$P = \frac{U^2}{R} \neq \frac{U'^2}{R} + \frac{U''^2}{R}$$

可见，功率并不满足叠加定理。想一想，为什么？

对叠加定理的理解，应注意以下几点。

① 叠加定理仅适用于线性电路，不适用于非线性电路。

② 叠加定理仅适用于电压、电流的计算，不适用于功率的计算。

③ 当某一独立源单独作用时，其他独立源都应作除源处理，即电压源短路、电流源开路。

④ 应用叠加定理求电压、电流时，应特别注意各分量的符号。若分量的参考方向与原电路中的参考方向一致，则该分量取正号；反之取负号。

⑤ 叠加的方式是任意的，可以一次使一个独立源单独作用，也可以一次使几个独立源同时作用，方式的选择取决于对分析计算问题简便与否。

思考讨论 >>>

1. 叠加定理为什么不适用于功率的计算？

2. 图 2 – 48 所示桥式电路中 $R_1 = 2\ \Omega$, $R_2 = 1\ \Omega$, $R_3 = 3\ \Omega$, $R_4 = 5\ \Omega$, $U_S = 5\ V$, $I_S = 1$ A。试用叠加定理求电压源的电流 I 和电流源的端电压 U。

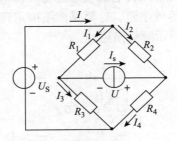

图 2 – 48　题 2 图

3. 试用叠加定理求图 2 – 49 图中 1 Ω 电阻上的电流及其消耗的功率。

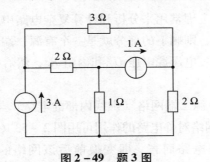

图 2 – 49　题 3 图

4. 用叠加定理求图 2 – 50 中 4 Ω 电阻的功率。

5. 电路如图 2 – 51 所示，已知 $E = 10\ V$, $I_S = 1\ A$, $R_1 = 10\ \Omega$, $R_2 = R_3 = 5\ \Omega$，试用叠加原理求流过 R_2 的电流 I_2 和理想电流源 I_S 两端的电压 U_S。

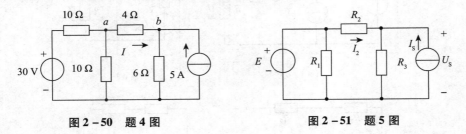

图 2 – 50　题 4 图　　　　　　　　图 2 – 51　题 5 图

2.7　戴维南定理

对于一个网络内部含有独立电源的二端网络来说，无论它的内部繁简程度如何，当与外电路接通时，它的作用都好像是电源一样，向外电路提供电压和电流，因此一个有源二端网络总能等效变换成为一个电源。电源的电路模型有两种：一个是恒压源与电阻串联，一个是恒流源与电阻并联。那么，能否建立起一个有源二端电路的电源电路模型呢？

对于任意线性有源二端网络，它对外电路的作用可以用一个理想电压源和内阻串联的电源模型来等效，其中电压源的电压等于该二端网络的开路电压 U_{oc}，内阻 R_S 等于有源二端网络除去电源（理想电压源短路，理想电流源开路）后所得无源二端网络的等效电阻，这就是戴维南定理。

戴维南定理

戴维南定理可用图 2-52 所示图形描述。

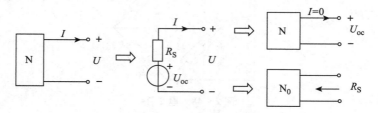

图 2-52　戴维南定理

在实际应用中，戴维南定理常用来分析和计算复杂电路中某一支路的电流（或电压）。方法是：先将待求支路断开，则剩下的部分就是一个有源二端网络，这时先应用戴维南定理求出该有源二端网络的等效电压源电压 U_{oc} 和内阻 R_S，然后接上待求支路，即可求得待求量。

图 2-53（a）所示为含源二端网络（虚线内部的电路）与外电路电阻 R 串联的电路。根据戴维南定理，含源二端网络对外电路的作用可用图 2-53（b）所示虚线内部电路来等效。所谓等效仍是指对外部电路而言，即变换前后该网络的端口电压 U 和电流 I 保持不变。

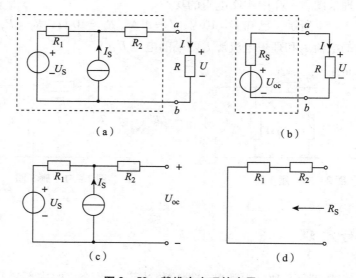

图 2-53　戴维南定理的应用

（a）电路一　（b）电路二　（c）电路三　（d）电路四

图 2 – 53（b）的等效电路是一个简单的电路，其中电流可由下式计算：

$$I = \frac{U_{oc}}{R_S + R}$$

等效电压源电压 U_{oc} 和内阻 R_S 可通过下述方法计算。

① 电压 U_{oc} 在数值上等于把外电路断开后 a、b 两端之间的开路电压，即二端网络的开路电压，如图 2 – 53（c）所示。由图可得该电路的开路电压

$$U_{oc} = I_S R_1 + U_S$$

② 内阻 R_S 等于有源二端网络化为无源二端网络，即所有电源均除去（将各理想电压源短路、理想电流源开路）后从 a、b 两端看进去的等效电阻，如图 2 – 53（d）所示。由图可得该电路的等效电阻

$$R_S = R_1 + R_2$$

例 2.16　对图 2 – 54（a）所示电路，试用戴维南定理求 1 kΩ 电阻上的电流 I。

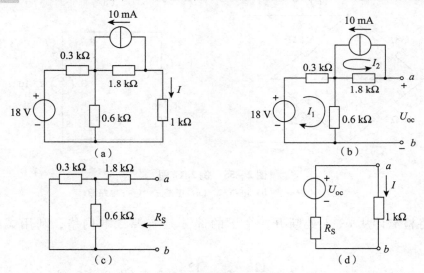

图 2 – 54　例 2.16 图

（a）电路一　（b）电路二　（c）电路三　（d）电路四

解：首先断开 1 kΩ 电阻负载，剩下电路为一有源二端网络，由戴维南定理求开路电压 U_{oc}，如图 2 – 54（b）所示，得

$$I_1 = \frac{18}{0.3 + 0.6} = 20 \text{ mA}$$

$$I_2 = 10 \text{ mA}$$

$$U_{oc} = -1.8 I_2 + 0.6 I_1 = -1.8 \times 10 + 0.6 \times 20 = -6 \text{ V}$$

然后求等效电阻 R_S，画出戴维南等效电路如图 2 – 54（c）所示，得

$$R_S = 1.8 + \frac{0.3 \times 0.6}{0.3 + 0.6} = 2 \text{ kΩ}$$

最后接上负载，如图 2 – 54（d）所示，可得

$$I = \frac{U_{oc}}{R_S + 1} = \frac{-6}{2 + 1} = -2 \text{ mA}$$

前面已经用电阻的星—三角形等效变换的方法求出了不平衡电桥电路的电流，现在用

戴维南定理求解一下试试。

例 2.17 图 2－55（a）所示为一不平衡电桥电路，试求检流计的电流 I。

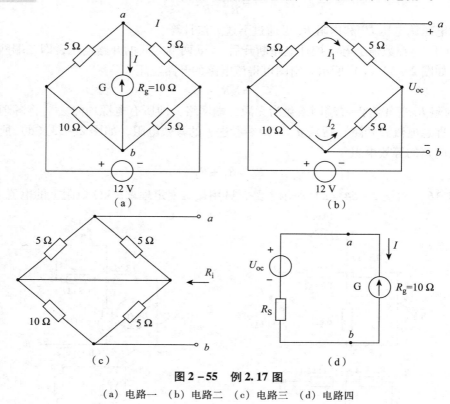

图 2－55　例 2.17 图

（a）电路一　（b）电路二　（c）电路三　（d）电路四

解：将检流计从 a、b 处断开，余下的部分是有源二端网络，利用戴维南定理求解。

$$U_{oc} = 5I_1 - 5I_2 = 5 \times \frac{12}{5+5} - 5 \times \frac{12}{10+15} = 2\ V\ （图 2－55（b））$$

$$R_s = \frac{5 \times 5}{5+5} + \frac{10 \times 5}{10+5} = 5.83\ \Omega\ （图 2－55（c））$$

$$I = \frac{U_{oc}}{R_s + R_g} = \frac{2}{5.83+10} = 0.126\ A\ （图 2－55（d））$$

由此可见，用戴维南定理求解一个复杂电路中的一条支路上的电流、电压是非常方便的。

值得注意的是，应用戴维南定理遇到含有受控源的电路，求开路电压 U_{oc} 和等效电阻 R_s 时，是对含受控源电路的计算，前面介绍的含受控源电路的分析方法均可采用。求等效电压源中的内阻 R_s 时，去掉独立源，受控源要同电阻一样保留，此时等效电阻的计算采用外加电源法，即在两端口处外加一电压 U，求得端口处的电流 I，则 U/I 即为等效电阻 R_s。

例 2.18 图 2－56（a）电路中，已知 $R_1 = 6\ \Omega$，$R_2 = 4\ \Omega$，$U_S = 10\ V$，$I_S = 4\ A$，$r = 10\ \Omega$，用戴维南定理求电流源的端电压 U_3。

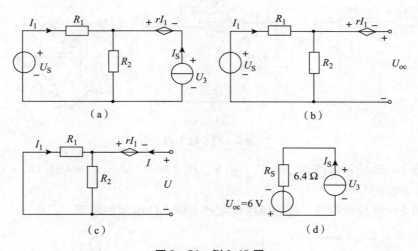

图 2 – 56　例 2.18 图

（a）电路一　（b）电路二　（c）电路三　（d）电路四

解： 将待求支路断开，即将电流源从原电路中断开移去，在图 2 – 56（b）所示电路中求开路电压 U_{oc}。因为端钮电流为零，所以有

$$I_1 = \frac{U_S}{R_1 + R_2} = \frac{10}{6 + 4} = 1 \text{ A}$$

$$U_{oc} = -rI_1 + I_1 R_2 = -10 \times 1 + 1 \times 4 = -6 \text{ V}$$

除源后得出相应的无源二端网络，如图 2 – 56（c）所示，注意该图中仅将原网络中的电压源看作短路，而保留了受控电压源，这个电路的电阻如何求呢？利用外加电源法，在电路的端口外加一电压 U，则设端口电流为 I，如图 2 – 56（c）。则由分流公式找到 I_1 与 I 的关系

$$I_1 = -\frac{R_2}{R_1 + R_2}I = -\frac{4}{4 + 6}I = -0.4I$$

则端口电压与电流的关系为

$$U = -rI_1 - R_1 I_1 = -10 \times (-0.4I) - 6 \times (-0.4I) = 6.4I$$

所以其等效电阻　　　　　　　　　　$$R_S = \frac{U}{I} = 6.4 \ \Omega$$

作出戴维南等效电路并与待求支路相连，如图 2 – 56（d）所示。因为计算出的 $U_{oc} = -6$ V，一般电压源的参数用正值表示，因而图中电路的等效电压源极性为上负下正。由图可求得

$$U_3 = I_S R_S - U_{oc} = 4 \times 6.4 - 6 = 19.6 \text{ V}$$

思考讨论 >>>

1. 什么样的电路能简化成戴维南电路模型？

2. 如图 2 – 57 所示电路，试求它们的戴维南等效电路。

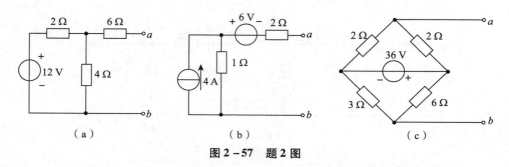

图 2 - 57 题 2 图

3. 如图 2 - 58 所示电路，已知 $U_1 = 40\text{ V}$，$U_2 = 20\text{ V}$，$R_1 = R_2 = 4\ \Omega$，$R_3 = 13\ \Omega$，试用戴维南定理求电流 I_3。

4. 如图 2 - 59 所示电路，使用戴维南定理求解 $2\ \Omega$ 电阻的功率。

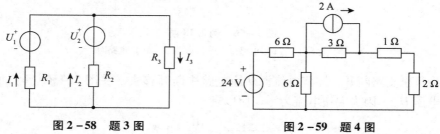

图 2 - 58 题 3 图   图 2 - 59 题 4 图

诺顿定理（1）　诺顿定理（2）

2.8 诺顿定理

对于一个含源二端网络，无论它的内部繁简程度如何，都可以利用戴维南等效定理将其等效为一个理想电压源与电阻串联的模型，那么，能否等效为一个理想电流源与电阻并联的模型呢？

在戴维南定理中等效电源是用电压源串联电阻来表示的，根据前面所述，一个电源除了可以用理想电压源和内阻串联的电源模型表示外，还可以用理想电流源和内阻并联的电源模型来表示。

诺顿定理的内容是：任何一个线性有源二端网络，对外电路来说，可以用一个理想电流源和电阻并联的电源模型来代替，其中理想电流源的电流 I_S 等于二端网络的短路电流 I_{Sc}（即将两端钮短接后其中的电流），内阻 R_S 等于有源二端网络中所有电源均除源（理想电压源短路，理想电流源开路）后所得无源二端网络的等效电阻。

例 2.19　如图 2 - 60（a）所示电路，用诺顿定理求电阻 R_3 上的电流 I_3。

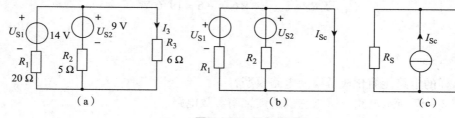

图 2 - 60 例 2.19 图

（a）电路一　（b）电路二　（c）电路三

解：将 R_3 电阻支路短路，电路的其余部分构成一个有源二端网络，求此网络的短路电流 I_{Sc}，电路如图 2 - 60（b）所示，计算如下：

$$I_{Sc} = \frac{U_{S1}}{R_1} + \frac{U_{S2}}{R_2} = \frac{14}{20} + \frac{9}{5} = 2.5\ \text{A}$$

无源二端网络的等效电阻

$$R_S = \frac{R_1 R_2}{R_1 + R_2} = \frac{20 \times 5}{20 + 5} = 4\ \Omega$$

简化后的等效电路如 2 - 60（c）所示，由分流公式得 R_3 上电流

$$I_3 = \frac{R_S}{R_S + R_3} I_{Sc} = \frac{4}{4 + 6} \times 2.5 = 1\ \text{A}$$

思考讨论 >>>

1. 什么样的电路能简化成诺顿电路模型？

2. 如图 2 - 61 所示电路，试求它们的诺顿等效电路。

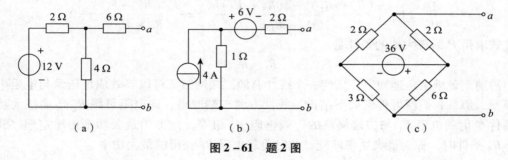

（a）　　　　　　　　　（b）　　　　　　　　　（c）

图 2 - 61　题 2 图

3. 如图 2 - 62 所示电路，已知 $U_1 = 40\ \text{V}$，$U_2 = 20\ \text{V}$，$R_1 = R_2 = 4\ \Omega$，$R_3 = 13\ \Omega$，试用诺顿定理求电流 I_3。

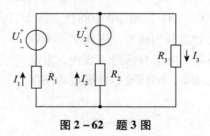

图 2 - 62　题 3 图

4. 如图 2 - 63 所示电路，使用诺顿定理求解 2 Ω 电阻的功率。

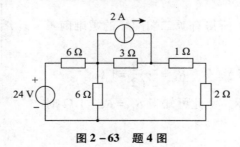

图 2 - 63　题 4 图

最大功率传输定理

2.9 最大功率传输定理

在测量、电子和信息工程的电子设备设计中，常常遇到电阻负载如何从电路获得最大功率的问题。比如一台扩音机希望所接的喇叭能放出的声音最大。那么负载应满足什么条件，才能获得最大功率呢？能否通过理论分析和实验方法找到这个条件呢？

电阻负载满足什么条件才能从电路中获得最大功率？
这类问题可以抽象为图 2-64 所示的电路模型来分析。

电阻 R_L 表示获得能量的负载，负载 R_L 吸收功率的表达式为

$$P = I^2 R_L = \frac{R_L U_{oc}{}^2}{(R_S + R_L)^2}$$

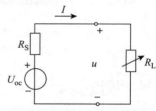

图 2-64 最大功率传输定理

欲求 P 的最大值，应满足 $\dfrac{\mathrm{d}P}{\mathrm{d}R_L} = 0$，即

$$\frac{\mathrm{d}P}{\mathrm{d}R_L} = U_{oc}{}^2 \left[\frac{(R_S + R_L)^2 - 2(R_S + R_L)R_L}{(R_S + R_L)^4} \right] = \frac{U_{oc}{}^2 (R_S{}^2 - R_L{}^2)}{(R_S + R_L)^4} = 0$$

由此式求得 P 为极大值的条件是

$$R_L = R_S$$

由前面戴维南定理知道，任何一个线性有源二端网络都可以等效成恒压源与电阻串联的模型，那么我们就可得到如下结论：线性有源二端网络，向电阻负载 R_L 传输最大功率的条件是负载电阻 R_L 与二端网络的等效电阻 R_S 相等，此即为最大功率传输定理。满足 $R_L = R_S$ 条件时，称为最大功率匹配，此时负载电阻 R_L 获得的最大功率

$$P_{\max} = \frac{U_{oc}^2}{4R_S} \tag{2-14}$$

满足最大功率匹配条件（$R_L = R_S > 0$）时，R_S 吸收功率与 R_L 吸收功率相等，对电压源 U_{oc} 而言，功率传输效率 $\eta = 50\%$，对二端网络中的独立源而言，效率可能更低。电力系统要求尽可能提高效率，以便更充分地利用能源，因此尽量采取远离功率匹配条件。但是在测量、电子与信息工程中，常常着眼于从微弱信号中获得最大功率，因而要尽量满足功率匹配条件。

例 2.20 电路如图 2-65（a）所示。试求：① R_L 为何值时获得最大功率，最大功率是多少；② 10 V 电压源的功率传输效率是多少？

解：① 断开负载 R_L，所得有源二端网络的戴维南等效电路参数分别为

$$U_{oc} = \frac{2}{2+2} \times 10 = 5 \text{ V} \qquad R_S = \frac{2 \times 2}{2+2} = 1 \text{ } \Omega$$

如图 2-65（b）所示，由此可知当 $R_L = R_S = 1 \text{ } \Omega$ 时可获得最大功率。

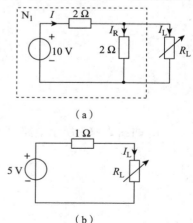

（a）

（b）

图 2-65 例 2.20 图
（a）电路一 （b）电路二

由式（2 – 14）可得 R_L 获得的最大功率

$$P_{\max} = \frac{U_{oc}^2}{4R_S} = \frac{25}{4 \times 1} = 6.25 \text{ W}$$

② 先计算 10 V 电压源发出的功率。当 $R_L = 1\ \Omega$ 时

$$I_L = \frac{U_{oc}}{R_S + R_L} = \frac{5}{2} = 2.5 \text{ A}$$

$$U_L = R_L I_L = 2.5 \text{ V}$$

$$I = I_R + I_L = \frac{2.5}{2} + 2.5 = 3.75 \text{ A}$$

$$P = 10 \times 3.75 = 37.5 \text{ W}$$

得 10 V 电压源发出功率 37.5 W，电阻 R_L 吸收功率 6.25 W，则电压源的功率传输效率

$$\eta = \frac{6.25}{37.5} \times 100\% \approx 16.7\%$$

思考讨论 >>>

1. 有源二端网络向负载传输功率，负载获得最大功率的条件是什么？如何理解电源的功率传输效率？

2. 有一个 20 Ω 的负载，要想从一个内阻为 10 Ω 的电源获得最大功率，采用一个 20 Ω 电阻与该负载并联的办法是否可以？为什么？

3. 电路如图 2 – 66 所示。试求：（1）R_L 为何值时获得最大功率；（2）R_L 获得的最大功率。

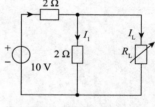

图 2 – 66　题 3 图

2.10　电桥电路的应用

通过本章前面内容的学习，已经能对复杂的电路进行分析、规划与装接并计算，再此基础上可以设计与搭建一个单臂电桥电路进行实际电阻测量，并了解电桥的灵敏度的测算。

本节主要任务是能根据实际需要设计简单的惠斯通电桥进行未知电阻的测量，并计算电桥的灵敏度，合理选择参数，减小系统误差，测量相关参数并进行数据处理，学会简单的误差分析。

1. 惠斯通电桥的工作原理

单臂电桥又称惠斯通电桥，其原理已经在本章 2.4 节学习，不再赘述。

2. 电桥的灵敏度

调节电桥平衡是根据检流计是否有偏转来判断的。由于检流计的灵敏度是有限的，当指针的偏转小于 0.1 格时，人眼就很难觉察出来。在电桥平衡时，设某一桥臂的电阻 R_0 改变一个微小量 ΔR_0，电桥就会失去平衡，从而就会有电流流过检流计，如果此电流很小以

至于未能察觉出检流计指针的偏转，就会误认为电桥仍然处于平衡状态。为了定量表示检流计的误差，引入电桥灵敏度的概念。当某电桥达到平衡后，若 R_0 有微小的改变量 ΔR_0，检流计将有相应的偏转格数 Δn，则定义电桥的灵敏度为：

$$S = \frac{\Delta n}{\Delta R_0 / R_0} \qquad (2-15)$$

灵敏度表示电桥对桥臂电阻的相对不平衡值 $\Delta R_0 / R_0$ 的反应能力。电桥的灵敏度越大，电桥就越灵敏，则测量的系统误差就越小。

3. 工具、仪器及材料

工具、仪器：滑线式电桥，直流稳压电源、检流计、万用表、电阻箱、开关、保护开关等。

材料：待测电阻，导线等。

4. 操作步骤

（1）搭建惠斯通电桥。

按图 2-67 接线，因为滑线变阻器 R_r 起到调节电桥工作电流的作用，所以应先将其置于最大，随着电桥的逐渐平衡，由大到小调节直至为零。保护开关 K_2 对流过 B、D 间的电流限流，当电桥不平衡时，可防止流过检流计的电流过大，起到保护检流计的作用。

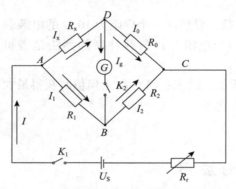

图 2-67　惠斯通电桥原理图

（2）电阻测量。

分别在下面三种情况下测量未知电阻，把数据填入表 2-1 中：

① $R_1 : R_2 = 0.1$，其中 R_2 约数千欧；

② $R_1 : R_1 = 1$，其中 R_2 约数百欧；

③ $R_1 : R_2 = 10$，其中 R_2 约数百欧。

调平衡技巧：先固定比率系数 K，调 R_0，使 G 改变偏转方向以确定 R_0 的范围。进一步使 R_0 范围减小，再仔细调节 R_0。最后确认平衡时，要使开关 K_1 反复地关断，若指针未有转动，即电桥已平衡。

其中，$k = R_1 / R_2$ 为比例臂的倍率。

（3）数据记录与处理。

（4）计算电桥灵敏度填入表 2-1 并分析实验误差产生的原因。

表 2 - 1　电阻测量数据记录

待测电阻	R_1（Ω）	R_2（Ω）	$K = R_1/R_2$	R_0（Ω）	I_g（μA）	ΔR_0（Ω）	Δn（格）	S
1 号								
1 号								
1 号								
2 号								
2 号								
2 号								

5. 总结

对于惠斯通电桥测量电阻进行任务总结，及时归纳任务实施中出现的问题并不断改进。

小　结

1. 等效变换

当两个电路满足伏安特性相同时，即认为可以互相等效变换。

①电阻的串联

$$R_{eq} = R_1 + R_2 + \cdots + R_n = \sum_{i=1}^{n} R_i。$$

两个电阻串联时的分压公式：

$$\begin{cases} U_1 = IR_1 = \dfrac{U}{R_1 + R_2}R_1 = \dfrac{R_1}{R_1 + R_2}U \\ U_2 = IR_2 = \dfrac{U}{R_1 + R_2}R_2 = \dfrac{R_2}{R_1 + R_2}U \end{cases}$$

②电阻的并联

$$\frac{1}{R_i} = \frac{1}{R_1} + \frac{1}{R_2} + \cdots + \frac{1}{R_n} \text{ 或 } G_i = G_1 + G_2 + \cdots + G_n$$

两个电阻并联时的分流公式：

$$\begin{cases} I_1 = \dfrac{U}{R_1} = \dfrac{R_i I}{R_1} = \dfrac{R_2}{R_1 + R_2}I \\ I_2 = \dfrac{U}{R_2} = \dfrac{R_i I}{R_2} = \dfrac{R_1}{R_1 + R_2}I \end{cases}$$

③电阻的 $Y - \triangle$ 等效变换

$$R_Y = \frac{\triangle \text{ 形相邻两电阻的乘积}}{\triangle \text{ 形电阻之和}}$$

$$R_\triangle = \frac{Y \text{ 形相邻两电阻的乘积}}{Y \text{ 形电阻之和}}$$

三个电阻相等时，$R_Y = \dfrac{1}{3}R_\triangle$ 或 $R_\triangle = 3R_Y$。

④实际电压源可以看成是电压源 U_S 与电阻 R 的串联电路；实际电流源可以看成是电流源 I_S 电阻 R_i' 的并联电路。

两种电源模型的等效互换条件

$$I_S = \frac{U_S}{R} \text{ 或 } U_S = RI_S$$

R 的大小不变，只是连接位置改变。

⑤电流源与任何线性元件串联都可以等效成电流源本身；电压源与任何线性元件并联都可以等效成电压源本身。

⑥实际受控源的等效变换方法与实际电源的等效变换方法一致。

2. 电阻电路的一般分析方法

① 支路电流法：以 b 条支路的电流为未知数，列 $n-1$ 个节点电流方程；用支路电流表示电阻电压，列 $b-(n-1)$ 个网孔回路电压方程，共列 b 个方程联立求解。

② 节点电压法：以 $n-1$ 个节点电压为未知数，用节点电压表示支路电压、支路电流，列 $n-1$ 个节点电流方程联立求解。

3. 网络定理

① 叠加定理：线性电路中，每一支路的响应等于各独立源单独作用下在此支路所产生的响应的代数和。

② 戴维南定理：含独立源的二端线性电阻网络，对其外部而言都可用电压源和电阻串联组合等效代替。电压源的电压等于网络的开路电压 U_{oc}，电阻 R_S 等于网络除源后的等效电阻。

③ 诺顿定理：任何一个线性有源二端网络，对外电路来说，可以用一个理想电流源和电阻并联的电源模型来代替，其中理想电流源的电流 I_S 等于二端网络的短路电流 I_{Sc}（即将两端钮短接后其中的电流），电阻 R_S 等于有源二端网络中所有电源均除去（理想电压源短路，理想电流源开路）后所剩无源二端网络的等效电阻。

在应用叠加定理、戴维南定理和诺顿定理时，受控源要与电阻一样对待。

④ 最大功率传输定理：含源线性电阻单口网络（$R_S > 0$）向可变电阻负载 R_L 传输最大功率的条件是负载电阻 R_L 与单口网络的输出电阻 R_S 相等。满足 $R_L = R_S$ 条件时，称为最大功率匹配，此时负载电阻 R_L 获得的最大功率

$$P_{max} = \frac{U_{oc}^2}{4R_S}$$

习 题 2

一、选择题

1. 三个阻值相同的电阻 R，两个并联后与另一个串联，其总电阻等于（　　）。

　　A. R　　　　　　　B. $(1/3)R$　　　　　　C. $(1/2)R$　　　　　　D. $1.5R$

2. 某电路有 3 个节点和 7 条支路，采用支路电流法求解各支路电流时应列出电流方程和电压方程的个数分别为（　　）。

  A. 3、4   B. 3、7   C. 2、5   D. 2、6

3. 已知接成 Y 形的三个电阻都是 30 Ω，则等效 △ 形的三个电阻阻值为（　　）。

  A. 全是 10 Ω   B. 两个 30 Ω 一个 90 Ω

  C. 全是 90 Ω   D. 全是 30 Ω

4. 两个电阻串联，$R_1 : R_2 = 1 : 2$，总电压为 60 V，则 U_1 的大小为（　　）V。

  A. 10   B. 20   C. 30   D. 40

5. 如题 1−5 图所示电路，正确答案为（　　）。

  A. $\dfrac{U_B}{U_A} = \dfrac{U_B}{R_A}$ B. $\dfrac{U_B}{U} = \dfrac{R_B}{R_A + R_B}$ C. $\dfrac{U_B}{U} = \dfrac{R_A}{R_A + R_B}$ D. $\dfrac{U_B}{U_A} = \dfrac{R_A}{R_B}$

6. 如题 1−6 图所示电路，正确答案为（　　）。

  A. $\dfrac{I_B}{I_A} = \dfrac{R_A}{R_B}$ B. $\dfrac{I_B}{I} = \dfrac{R_B}{R_A + R_B}$ C. $\dfrac{I_B}{I} = -\dfrac{R_A}{R_A + R_B}$ D. $\dfrac{I_B}{I_A} = \dfrac{R_B}{R_A}$

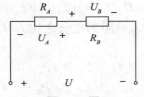 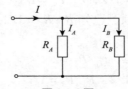

题 1−5 图   题 1−6 图

7. 如题 1−7 图所示电路，它的戴维南等效电路中，U_{oc} 和 R_0 应是（　　）。

  A. 4.5 V，2 Ω

  B. 6 V，2 Ω

  C. 2 V，2 Ω

  D. 3 V，3 Ω

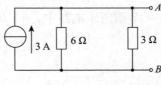

题 1−7 图

8. 若三个相同阻值的电阻接为星形，将其等效变换为三角形连接时，变换后的阻值为原来阻值的（　　）倍。

  A. 2   B. 3   C. 1/2   D. 1/3

9. 题 1−9 图中二端网络的戴维南等效电阻是（　　）Ω。

  A. 13   B. 7   C. 9   D. 16

10. 如题 1−10 图所示，用戴维南定理求二端网络的开路电压是（　　）V。

  A. 12   B. 7   C. 9   D. 8

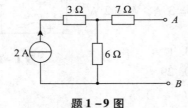 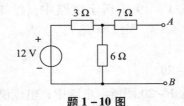

题 1−9 图   题 1−10 图

11. 如题 1 – 11 图所示，求 6 Ω 电阻上的电压为
  （   ）V。
  A. 8　　　　　　　　　　B. – 8
  C. 12　　　　　　　　　D. – 12

12. 只有在线性元件组成的电路才适用的定理或定律
  是（   ）。
  A. KCL 定律　　　　　　B. KVL 定律
  C. 叠加定律　　　　　　D. 戴维南定律

13. 求解复杂电路的最基本方法是（   ）。
  A. 支路电流法　　　　　　B. 电压源电流元等效变换
  C. 叠加定律　　　　　　　D. 戴维南定律

14. 两电阻串联，已知 $R_1/R_2 = 1/2$，则电阻上的电压之比 U_1/U_2、功率之比 P_1/P_2 分
  别是（   ）。
  A. $U_1/U_2 = 1/2$，$P_1/P_2 = 2$　　　　B. $U_1/U_2 = 2$，$P_1/P_2 = 4$
  C. $U_1/U_2 = 1/2$，$P_1/P_2 = 1/2$　　　D. $U_1/U_2 = 1/2$，$P_1/P_2 = 1/4$

15. 两电阻并联，已知 $R_1/R_2 = 1/2$，则电流入电阻的电流之比 I_1/I_2、功率之比 P_1/P_2
  分别是（   ）。
  A. $I_1/I_2 = 2$，$P_1/P_2 = 2$　　　　B. $I_1/I_2 = 2$，$P_1/P_2 = 4$
  C. $I_1/I_2 = 1/2$，$P_1/P_2 = 1/2$　　D. $I_1/I_2 = 2$，$P_1/P_2 = 1/4$

16. 如题 1 – 16 图所示电路中，$I_1 = $（   ）A。
  A. 9　　　　B. – 9　　　　C. 1　　　　D. – 1

17. 在题 1 – 17 图所示电路中，A、B 两端的电压 U 为（   ）V。
  A. 18　　　　B. 2　　　　C. – 18　　　　D. – 2

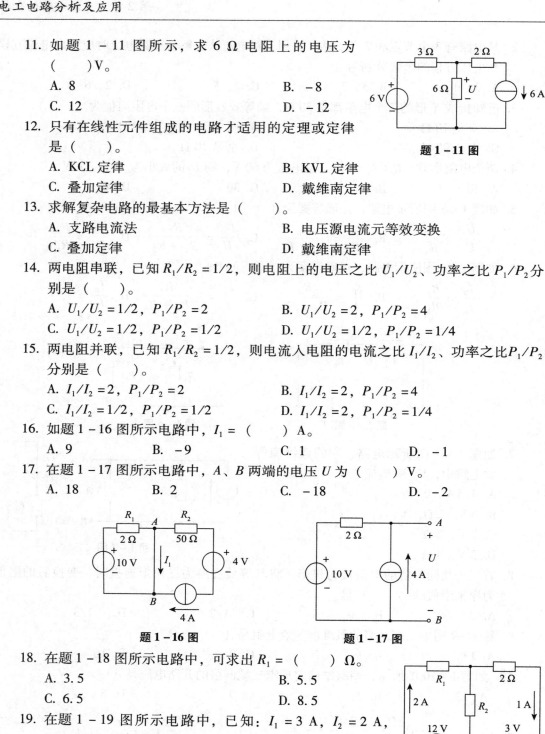

题 1 – 11 图

题 1 – 16 图　　　　　　题 1 – 17 图

18. 在题 1 – 18 图所示电路中，可求出 $R_1 = $（   ）Ω。
  A. 3.5
  C. 6.5
  B. 5.5
  D. 8.5

19. 在题 1 – 19 图所示电路中，已知：$I_1 = 3$ A，$I_2 = 2$ A，
  $I_3 = -5$ A，则 $E = $（   ）V。
  A. – 1
  C. – 29
  B. 1
  D. 29

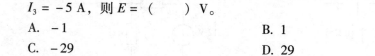

题 1 – 18 图

20. 在题 1 – 20 图所示电路中，电流值 $I = $（   ）A。
  A. 2　　　　B. 4　　　　C. 6　　　　D. – 2

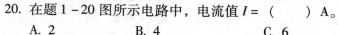

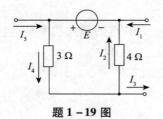
题 1－19 图

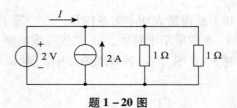
题 1－20 图

二、判断题

1. 两个电路等效，即它们无论其内部还是外部都相同。　　　　　　　　（　　）

2. 线路上负载并联的越多，其等效电阻越小，因此取用的电流就越小。　（　　）

3. 实际电源之间可以进行等效变换。　　　　　　　　　　　　　　　　（　　）

4. 负载上获得最大功率时，电源的利用率最高。　　　　　　　　　　　（　　）

5. 线性电路中的电压、电流、功率都具有叠加性。　　　　　　　　　　（　　）

6. 应用节点电压法求解电路时，参考点可要可不要。　　　　　　　　　（　　）

7. 电阻的星形与三角形连接都构成一个三端网络，因此，两电路在满足一定条件下是可以等效的。　　　　　　　　　　　　　　　　　　　　　　　　　　　（　　）

8. 应用叠加原理求解电路时，当电压源不作用时按短路处理。　　　　　（　　）

9. 用节点电压法求解电路，有 n 个节点的电路可以列出 n 个独立节点电压方程。
　　　　　　　　　　　　　　　　　　　　　　　　　　　　　　　　（　　）

10. 理想电源之间不能进行等效变换。　　　　　　　　　　　　　　　　（　　）

11. 叠加定理只适合线性电路，而不适合非线性电路。　　　　　　　　　（　　）

12. 戴维南定理适用于计算复杂电路中某一条支路的电流。　　　　　　　（　　）

13. 所有电路的分析与计算，利用欧姆定律和电阻串并联的知识即可解决。（　　）

14. 任何一个非线性含源二端网络 N，都可以用一个电压源来表示。　　　（　　）

15. 若原有几个电阻并联，再并联上一个电阻必然使总的等效电阻增加。　（　　）

16. 几个电阻并联时，其中一个电阻加大则等效电阻将减小。　　　　　　（　　）

17. 电阻串联时，电阻大的分得的电压大，电阻小的分得的电压小，但通过的电流是一样的。　　　　　　　　　　　　　　　　　　　　　　　　　　　　　　　（　　）

18. 在直流电路中，可以通过电阻的并联达到分流的目的，电阻越大，分到的电流越大。　　　　　　　　　　　　　　　　　　　　　　　　　　　　　　　　（　　）

19. 代维南定理中所说的等效电压源是指对外电路不等效，对含源二端网络内部等效。
　　　　　　　　　　　　　　　　　　　　　　　　　　　　　　　　（　　）

20. 任何一个有源二端网络都可以简化成一个具有电动势 E 和内阻 r 相并联的等效电路。　　　　　　　　　　　　　　　　　　　　　　　　　　　　　　　　（　　）

三、填空题

1. 如果电路的某一部分只有两个端子与外电路相联，则这部分电路称为_____，也叫_____。内部含有电源的二端网络称为_____；网络内不含有电源的，称为_____。

2. 电阻均为 9 Ω 的 △ 形电阻网络，若等效为 Y 形网络，各电阻的阻值应为_____。

3. 实际电压源模型"20 V、1 Ω"等效为实际电流源模型时，其理想电流源为_____

A，内阻为_____。

4. 负载上获得最大功率的条件是_____等于_____，获得的最大功率是_____。

5. 题 3-5 图所示电路中，ab 端的等效电阻 $R_{ab} =$ _____ Ω。

6. 将题 3-6 图（a）等效成图（b），则 $U_S =$ _____，$R_i =$ _____。

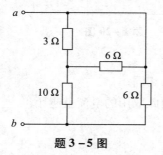

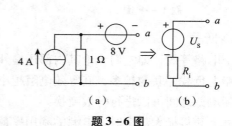

题 3-5 图　　　　　　　　　题 3-6 图

7. 叠加定理只适用于_____电路。

8. 将题 3-8 图（a）等效成图（b），则 $U_S =$ _____，$R_i =$ _____。

9. 题 3-9 图所示电路中，1 A 电流源的端电压 $U =$ _____ V。

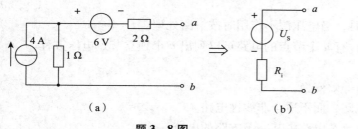

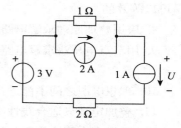

题 3-8 图　　　　　　　　　题 3-9 图

10. 当复杂电路的支路数较多、节点数较少时，应用_____法可以适当减少方程式数目。

11. 如题 3-11 图所示，将左图（a）等效为右图（b），则图（b）中的 $U_S =$ _____ V。

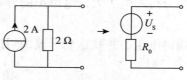

题 3-11 图

12. 以支路电流为未知量，直接应用_____和_____求解电路的方法，称为支路电流法。

13. 在多个电源共同作用的线性电路中，任一支路的响应均可看成由各个激励单独作用下在该支路上所产生的响应的叠加，称为_____。

14. 实际电压源 $U = 20$ V，内阻 $R = 10$ Ω，变换成等效实际电流源，则 $I_S =$ _____，$R_S =$ _____。

15. 实际电流源 $I_S = 5$ A，内阻 $R_S = 2$ Ω，变换成等效实际电压源，则 $U =$ _____，$R =$ _____。

16. 对于负载来说，一个实际的电源既可以用_____表示，又可以用_____表示。

17. 将三个阻值均为 6 Ω 的电阻，作不同形式的连接，可以得到的四种等效电阻值分别为_____、_____、_____、_____。

18. 当某一电源单独作用时，其他不作用的电源应置为零（电压源电压为零，电流源电流为零），即电压源用_____代替，电流源用_____代替。

19. 任何具有_____的电路都可称为二端网络。若在这部分电路中含有_____，就可以称为有源二端网络。

20. 叠加原理只适用于_____电路，而且叠加原理只能用来计算_____和_____，不能直接用于计算_____。

四、计算分析题

1. 如题 4 - 1 图所示电路，$U_S = 13$ V，$R_1 = R_4 = R_5 = 5$ Ω，$R_2 = 15$ Ω，$R_3 = 10$ Ω，（1）试求它的等效电阻 R；（2）试求各电阻的电流。

2. 电路如题 4 - 2 图所示，$R_1 = 2$ Ω，$R_2 = 4$ Ω，$R_3 = 10$ Ω，$U_1 = 18$ V，$U_2 = 6$ V，$U_3 = 4$ V，用支路电流法求出各支路的电流。

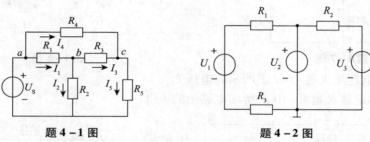

题 4 - 1 图　　　　　　　　　　　题 4 - 2 图

3. 电路如题 4 - 3 图所示，$U_{S1} = 12$ V，$U_{S2} = 4$ V，$R_1 = 2$ Ω，$R_2 = 4$ Ω，$R_3 = 8$ Ω。求各支路电流。

4. 如题 4 - 4 图所示电路，用支路电流法求电压 U_0。

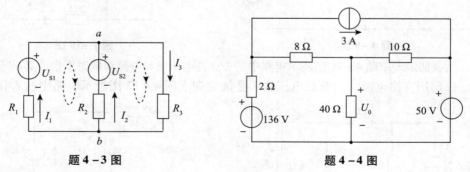

题 4 - 3 图　　　　　　　　　　　题 4 - 4 图

5. 电路如 4 - 5 题图所示，已知 $R_1 = 2$ Ω，$R_2 = 2$ Ω，$U_S = 12$ V，$I_S = 2$ A，求支路电流 I_1、I_2 和 a、b 两端的电压 U_{ab}。

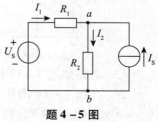

题 4 - 5 图

6. 列出题 4-6 图中（a）（b）中的节点电压方程。

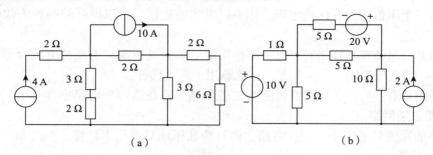

（a）

题 4-6 图

7. 用节点电压法求题 4-7 图所示电路中的电流 I。

8. 求题 4-8 图所示电路中节点 1 和节点 2 的电位。

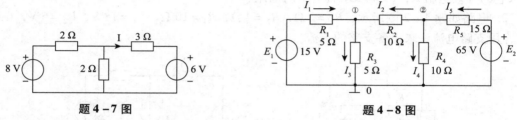

题 4-7 图　　　　题 4-8 图

9. 用节点电压法求题 4-9 图所示的电压 U。

10. 用叠加定理求题 4-10 图所示电路中的 I 和 U。

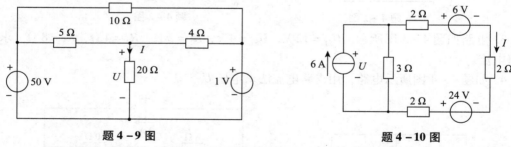

题 4-9 图　　　　题 4-10 图

11. 用叠加定理求题 4-11 图所示电路中的 U。若电压源和电流源同时增倍，其结果如何？

12. 分别用支路电流法、节点电压法、叠加定理求题 4-12 图所示电路中的 I_1 和 U_2。

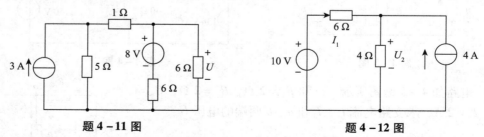

题 4-11 图　　　　题 4-12 图

13. 电路如题 4-13 图所示，用戴维南定理求图中支路电流 I 的值。

14. 在题 4-14 图所示电路中，已知电阻 $R_1 = R_2 = 2\ \Omega$，$R_3 = 50\ \Omega$，$R_4 = 5\ \Omega$，电压 $U_{S1} = 6\ V$，$U_{S3} = 10\ V$，$I_{S4} = 1\ A$，求戴维南等效电路。

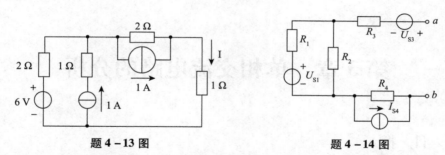

题 4 – 13 图　　　　　　题 4 – 14 图

15. 在题 4 – 15 图所示电路中，已知电阻 $R_1 = 3\ \Omega$，$R_2 = 6\ \Omega$，$R_3 = 1\ \Omega$，$R_4 = 2\ \Omega$，电压 $U_S = 3\ \text{V}$，$I_S = 3\ \text{A}$，试用戴维南定理求电压 U_1。

16. 试用多种方法求题 4 – 16 图所示电路的电流 I。

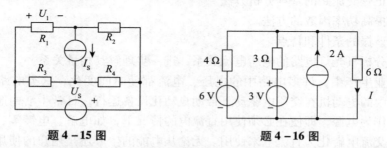

题 4 – 15 图　　　　　　题 4 – 16 图

17. 题 4 – 17 图所示电路，试用支路电流法、节点电压法、叠加定理、戴维南定理计算电流 I？

18. 在题 4 – 18 图所示电路中，已知电阻 $R_1 = R_6 = 4\ \Omega$，$R_2 = R_7 = 2\ \Omega$，$R_3 = 5\ \Omega$，$R_4 = 9\ \Omega$，$R_5 = 8\ \Omega$，电压 $U_{S1} = 40\ \text{V}$，$U_{S2} = 20\ \text{V}$，$U_{S7} = 10\ \text{V}$，试用诺顿定律求电流 I_4。

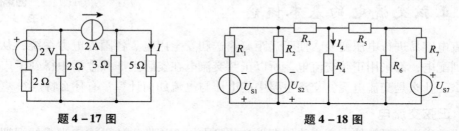

题 4 – 17 图　　　　　　题 4 – 18 图

19. 试求题 4 – 19 图所示电路中负载电阻 R_L 获得最大功率时的阻值和最大功率的数值。

20. 如题 4 – 20 图所示用戴维南定理求当 R_L 等于多大时获得功率最大，并求出最大功率为多少？

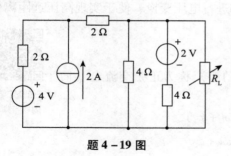

题 4 – 19 图

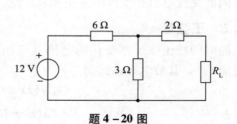

题 4 – 20 图

第3章 单相交流电路的分析

学 习 目 标

（1）掌握正弦交流电的相关概念及其表示方法。

（2）掌握交流电路中元件的电压电流关系。

（3）学会正弦交流路的基本分析方法。

（4）学会提高功率因数的方法。

（5）理解谐振的条件和特点。

（6）学会分析日光灯电路的电压电流关系，进一步理解其相量关系。

日常工农业生产中，许多电路中的电压、电流都随时间变化，这类电路就是交流电路，例如工厂中的电动机在交流电驱动下带动自动化设备运行，日常生活中照明电路通常也是由交流电作为电源，即使在必须使用直流电的情况下，如电解、电镀等，往往也要通过整流装置将交流电转化为直流电来使用。无论从电能的生产还是用户的使用来说，交流电都是最方便的能源，因而得到了广泛的应用，通过本章可以学习交流电的基本知识，学会分析单相正弦交流电路的方法。

3.1 正弦交流电的基本概念

正弦交流电的定义

交流电容易进行电压变换，便于远距离输送和安全用电。各国的电力系统，从发电、输电、到配电，都采用正弦交流电。所以正弦交流电在实际生产和生活中得到了广泛的应用。那么，什么是交流电呢？交流电路中的电压与电流如何计算？有什么特点？

3.1.1 正弦交流电

大小和方向随时间按一定规律周期性变化且在一个周期内的平均值为零的周期电流或电压，叫作交变电流或电压，简称交流电。因此，交流电的变化形式是多种多样的。如果电路中的电流或电压随时间按正弦规律变化，就称为正弦交流电路。工程中所说的交流电通常都指正弦交流电。

由于正弦交流电有许多优点，如容易产生和进行电压变换、便于实现高压远距离传输等，因此交流电机在生产中应用非常广泛。

3.1.2 正弦量

随时间按正弦规律变化的电流（电压、电动势）称为正弦交流电（简称交流电）。其数学表达式为

$$i(t) = I_m \sin(\omega t + \varphi_1)$$

$$u(t) = U_m \sin(\omega t + \varphi_2)$$

正弦交流电的
周期与频率

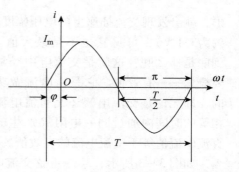

图 3 - 1　正弦电流的波形图

上述按正弦规律变化的电流和电压表达式统称正弦量。以电流为例，其波形如图 3 - 1 所示。

正弦量的数学表达式和波形图是正弦量的两种最基本的表示形式。

任一时刻所对应正弦量 i（或 u）的数值称为该正弦交流电流（或电压）的瞬时值。由波形图 3 - 1 可见，$i > 0$ 表示电流实际方向与参考方向相同；$i < 0$ 表示电流实际方向与参考方向相反。正弦交流电流（或电压）的大小、方向都随时间按正弦规律周期性的变化。

3.1.3　正弦量的三要素

正弦量的特征表现在变化的快慢、变化的范围以及起始位置三个方面，即表示变化快慢的周期（或频率、角频率）、衡量变化范围的振幅、确定起始位置的初相角，这三个量只要确定，则正弦量就唯一确定，因此称为正弦量的三要素。

1. 周期与频率

① 周期 T：正弦交流电变化一次所需的时间，单位为秒（s）。

② 频率 f：正弦交流电在 1 秒内变化的次数，单位为赫兹（Hz）。

不同的技术领域使用着不同的频率，我国和大多数国家都采用 50 Hz 电力标准频率，工程上称为工频。通常交流电动机和照明负载都用这个频率，而工业上的一些电加热技术使用的频率在中、高频段范围，无线电领域则用到更高频率。

根据周期与频率的定义，周期与频率应互为倒数，即

$$f = \frac{1}{T}$$

而在正弦量的数学表达式中体现出来的是角频率 ω。

③ 角频率 ω：1 秒内正弦交流电所变化的电角度，单位为弧度/秒（rad/s）。

频率、周期和角频率的关系为

$$\omega = \frac{2\pi}{T} = 2\pi f$$

周期、频率、角频率都反映了正弦量变化的快慢程度，它们既有区别，又有联系，知道了一个另外两个也就知道了。

2. 最大值和有效值

正弦交流电的
最大值与有效值

最大值（振幅）：最大的瞬时值，有时也称为峰值、幅值，表示为 U_m、I_m。如图3 - 2所示，表示了两个振幅值不同的正弦交流电压。有时也将正的最大值到负的最大值，称为峰 - 峰值，它为最大值的两倍。

正弦量在一个周期内变化的范围为 $-U_\mathrm{m} \leqslant u \leqslant U_\mathrm{m}$，因此最大值反映了正弦量的变化范围。正弦量的大小一般并不用最大值表示，而是用有效值来衡量。什么是有效值呢？

生活中市电大多为 220 V/50 Hz，那么 220 V 是什么电压呢？很显然不是瞬时值，因为瞬时电压不是常数。是最大值吗？如果用示波器来测量一下直接从市电插座取得的信号波

形，就会发现交流插座上的电压幅度为 $220\sqrt{2}$ V（大约为311 V），可见它也不是最大值。那这个 220 V 到底是什么呢？这就是交流电中经常用到的一个重要概念——有效值。它是由电流做功的效应来定义的，即无论是交流电流还是直流电流，只要它们在相等的时间内通过同一电阻 R 产生的热量相等，则直流电流值等于交流电流的有效值。

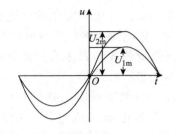

图 3-2　振幅值不同的正弦电压

如图 3-3 所示，某一正弦交流电流 i 通过电阻 R 在一个周期 T 内产生的热量和另一个直流电流 I 通过同样大小的电阻在相等的时间内产生的热量相等，可得

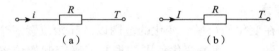

图 3-3　有效值定义

（a）正弦交流电流　（b）直流电流

$$\int_0^T Ri^2\,\mathrm{d}t = RI^2T$$

$$I = \sqrt{\frac{1}{T}\int_0^T i^2\,\mathrm{d}t}$$

上式适用于周期变化的量，但不能用于非周期性变化量。

当周期电流为正弦量时，即 $i = I_\mathrm{m}\sin\omega t$，则

$$I = \sqrt{\frac{1}{T}\int_0^T I_\mathrm{m}^2\sin^2\omega t\,\mathrm{d}t}$$

$$\int_0^T \sin^2\omega t\,\mathrm{d}t = \int_0^T \frac{1-\cos 2\omega t}{2}\mathrm{d}t = \frac{1}{2}\int_0^T 1\mathrm{d}t - \frac{1}{2}\int_0^T \cos 2\omega t\,\mathrm{d}t = \frac{T}{2} - 0 = \frac{T}{2}$$

所以

$$I = \sqrt{\frac{1}{T}I_\mathrm{m}^2\frac{T}{2}} = \frac{I_\mathrm{m}}{\sqrt{2}}$$

对于正弦电压、电动势，亦有

$$U = \frac{U_\mathrm{m}}{\sqrt{2}}$$

$$E = \frac{E_\mathrm{m}}{\sqrt{2}}$$

通常所称正弦交流电压、正弦交流电流的大小，除特殊说明外，一般都是指有效值。例如供电电压为220 V、380 V 都是指的有效值；各种电气设备的额定值，电磁式、电动式仪表测量的数值，也均是指有效值。有效值都用大写字母表示。如正弦量可表示为

$$i(t) = \sqrt{2}I\sin(\omega t + \varphi_1)$$

$$u(t) = \sqrt{2}U\sin(\omega t + \varphi_2)$$

例 3.1　已知某交流电压 $u = 220\sqrt{2}\sin\omega t$ V，这个交流电压的最大值和有效值分别为

多少?

解: 最大值

$$U_{\mathrm{m}} = 220\sqrt{2} = 311.1 \text{ V}$$

有效值

$$U = \frac{U_{\mathrm{m}}}{\sqrt{2}} = \frac{220\sqrt{2}}{\sqrt{2}} = 220 \text{ V}$$

3. 相位角及初相角

正弦量中的 $\omega t + \varphi$ 称为相位角,简称相位。对于每一给定时刻,都对应有一定的相位。它确定了正弦量变化状态的位置。而在频率一定的情况下,相位角又与 φ 有关,φ 是 $t = 0$ 时的相位角,称为初相角。初相角是计时起点（$t = 0$ 点）的相位角。如图 3 – 4 所示幅值、频率都相同的两个正弦交流电压,其瞬时值不同,是因为它们的计时起点不同,即初相角不同。由图可见计时起点不同并不影响正弦量的变化规律,所以计时起点可按需要去选择。这就是说初相角是一任意数。由于正弦量的周期性,通常取初相位 $|\varphi| \leqslant 180°$。如图 3 – 5 所示,电压、电流的初相角分别为 φ_2、φ_1。

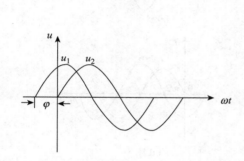

图 3 – 4　初相角不同的正弦量

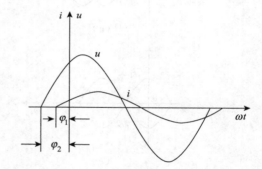

图 3 – 5　初相位不相等的电压与电流波形图

3.1.4　相位差

交流电路中,相位差是一个关键参数。它是指两个同频率正弦量的相位角之差,用 $\Delta\varphi$ 表示。图 3 – 5 所示是正弦交流电路中的电压 u 和电流 i 的波形图,它们的频率相同,其瞬时值表达式如下:

$$u = U_{\mathrm{m}}\sin(\omega t + \varphi_2)$$
$$i = I_{\mathrm{m}}\sin(\omega t + \varphi_1)$$

则电压与电流的相位

相位角与相位差

$$\Delta\varphi = (\omega t + \varphi_2) - (\omega t + \varphi_1) = \varphi_2 - \varphi_1$$

上式说明,两个同频率的正弦量的相位差等于它们的初相位之差。这是一个定值,与计时起点的选择无关。从波形图上看就是相邻两个零点（或状态相同点）之间所间隔的角度。u 与 i 之间存在相位差就意味着它们到达零点（或峰值点）的先后不同。

若 $\Delta\varphi = \varphi_2 - \varphi_1 > 0$,则说明电压比电流先达到最大值,称在相位上电压超前于电流

$\Delta\varphi$ 角，或电流滞后于电压 $\Delta\varphi$ 角。

若 $\Delta\varphi = \varphi_2 - \varphi_1 < 0$，说明电压比电流后达到最大值，称在相位上电压滞后于电流 $|\Delta\varphi|$ 角，或者说电流超前于电压 $|\Delta\varphi|$ 角。

若 $\Delta\varphi = \varphi_2 - \varphi_1 = 0$，说明电压与电流同时到达最大值，二者的变化步调一致，称电压与电流同相位。

通常情况下，若 $\Delta\varphi = \varphi_2 - \varphi_1 = \pm 90°$，称电压与电流在相位上正交；若 $\Delta\varphi = \varphi_2 - \varphi_1 = \pm 180°$，称电压与电流反相位。

应当注意的是，对不同频率的正弦量而言，谈相位差是无意义的。由于正弦量的周期性，通常取 $|\Delta\varphi| \leqslant 180°$。

例 3.2 分别写出图 3 – 6 中各电流 i_1、i_2 的相位差，并说明 i_1 与 i_2 的相位关系。

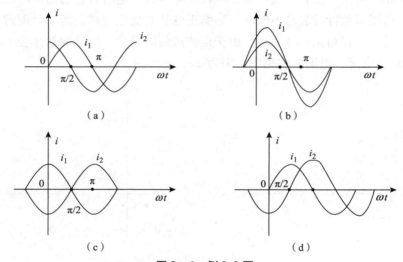

图 3 – 6 例 3.2 图
(a) 图 1 (b) 图 2 (c) 图 3 (d) 图 4

解： ① 由图（a）知 $\varphi_1 = 0$，$\varphi_2 = 90°$，$\varphi_{12} = \varphi_1 - \varphi_2 = -90°$，表明 i_1 滞后于 i_2 90°。

② 由图（b）知 $\varphi_1 = \varphi_2$，$\varphi_{12} = \varphi_1 - \varphi_2 = 0°$，表明二者同相。

③ 由图（c）知 $\varphi_1 - \varphi_2 = \pi$，表明二者反相。

④ 由图（d）知 $\varphi_1 = 0$，$\varphi_2 = -\dfrac{3\pi}{4}$，$\varphi_{12} = \varphi_1 - \varphi_2 = \dfrac{3\pi}{4}$，表明 i_1 超前于 i_2 $\dfrac{3\pi}{4}$。

3.1.5 正弦交流电的观测

一般我们所说的交流电压都是指交流电的"有效值"，这个值从波形上是不能直接判读出来的。但是如果我们想了解交流电的基本要素，并且进一步查看交流电的运行情况，就需要用示波器来检测电信号的波形，从而计算出需要的相关参数。

下面简要介绍一下示波器及其使用方法。示波器是一种用途十分广泛的电子测量仪器。它能把肉眼看不见的电信号变换成看得见的图像，便于人们研究各种电现象的变化过程。通常由电子管放大器、扫描振荡器、阴极射线管等组成，凡可以变为电效应的周期性物理过程都可以用示波器进行观测，可以利用示波器观察各种不同信号幅度随时间变化的波形曲线，还可以用它测试各种不同的电量，如电压、电流、频率、相位差、调幅度等。下面介绍一下在实际中广泛使用的双踪示波器的使用方法。双踪示波器也叫二踪示波器，如图 3 - 7 所示，主要是由两个通道的 *Y* 轴前置放大电路、门控电路、电子开关、混合电路、延迟电路、*Y* 轴后置放大电路、触发电路、扫描电路、*X* 轴放大电路、*Z* 轴放大电路、校准信号电路、示波管和高低压电源供给电路等组成。其使用流程如下：

1. 双踪示波器的自检

将示波器的 *Y* 轴输入插口 *YA* 或 *YB* 端，用同轴电缆接至双踪示波器面板部分的"标准信号"输出，然后开启示波器电源，指示灯亮，稍后，协调地调节示波器面板上的"辉度""聚焦""辅助聚焦""*X* 轴位移""*Y* 轴位移"等旋钮，使在荧光屏的中心部分显示出线条细而清晰、亮度适中的方波波形；通过选择幅度和扫描速度灵敏度，并将它们的微调旋钮旋至"校准"位置，从荧光屏上读出该"标准信号"的幅值与频率，并与标称值（0.5 V，1 kHz 的信号）作比较，如相差较大，再调整予以校准。

2. 正弦波信号的观测

（1）将示波器的幅度和扫描速度微调旋钮旋至"校准"位置。

（2）通过电缆线，将信号发生器的正弦波输出口与示波器的 *YA* 或 *YB* 插座相连。

（3）接通电源，调节信号源的频率旋钮，使输出两个交流电压，调节示波器 *Y* 轴和 *X* 轴灵敏度至合适的位置，并将其微调旋钮旋至"校准"位置。从荧光屏上读得幅值、周期，两个正弦交流电的相位差等相关参数。

观察：用双踪示波器观察两个信号的相位差，得到如图 3 - 7 所示波形。

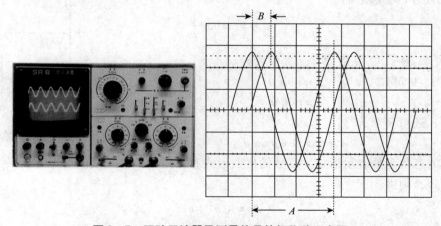

图 3 - 7　双踪示波器及测量信号的相位差示意图

思考讨论 >>>

1. 交流电压表、电流表测出的是什么值？

2. 耐压 400 V 的电容器能否在 380 V 正弦电压下使用？

3. 正弦电压 $u = 100\sqrt{2}\sin(200t - 45°)$ V，它的频率、周期、角频率、最大值、有效值及初相角各为多少？

4. 两电流 $i_1 = 5\sin\left(\omega t + \dfrac{\pi}{3}\right)$、$i_2 = 5\cos\left(\omega t + \dfrac{\pi}{6}\right)$ 的大小是否相等，相位是否相同？

3.2 正弦量的相量表示法

正弦交流电路中的电压和电流都是正弦量，如图 3 – 8 所示，若 $i_1 = 3\sqrt{2}\sin\omega t$（A），$i_2 = 4\sqrt{2}\sin(\omega t + 90°)$（A），由 KCL 可知，$i = i_1 + i_2$。然而，在对它们进行计算时非常烦琐，能不能找到一种简便的方法使正弦量的运算得以简化呢？

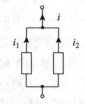

图 3 – 8　正弦交流电路

3.2.1　复数的表示

若 A 为一复数，则可表示为以下多种形式

1. 复数的代数形式

$$A = a + \mathrm{j}b$$

复数的基本知识

其中，a 为复数的实部，b 为复数的虚部，$\mathrm{j} = \sqrt{-1}$ 为虚数单位。这个复数对应复平面上的一个有向线段 OA，由图 3 – 9 可知

$$r = \sqrt{a^2 + b^2}$$

r 表示复数的大小，称为复数的模。OA 与实轴正方向间的夹角，称为复数的幅角，用 θ 表示。由图可见其幅角

$$\theta = \arctan\frac{b}{a}$$

2. 复数的三角函数形式

由图 3 – 9 可知

$$a = r\cos\theta$$
$$b = r\sin\theta$$

所以复数 A 还可表示为

$$A = r\cos\theta + \mathrm{j}r\sin\theta$$

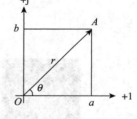

图 3 – 9　复数的表示

此即复数的三角函数表示形式。复数的代数形式和三角函数形式之间可以互相转化。知道了代数形式，则由

$$\begin{cases} r = \sqrt{a^2 + b^2} \\ \theta = \arctan\dfrac{b}{a} \end{cases}$$

可知三角函数形式；知道了三角函数形式，由

$$\begin{cases} a = r\cos\theta \\ b = r\sin\theta \end{cases}$$

可知代数形式。复数除了这两种形式外，还有指数形式。

3. 复数的指数形式

由欧拉公式可知

$$\mathrm{e}^{\mathrm{j}\theta} = \cos\theta + \mathrm{j}\sin\theta$$

所以复数 A 还可表示成

$$A = r e^{j\theta}$$

4. 复数的极坐标形式

由图 3 – 10 可知复数 A 还可表示成极坐标形式，即

$$A = r \angle \theta$$

其中，r 为复数的模，θ 为复数的幅角。

复数的以上四种表示形式都是可以相互转化的。

3. 2. 2　复数的运算

1. 复数的加减运算

设 $A_1 = a_1 + jb_1 = r_1 \angle \theta_1$，$A_2 = a_2 + jb_2 = r_2 \angle \theta_2$，则 $A_1 \pm A_2 = (a_1 \pm a_2) + j(b_1 \pm b_2)$。由此可见，复数加减运算时，用代数形式比较简便，实部与实部相加减，虚部与虚部相加减。也可用矢量的平行四边形法则图解，如图 3 – 10 所示。

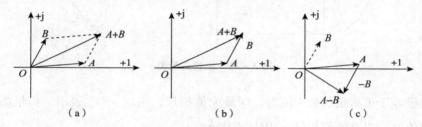

图 3 – 10　复数加减运算图解法

（a）平行四边形法则　（b）三角形法则（加法）　（c）三角形法则（减法）

例 3. 3　已知复数 $A = 8 \angle -60°$，$B = 10 \angle 150°$，求 $A - B$。

解： $A - B = 8 \angle -60° - 10 \angle 150° = (4 - j6.93) - (-8.66 + j5)$
$$= 12.66 - j11.93 = 17.4 \angle -43.3°$$

2. 复数的乘除运算

设 $A_1 = r_1 \angle \theta_1$，$A_2 = r_2 \angle \theta_2$，则转化成指数形式相乘为 $A_1 \times A_2 = r_1 e^{j\theta_1} \times r_2 e^{j\theta_2} = r_1 r_2 e^{j(\theta_1 + \theta_2)} = r_1 r_2 \angle \theta_1 + \theta_2$，直接用极坐标形式相乘为 $A_1 \times A_2 = r_1 \times r_2 \angle \theta_1 + \theta_2$。

同理，$\dfrac{A_1}{A_2} = \dfrac{r_1}{r_2} \angle \theta_1 - \theta_2$。

复数乘除运算时，以指数形式和极坐标形式较为方便。复数相乘除，将模相乘除，幅角相加减。其他表达形式一般要先转换成极坐标形式再进行运算。在电路分析计算时常用代数形式、极坐标形式。

例 3. 4　已知 $z_1 = 8 + j6$，$z_2 = 6 - j8$，求 $z_1 z_2$ 和 z_1/z_2。

解： $z_1 z_2 = (8 + j6) \times (6 - j8) = 10 \angle 36.9° \times 10 \angle -53.1° = 100 \angle -16.2°$

$$z_1/z_2 = \frac{10 \angle 36.9°}{10 \angle -53.1°} = 1 \angle 90°$$

学习了有关复数的概念和计算，那么怎样用复数来表示正弦量呢？

3.2.3 正弦量的相量表示法

在直角坐标系中画一个旋转的矢量，如图 3－11 所示，矢量的长度等于正弦交流电的最大值 U_m，该矢量与横轴正向的夹角等于正弦交流电的初相角 φ，矢量以角速度 ω 按逆时针方向旋转，旋转的角速度 ω 等于正弦交流电的角频率。则该旋转矢量在 y 轴上的投影 $y = U_m \sin(\omega t + \varphi)$ 正好是一个正弦量，即该矢量与正弦量 u 是一一对应的。如果将纵轴改为虚轴，横轴作为实轴，则该矢量可以表示成一个复数，这个复数的模即为正弦量的最大值，复数的幅角即为正弦量的初相角，则该复数与正弦量是一一对应的，此复数即为与该正弦量对应的相量。

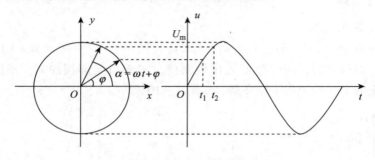

图 3－11　旋转矢量图

相量的模等于正弦量的最大值时，叫最大值相量，用 $\dot{I}_m$、$\dot{U}_m$ 表示。相量的模等于正弦量的有效值时，叫有效值相量，用 $\dot{I}$、$\dot{U}$ 表示。

正弦交流电流 i 和电压 u 的瞬时值表达式分别为

$$i = I_m \sin(\omega t + \varphi_i) = \sqrt{2} I \sin(\omega t + \varphi_1)$$

$$u = U_m \sin(\omega t + \varphi_u) = \sqrt{2} U \sin(\omega t + \varphi_2)$$

则其对应的最大值相量与有效值相量分别为：

最大值相量：
$$\dot{U}_m = U_m \angle \omega t + \varphi_1$$

$$\dot{I}_m = I_m \angle \omega t + \varphi_2$$

有效值相量：
$$\dot{U} = U \angle \omega t + \varphi_1$$

$$\dot{I} = I \angle \omega t + \varphi_2$$

习惯上多用正弦量有效值相量初始值的极坐标形式表示，即当 $t = 0$ 时，它们对应的相量分别为

$$\dot{I} = I \angle \varphi_1$$

$$\dot{U} = U \angle \varphi_2$$

应当注意的是正弦量和相量是一一对应关系，它们之间是不能用"＝"连接的。

$$i(t) = \sqrt{2} I \sin(\omega t + \varphi) \qquad \longleftrightarrow \qquad \dot{I} = I e^{j\varphi} = I \angle \varphi$$

例 3.5　已知同频率的正弦电流和电压的解析式分别为 $i = 10\sin(\omega t + 30°)$，$u = 220\sqrt{2}\sin(\omega t - 45°)$，写出电流和电压相量 $\dot{I}$、$\dot{U}$，绘出相量图，并说明它们的相位关系。

解：由解析式可得

$$\dot{I} = \frac{10}{\sqrt{2}} \angle 30° = 5\sqrt{2} \angle 30°\,(\text{A})$$

$$\dot{U} = \frac{220\sqrt{2}}{\sqrt{2}} \angle -45° = 220 \angle -45°\,(\text{V})$$

相量图就是把相量画在复平面上，如图 3 – 12 所示。

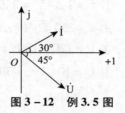

图 3 – 12　例 3.5 图

电流与电压的相位差

$$\Delta\varphi_{12} = \varphi_1 - \varphi_2 = 30° - (-45°) = 75°$$

显然，电流超前电压 75°。由相量图 3 – 12 可以直观地看出相量 $\dot{I}$ 和 $\dot{U}$ 如逆时针旋转，则 $\dot{I}$ 超前 $\dot{U}$ 75°。相量图在分析交流电路中可以很方便的表示出正弦量之间的相位关系。同时，在正弦交流电的加减运算中，还可以方便地用矢量合成的方法（如平行四边形或三角形的方法），使运算变得直观和简单。

例 3.6　已知某正弦电流的相量 $\dot{I} = 2\mathrm{e}^{\mathrm{j}60°}\,(\text{A})$，$\dot{U} = 20 - \mathrm{j}20\,(\text{V})$，试写出该电流、电压的瞬时表达式。

解：$\dot{I} = 2\mathrm{e}^{\mathrm{j}60°} = 2 \angle 60°$，根据正弦量和相量的关系很容易写出

$$i = 2\sqrt{2}\sin(\omega t + 60°)\,(\text{A})$$

由 $\dot{U} = 20 - \mathrm{j}20 = 20\sqrt{2} \angle -45°$，得

$$u = 40\sin(\omega t - 45°)\,(\text{V})$$

由此可见，正弦量与相量之间的关系是一一对应的，一个复杂的正弦量之间的运算可以转化为相量的运算，运算完成后再把相量转化成为正弦量，这样就使交流电电路的运算大为简化。如本节开始时提出的问题，$i_1 = 3\sqrt{2}\sin\omega t\,(\text{A})$，$i_2 = 4\sqrt{2}\sin(\omega t + 90°)\,(\text{A})$，而 $i = i_1 + i_2$，只需求出对应的 $\dot{I} = \dot{I}_1 + \dot{I}_2 = 3 \angle 0° + 4 \angle 90° = 5 \angle 53°\,(\text{A})$，那么与之一一对应的正弦量就很容易地写出来，$i = 5\sqrt{2}\sin(\omega t + 53°)\,(\text{A})$。

思考讨论 >>>

1. 写出下列正弦量对应的相量，并画出相量图，说明它们的相位差。

① $u_1 = 10\sqrt{2}\sin 100\pi t\,(\text{V})$；

② $u_2 = 10\sqrt{2}\sin\left(100\pi t + \dfrac{\pi}{6}\right)(\text{V})$；

③ $u_3 = 10\sqrt{2}\cos\left(100\pi t + \dfrac{\pi}{6}\right)(\text{V})$；

④ $u_4 = 10\sqrt{2}\sin\left(100\pi t - \dfrac{\pi}{2}\right)(\text{V})$；

⑤ $u_5 = -10\sqrt{2}\sin\left(100\pi t - \dfrac{\pi}{2}\right)(\text{V})$。

2. 写出下列相量对应的正弦量。

① $\dot{I}_1 = 2 \angle 60°\,(\text{A})$；

② $\dot{I}_2 = 8 + j6\,(\text{A})$；

③ $\dot{I}_3 = -2\sqrt{3} + j2\,(\text{A})$。

3. 指出下列各式是否正确。

① $\dot{I} = 2\angle 45° = 2\sqrt{2}\sin(\omega t + 45°)\,(\text{A})$；

② $u = 220\sqrt{2}\sin(\omega t - 30°) = 220\angle -30°\,(\text{V})$；

③ $U = 120\angle 180° = -120\,(\text{V})$；

④ $\dot{I}_\text{m} = 10\sqrt{2}\angle -30°$。

纯电阻电路　　纯电阻电路
分析（1）　　分析（2）

3.3　纯电阻电路分析

电阻是组成电路模型的基本元件之一。实际电路元件电阻器是电路中最常用的元件之一，常用来作为电路中电流或电压的控制和传输器件，或作为消耗电能的负载。在交流电路中电阻两端电压和流过电阻的电流之间的关系是怎样的？电阻消耗的功率如何计算呢？

3.3.1　电阻元件的伏安特性

正弦交流电路中，如图 3 – 13 所示，设电阻中电流 $i(t) = I_\text{m}\sin(\omega t + \varphi_1)\,(\text{A})$，由欧姆定律知 $u(t) = U_\text{m}\sin(\omega t + \varphi_2) = Ri(t) = RI_\text{m}\sin(\omega t + \varphi_1)$ 得出结论：

① 电压与电流是同频率的正弦量；

② $\dfrac{U_\text{m}}{I_\text{m}} = \dfrac{U}{I} = R$；

③ $\varphi_2 = \varphi_1$。

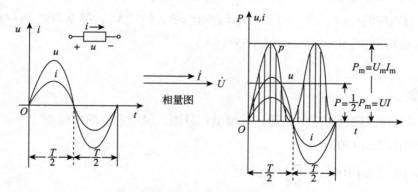

图 3 – 13　电阻元件的伏安关系及功率

用相量形式表示

$$\dot{U} = U\angle\varphi_2$$

$$\dot{I} = I\angle\varphi_1$$

由以上结论得
$$\frac{\dot{U}}{\dot{I}} = \frac{U}{I}\angle\varphi_2 - \varphi_1 = R\angle 0° = R$$

或

$$\dot{U} = R\,\dot{I} \tag{3-1}$$

式（3-1）即为电阻元件伏安特性的相量形式。

3.3.2 电阻元件的功率计算

1. 瞬时功率

如图 3-13 所示，在关联参考方向下，电压的瞬时值与电流的瞬时值的乘积即为瞬时功率，则

$$p = ui$$

设流过电阻元件中的电流瞬时值 $i = I_\mathrm{m}\sin(\omega t + \varphi)(\mathrm{A})$，根据电阻元件的伏安特性，则电阻两端的电压瞬时值 $u = U_\mathrm{m}\sin(\omega t + \varphi)(\mathrm{V})$，代入瞬时功率公式中，得

$$
\begin{aligned}
p &= ui = U_\mathrm{m}\sin(\omega t + \varphi)I_\mathrm{m}\sin(\omega t + \varphi)\\
&= 2UI\sin^2(\omega t + \varphi)
\end{aligned}
$$

即

$$p = UI - UI\cos(2\omega t + 2\varphi) \tag{3-2}$$

由式（3-2）可以看出，在由电阻元件构成的电路中，电压 u 与电流 i 同相，即它们同时为正或同时为负，所以瞬时功率总是正值，即电阻元件总是吸收或消耗功率，是耗能元件。

2. 有功功率

由于瞬时功率是随时间做周期性变化的，在实际当中更常用的是其消耗的平均功率，即瞬时功率在一个周期内的平均值，称为有功功率。

$$P = \frac{1}{T}\int_0^T p\,\mathrm{d}t = \frac{1}{T}\int_0^T UI(1 - \cos 2\omega t)\,\mathrm{d}t = UI$$

即

$$P = UI = I^2 R = \frac{U^2}{R}$$

有功功率越大表明电路实际消耗的功率也越大。有功功率的单位为瓦特，用字母 W 表示。例如灯泡为 220 V/60 W，这里的 60 W 指的就是灯泡额定消耗的平均功率。

例 3.7 一只额定电压为 220 V，功率为 100 W 的灯泡，误接在 380 V 的交流电源上是否安全？

解： 已知灯泡的额定电压及额定功率，则灯泡的电阻

$$R = \frac{U_\mathrm{N}^2}{P_\mathrm{N}} = \frac{220^2}{100} = 484\ \Omega$$

当灯泡误接到 380 V 的电源上，灯泡的功率

$$P' = \frac{380^2}{484} = 298\ \mathrm{W}$$

此时不安全，灯泡将被烧坏。

思考讨论 >>>

1. 在交流电路中，电阻元件的电压与电流的_____（瞬时值/有效值/最大值）满足欧姆定律。

2. 在交流电路中，电阻元件中电压与电流相位关系是什么？

3. 在交流电路中，电阻元件中电压与电流有效值的乘积是_____。

4. 画出电阻元件上电压与电流的波形及相量图。

5. 对电阻电路来说；下列各式是否正确，如不正确，请改正。

① $i = \dfrac{U}{R}$；

② $I_m = \dfrac{U}{R}$；

③ $I = \dfrac{U}{R}$；

④ $p = I^2 R$。

6. 标称值为"220 V，75 W"的电烙铁，用 220 V 市电，工作 20 小时所耗电能是多少？

纯电感电路分析（1）　　纯电感电路分析（2）

3.4 纯电感电路分析

在工程技术中，电感线圈的应用很广泛，常见的有变压器线圈、日光灯镇流器的线圈、收音机的天线线圈等，如图 3 – 14 所示，它们的电路模型都是电感元件。那么在交流电路中电感元件的特性是什么？电感元件消耗的功率有什么特点？如何计算呢？

图 3 – 14　几种常见的电感线圈

3.4.1 电感元件的伏安特性（VCR）

电感元件的伏安特性为

$$u = \pm L \frac{\mathrm{d}i}{\mathrm{d}t} \tag{3-3}$$

如图 3 – 15 所示，设电感上的电流 $i = I_m \sin(\omega t + \varphi_1)$（A），由电感元件的伏安特性可得

$$u = L\frac{\mathrm{d}I_m \sin(\omega t + \varphi_1)}{\mathrm{d}t} = I_m L\omega \cos(\omega t + \varphi_1) = I_m \omega L \sin\left(\omega t + \varphi_1 + \frac{\pi}{2}\right)$$

由上述计算结果得出以下结论：

① 电感上的电压与电流是同频率的正弦量；

② 电压的最大值 $U_m = I_m \omega L$ 或 $\dfrac{U_m}{I_m} = \dfrac{U}{I} = \omega L$；

③ 电压的初相角 $\varphi_2 = \varphi_1 + \dfrac{\pi}{2}$。

可见，电感元件的电压和电流的最大值（或有效值）之间满足欧姆定律；电压相位超前电流相位 90°，其波形如图 3 – 16 所示。

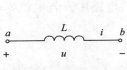

图 3 – 15 电感元件电路　　　　　图 3 – 16 纯电感电路电压、电流波形图

3.4.2 感抗

仿照电阻，得

$$\frac{U_m}{I_m} = \frac{U}{I} = \omega L = X_L \tag{3 – 4}$$

X_L 称为电感的感抗。感抗是交流电路中的一个重要概念，它表示线圈对交流电流阻碍作用的大小。X_L 不仅与电感本身的 L 有关，而且还与电源频率成正比，即频率 f 越大，电感对电流的阻碍作用就越大。电感的单位是欧姆（Ω）。

例 3.8　在电压为 10 V，频率为 50 Hz 的电源上，接入电感 $L = 0.1$ H 的线圈（电阻不计）。试求：① 线圈的感抗 X_L；② 线圈中的电流 I；③ 若保持电压不变，电源频率提高到 5 000 Hz 时，电流将是多少？

解：① 线圈的感抗

$$X_L = 2\pi f L = 2 \times 3.14 \times 50 \times 0.1 = 31.4 \ \Omega$$

② 线圈中的电流

$$I = U/X_L = 10/31.4 = 318 \ \text{mA}$$

③ 当电源频率提高到 5 000 Hz 时

$$X_L' = 2\pi f' L = 2 \times 3.14 \times 5\,000 \times 0.1 = 3\,140 \ \Omega$$

$$I' = U/X_L' = 10/3\,140 = 3.18 \ \text{mA}$$

可见，同一电感元件，在电压有效值一定情况下，频率越高，电流有效值越小。当 $f \to \infty$ 时，$X_L \to \infty$，即电感相当于开路。因此电感常用作高频扼流线圈。在直流电路中，$f = 0$，$X_L = 0$，电感相当于短路。所以说电感有通低频阻高频的特点。

3.4.3 电感元件电压与电流关系的相量形式

正弦交流电路中，设电感上的电流 $i(t) = I_m \sin \omega t$ A，则其电压为 $u(t) = U_m \sin(\omega t + 90°)$（V），与之对应的相量为

$$\dot{U}_{\mathrm{L}} = U_{\mathrm{L}} \angle 90°$$

$$\dot{I}_{\mathrm{L}} = I_{\mathrm{L}} \angle 0°$$

则

$$\frac{\dot{U}_{\mathrm{L}}}{\dot{I}_{\mathrm{L}}} = \frac{U}{I} \angle \varphi_u - \varphi_i = \frac{U}{I} \angle 90° = \mathrm{j}X_{\mathrm{L}}$$

或

$$\dot{U}_{\mathrm{L}} = \mathrm{j}X_{\mathrm{L}} \dot{I}_{\mathrm{L}} = \mathrm{j}\omega L \dot{I}_{\mathrm{L}} \qquad (3-5)$$

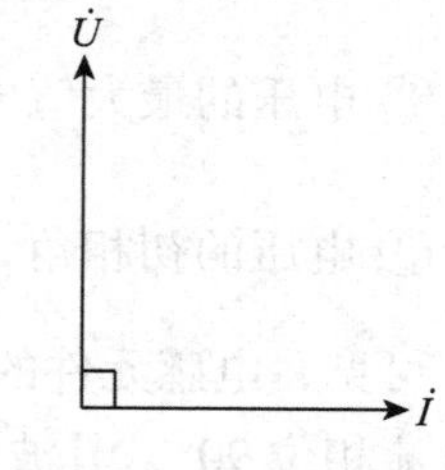

**图 3 – 17 电感元件电压
与电流的相量图**

式（3 – 5）反映了电感上电压、电流有效值以及相位之间的关系，称为电感元件伏安特性的相量式，其相量图如图 3 – 17 所示。

例 3.9 如图 3 – 18 所示，在一个电阻、电感串联的电路中，若电流 $i = 2\sqrt{2}\sin 20t$（A），$R = 30\ \Omega$，$L = 2\ \mathrm{H}$，试求电压 $\dot{U}_{\mathrm{R}}$、$\dot{U}_{\mathrm{L}}$，并画出相量图。

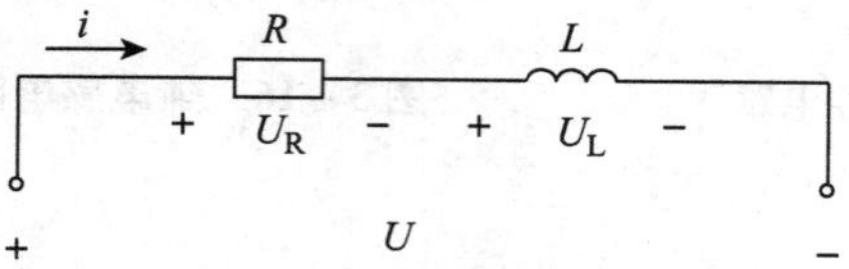

图 3 – 18 例 3.9 图

解： 电流的相量形式为

$$\dot{I} = 2\angle 0°\ \mathrm{A}$$

电感元件的感抗

$$X_{\mathrm{L}} = \omega L = 20 \times 2 = 40\ \Omega$$

由式（3 – 1）得电阻电压的相量形式

$$\dot{U}_{\mathrm{R}} = R \dot{I} = 30 \times 2 \angle 0° = 60 \angle 0°\ \mathrm{V}$$

由式（3 – 5）得电感电压的相量形式

$$\dot{U}_{\mathrm{L}} = \mathrm{j}X_{\mathrm{L}} \dot{I} = \mathrm{j}40 \times 2 \angle 0° = 80 \angle 90°\ \mathrm{V}$$

相量图如图 3 – 19 所示。

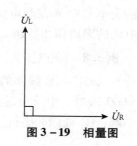

图 3 – 19 相量图

3.4.4 电感元件的功率计算

1. 瞬时功率

选定 $u(t)$，$i(t)$ 为关联参考方向，假设流经电感的电流 $i(t) = I_{\mathrm{m}}\sin \omega t$，则电感两端的电压 $u(t) = U_{\mathrm{m}}\sin\left(\omega t + \dfrac{\pi}{2}\right)$，所以电感消耗的瞬时功率

$$p = ui = U_{\mathrm{m}}I_{\mathrm{m}}\sin \omega t \sin\left(\omega t + \frac{\pi}{2}\right) = UI \cdot 2\sin \omega t \cos \omega t = UI\sin 2\omega t$$

电感消耗的平均功率

$$P = \frac{1}{T}\int_0^T p\,\mathrm{d}t = \frac{1}{T}\int_0^T UI\sin 2\omega t\,\mathrm{d}t = 0$$

显然这是一个周期函数，表明电感并不从电源取用功率，而只跟电源做能量交换，交

换频率为电源工作频率的 2 倍。在一个周期内电感元件吸收的功率与释放的能量相等，电感元件本身不消耗电能，因此其平均值为 0。如图3－20所示，在第一和第三个 1/4 周期内，电感元件上的电压与电流方向一致（同为正或负），瞬时功率 p 为正，这时电流 i 是由零逐渐增大到最大值，是电感元件建立磁场的过程，电感吸收电源的电能并转化成磁场能储存在电感中；在第二和第四个 1/4 周期内，电感元件上的电压与电流方向相反，故瞬时功率 p 为负，此期间电流 i 是由最大值逐渐下降

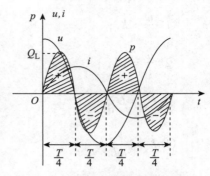

图 3－20　电感元件的瞬时功率

为零，电感又将磁场能转换成电能释放到电路中。在电源作用的一个周期内，这种储存、释放能量的过程要循环两次，即瞬时功率的周期是电源周期的一半。

　　由此可见，电感元件吸收的功率全部用于交换，其本身并不消耗功率，因此称电感元件为储能元件。不同的电感元件与电源交换功率的规模不同，为了衡量这一特点，需引入新的物理量来描述。

　　2. 无功功率

　　电感元件交换功率的最大值称为电感电路的无功功率，用 Q_L 表示，它用来衡量电感元件与电源能量交换的最大速率。

$$Q_L = U_L I_L = I_L^2 X_L = \frac{U_L^2}{X_L} \tag{3－6}$$

无功功率的单位为乏（Var），更大数量级的单位有千乏（kVar）等。

　　例 3.10　已知纯电感电路中，电流 $i(t) = 2\sqrt{2}\sin(100t + 30°)$（A），电感元件的无功功率 $Q_L = 100$ Var，试求电感 L。

　　解：由式（3－6）可得

$$X_L = \frac{Q_L}{I_L^2} = \frac{100}{2^2} = 25 \ \Omega$$

故电感

$$L = \frac{X_L}{\omega} = \frac{25}{100} = 250 \ \text{mH}$$

思考讨论 >>>

　　1. 在交流电路中，电感两端电压有效值（或最大值）与电流有效值（或最大值）的比值是什么？

　　2. 在交流电路中，电感元件中电压与电流相位关系是什么？

　　3. 在交流电路中，电感元件中电压与电流有效值的乘积是什么？

　　4. 对电感电路，试画出电压与电流的波形及相量图。

　　5. 对电感电路，下列各式是否成立，并说明原因。

① $\dfrac{u}{i} = X_{\mathrm{L}}$；

② $\dfrac{u}{i} = \omega L$；

③ $\dot{U}_{\mathrm{L}} = L\dfrac{\mathrm{d}i}{\mathrm{d}t}$；

④ $\dot{I} = \mathrm{j}\dfrac{\dot{U}}{\omega L}$。

纯电容电路分析（1）　　纯电容电路分析（2）

3.5　纯电容电路分析

电容器是组成电路的基本元件之一，如图 3-21 所示，常用在电子线路、电工设备及控制电路中。那么电容在交流电路中有哪些特性？电容上的功率有什么特点呢？

图 3-21　几种常见电容器

3.5.1　电容元件的伏安特性（VCR）

前边已经学习了电容元件的伏安特性为

$$i = \pm C\frac{\mathrm{d}u}{\mathrm{d}t}$$

设图 3-22（a）中电容两端的电压 $u(t) = U_{\mathrm{m}}\sin(\omega t + \varphi_2)$，则由电容元件的伏安特性可得电容上的电流为

$$i = C\frac{\mathrm{d}U_{\mathrm{m}}\sin(\omega t + \varphi_2)}{\mathrm{d}t} = \omega C U_{\mathrm{m}}\cos(\omega t + \varphi_2)$$

$$= \omega C U_{\mathrm{m}}\sin\left(\omega t + \varphi_2 + \frac{\pi}{2}\right)$$

由此得出以下结论：

① 电容上的电流和电压是同频率的正弦量；

② 电流的最大值 $I_{\mathrm{m}} = \omega C U_{\mathrm{m}}$ 或 $\dfrac{U_{\mathrm{m}}}{I_{\mathrm{m}}} = \dfrac{U}{I} = \dfrac{1}{\omega C}$；

③ 电流的初相角 $\varphi_1 = \varphi_2 + \dfrac{\pi}{2}$。

由此可见，电容元件的电压和电流的最大值（或有效值）之间满足欧姆定律，电压滞后电流相位 90°，其波形如图 3-23 所示。

（a）　　　　（b）

图 3-22　电容元件的伏安特性
（a）电路图　（b）相量图

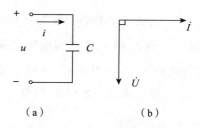

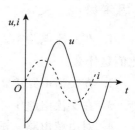

图 3-23　纯电容电路
电压、电流波形图

3.5.2　容抗

仿照感抗的定义，电容的容抗

$$X_C = \frac{U_m}{I_m} = \frac{U}{I} = \frac{1}{\omega C} \tag{3-7}$$

由式（3-7）可知，当电压 U 一定时，X_C 越大，电流越小。可见，从物理性能上看，容抗也具有阻碍电流通过的性能。与感抗不同的是，容抗与电容、频率成反比。这是因为电压一定时，电容越大，电容能够储存的电荷越多，因此形成的电流就越大。当频率越高时，电容充、放电的速度就越快，因而电流就越大。所以，电容元件有通高频阻低频的特性，这在电子线路中获得了广泛应用。对直流，$f=0$，$X_C \to \infty$，可视为开路。容抗的单位也是欧姆（Ω）。

例 3.11　把一个 20 μF 的电容接到频率为 50 Hz，20 V 的正弦交流电源上，问电流有多大？如果保持电压大小不变，电源频率提高到 5 000 Hz 时，电流大小将为多少？

解： 当 $f=50$ Hz 时

$$X_C = \frac{1}{\omega C} = \frac{1}{2\pi f C} = \frac{1}{2 \times 3.14 \times 50 \times 20 \times 10^{-6}} = 159\ \Omega$$

$$I = \frac{U}{X_C} = \frac{220}{159} = 1.38\ \text{A}$$

当 $f=5\ 000$ Hz 时

$$X_C = \frac{1}{\omega C} = \frac{1}{2\pi f C} = \frac{1}{2 \times 3.14 \times 5\ 000 \times 20 \times 10^{-6}} = 1.59\ \Omega$$

$$I = \frac{U}{X_C} = \frac{220}{1.59} = 138\ \text{A}$$

可见，在电压大小不变的情况下，频率越高，电流越大。

3.5.3　电容元件电压与电流关系的相量形式

电容上的电压、电流若为正弦量，如图 3-22（a）所示，则可表示为相量形式。设电容上的电压 $u_C = U_m \sin \omega t$，则电流 $i_C = I_m \sin(\omega t + 90°)$，那么与之对应的相量为

$$\dot{U}_C = U_C \angle 0°$$

$$\dot{I}_C = I_C \angle 90°$$

因此

$$\frac{\dot{U}_C}{\dot{I}_C} = \frac{U_C}{I_C} \angle \varphi_2 - \varphi_1 = \frac{U_C}{I_C} \angle -90° = -jX_C$$

或

$$\dot{U}_C = -jX_C \dot{I}_C = -j\frac{1}{\omega C} \dot{I}_C \tag{3-8}$$

式（3-8）即为电容元件伏安特性的相量形式，其相量图如图 3-22（b）所示。

例 3.12　把电容量为 40 μF 的电容器接到交流电源上，通过电容器的电流 $i = 2.75 \times \sqrt{2}\sin(314t + 30°)$（A），试求电容器两端的电压瞬时值表达式。

解： 由通过电容器的电流解析式

$$i = 2.75 \times \sqrt{2} \sin(314t + 30°) \, (\text{A})$$

可以得到

$$I = 2.75 \, \text{A}, \quad \omega = 341 \, \text{rad/s}, \quad \varphi = 30°$$

电流所对应的相量

$$\dot{I} = 2.75 \angle 30° \, \text{A}$$

电容器的容抗

$$X_{\text{C}} = \frac{1}{\omega C} = \frac{1}{314 \times 40 \times 10^{-6}} \approx 80 \, \Omega$$

因此

$$\dot{U} = -jX_{\text{C}} \dot{I} = 1 \angle (-90°) \times 80 \times 2.75 \angle 30° = 220 \angle (-60°) \, \text{V}$$

电容器两端电压瞬时表达式为

$$u = 220\sqrt{2} \sin(341t - 60°) \, (\text{V})$$

3.5.4　电容元件的功率计算

知道了电容元件电压和电流之间的关系，就能够计算电容的功率了。

1. 瞬时功率

选定 u_{c}，i_{c} 为关联参考方向，若选电流为参考正弦量，即设流过电容的电流 $i = I_{\text{m}} \sin \omega t$，则电容两端的电压 $u = U_{\text{m}} \sin\left(\omega t - \dfrac{\pi}{2}\right)$，所以电容消耗的瞬时功率 $p = ui = U_{\text{m}} I_{\text{m}} \sin \omega t \sin\left(\omega t - \dfrac{\pi}{2}\right) = -UI \cdot 2\sin \omega t \cos \omega t = -UI\sin 2\omega t$。

如图 3－24 所示，电容的平均功率

$$P = \frac{1}{T}\int_0^T p\mathrm{d}t = \frac{1}{T}\int_0^T -UI\sin 2\omega t\,\mathrm{d}t = 0$$

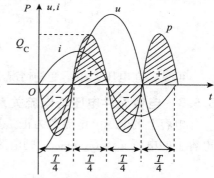

可见，电容元件同电感元件一样，瞬时功率也是按正弦规律变化的函数，且频率为电源频率的 2 倍，平均值为 0。如图 3－24 所示，在第一和第三个 1/4 周期内，电流 i 和电压 u 方向相反（一正一负），故瞬时功率为负值，在此期间电流从零逐渐增大到最大值、电压由最大值逐渐减小到零，是电容的放电过程，即电容器把储存的电场能量释放出来的过程；在第二和第四个 1/4 周期内，电流 i 和电压 u 方向相同，故瞬时功率为正值，此时电流从最大值逐渐减小到零，电压由零逐渐增大到最大值，也就是电容的充电过程，电容元件从电源吸收电能转换为电场能量储存起来，其平均功率也为零。同电感元件一样，电容元件也只与电源交换能量而不消耗能量，因此电容元件也为储能元件。且在同一电流下，电容与电感的能量交换正好"＋""－"互补。

图 3－24　电容元件的瞬时功率

2. 无功功率

电容的无功功率

$$Q_{\text{C}} = -UI = -I^2 X_{\text{C}} = -\frac{U^2}{X_{\text{C}}} \tag{3-9}$$

电容无功功率为负值，表明它与电感转换能量的过程相反，电感吸收能量的同时，电容释放能量，反之亦然。

例 3.13　如图 3 − 25 所示电阻与电容并联电

路，已知 $u = 20\sqrt{2}\sin 2t(\text{V})$，$R = 50\,\Omega$，$C = 0.01\,\text{F}$，试求 i_R、i_C。

解：电源电压的相量形式

$$\dot{U} = 20\angle 0°$$

电阻与电容是并联，因此它们有共同的电压。用电阻和电容各自伏安特性的相量形式，可得

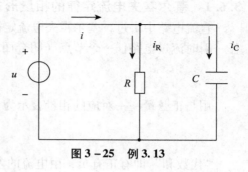

图 3 − 25　例 3.13

$$\dot{I}_R = \frac{\dot{U}}{R} = \frac{20\angle 0°}{50} = 0.4\angle 0°\ \text{A}$$

$$\dot{I}_C = \frac{\dot{U}}{-jX_C} = \frac{\dot{U}}{-j\dfrac{1}{\omega C}} = \frac{20\angle 0°}{-j\dfrac{1}{2\times 0.01}} = 0.4\angle 90°\ \text{A}$$

对应的正弦量分别为

$$i_R = 0.4\sqrt{2}\sin 2t\ \text{A}$$
$$i_C = 0.4\sqrt{2}\sin(2t + 90°)\ \text{A}$$

想一想：电流 i 为多少？

思考讨论 >>>

1. 在交流电路中，电容两端电压有效值（或最大值）与电流有效值（或最大值）的比值是什么？
2. 在交流电路中，电容元件中电压与电流相位关系是什么？
3. 在交流电路中，电容元件的无功功率怎样计算？
4. 对电容电路，试画出电压与电流的波形及相量图。
5. 对电容电路，下列各式是否成立，并说明原因。

① $\dfrac{u}{i} = X_C$；

② $\dfrac{I}{U} = \omega C$；

③ $\dot{U}_C = X_C \dot{I}$；

④ $\dfrac{\dot{U}}{\dot{I}} = X_C$。

3.6　基尔霍夫定律的相量形式

基尔霍夫的相量形式

基尔霍夫定律是重要的电路分析的定律，可以确定整个电路中电流、电压的关系，那交流电路中基尔霍夫定律是如何表示的？它的相量形式是什么呢？

3.6.1 基尔霍夫电流定律的相量形式

直流电路中讲过，基尔霍夫电流定律适用于任一瞬时，因此它也适用于交流电路，即任一瞬时流过电路任一个节点（闭合面）的各电流瞬时值的代数和等于零。即

$$\sum_{i=1}^{n} i_i = 0$$

用与正弦量一一对应的相量表示为

$$\sum_{i=1}^{n} \dot{I}_i = 0 \qquad\qquad (3-10)$$

"代数和"即有正有负，由电流的参考方向决定。若规定支路电流的参考方向流出节点取"＋"号，则流入节点取"－"号，式（3-10）就是相量形式的基尔霍夫电流定律（KCL）。

例 3.14 如图 3-26 所示，已知 $i_1 = 3\sqrt{2}\sin \omega t (\text{A})$，$i_2 = 4\sqrt{2}\sin(\omega t + 90°)(\text{A})$，若 $i = i_1 + i_2$，求 $\dot{I}$ 和 i 的值。

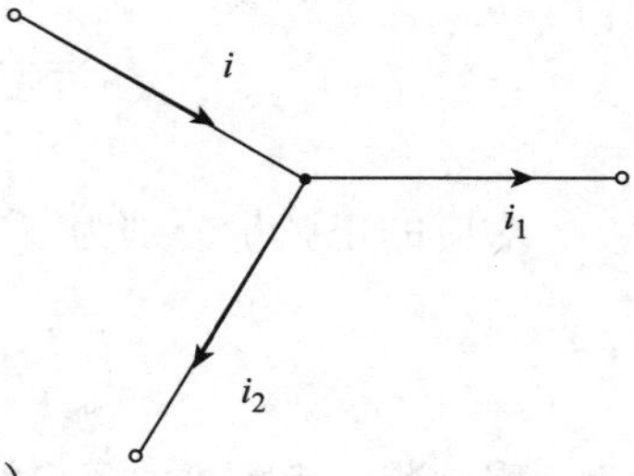

解： 用相量计算，有 $\dot{I}_1 = 3\angle 0° \text{A}$，$\dot{I}_2 = 4\angle 90° \text{A}$，则

$$\dot{I} = \dot{I}_1 + \dot{I}_2$$
$$= 3\angle 0° + 4\angle 90°$$
$$= (3\cos 0° + j3\sin 0°) + (4\cos 90° + j4\sin 90°)$$
$$= 3 + j4$$
$$= 5\angle 53.1° \text{A}$$

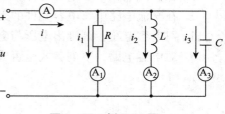

图 3-26 例 3.14 图

所以 $$i(t) = 5\sqrt{2}\sin(\omega t + 53.1°)(\text{A})$$

想一想： 相量形式的基尔霍夫电流定律是成立的，那么有效值形式的基尔霍夫电流定律成立吗？由本例题可见，显然 $4 + 3 \neq 5$，这是为什么呢？

例 3.15 如图 3-27 所示电路中，已知电流表 A_1、A_2、A_3 读数分别是 4 A、8 A、5 A，求电路中电流表 A 的读数。

解： 设端电压为参考相量，且 $\dot{U} = U\angle 0° \text{V}$，则

$$\dot{I}_1 = 4\angle 0° \text{A}$$
$$\dot{I}_2 = 8\angle -90° \text{A}$$
$$\dot{I}_3 = 5\angle 90° \text{A}$$

图 3-27 例 3.15 图

由 KCL 得

$$\dot{I} = \dot{I}_1 + \dot{I}_2 + \dot{I}_3 = 4\angle 0° + 8\angle -90° + 5\angle 90°$$
$$= 4 - 8j + 5j$$
$$= 4 - 3j$$
$$= 5\angle -37° \text{A}$$

则电流表 A 的读数为 5 A。

3.6.2　基尔霍夫电压定律的相量形式

基尔霍夫电压定律也适用于任一时刻，所以对交流电路，基尔霍夫电压定律也适用，即对交流电路的任一个回路电压瞬时值的代数和等于零。即

$$\sum_{i=1}^{n} U_i = 0$$

在正弦交流电路中，各段电压都是同频率的正弦量，所以与正弦量一一对应的相量形式的基尔霍夫电压定律也是成立的，即

$$\sum_{i=1}^{n} \dot{U}_i = 0 \qquad\qquad (3-11)$$

也就是说交流电路中沿任一回路的各电压相量的代数和为零。在运用式（3－11）时，也要对回路选定一绕行方向，电压参考方向与绕行方向相同时电压取"＋"号，反之取"－"号。式（3－11）就是相量形式的基尔霍夫电压定律（KVL）。

例 3.16　图 3－28 为交流电路中某一回路，已知 $u_1 = 10\sqrt{2}\sin \omega t(\text{V})$，$u_2 = 16\sqrt{2}\sin(\omega t + 90°)(\text{V})$，求 u_3。

解： 与 u_1、u_2 对应的相量分别为

$$\dot{U}_1 = 10\angle 0° = 10 \text{ V}$$

$$\dot{U}_2 = 16\angle 90° = 16\text{j V}$$

而由相量形式的 KVL，则有

$$\dot{U}_3 = \dot{U}_1 + \dot{U}_2 = 10\angle 0° + 16\angle 90° = 18.87\angle 57.99° \text{ V}$$

所以

$$u_3 = 18.87\sqrt{2}\sin(\omega t + 57.99°)(\text{V})$$

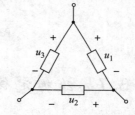

图 3－28　例 3.16 图

想一想： 有效值是否满足基尔霍夫电压定律？为什么？

例 3.17　在图 3－29 所示电路中，电压表 V_1、V_2 的读数都是 50 V，试求电路中电压表 V 的读数。

解： 设电流为参考相量，即 $\dot{I} = I\angle 0°\text{A}$，选定 i、u_1、u_2、u_3 的参考方向如图 3－29 所示，则

$$\dot{U}_1 = 50\angle 0° \text{ V}$$

$$\dot{U}_2 = 50\angle 90° \text{ V}$$

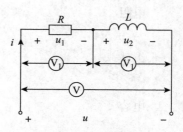

图 3－29　例 3.17 图

由 KVL 得

$$\dot{U} = \dot{U}_1 + \dot{U}_2 = 50\angle 0° + 50\angle 90°$$
$$= 50 + 50\text{j}$$
$$= 50\sqrt{2}\angle 45°$$
$$= 70.7\angle 45° \text{ V}$$

则电压表 V 的读数为 70.4 V。

思考讨论 >>>

1. 如图 3-30 所示，若 $i_1 = 6\sqrt{2}\sin(\omega t + 60°)$（A），$i_2 = 8\sqrt{2}\sin(\omega t - 30°)$（A），试求 i 并画出相量图，说明 $I = I_1 + I_2$ 吗？为什么？

2. 在 RLC 串联的正弦交流电路中，总电压一定大于分电压吗？在 RLC 并联的正弦交流电路中，总电流一定大于分电流吗？

3. 在图 3-31 中，各电压表 V_1 读数为 15 V，V_2 读数为 80 V，V_3 读数为 100 V，求电路端电压的有效值 U。

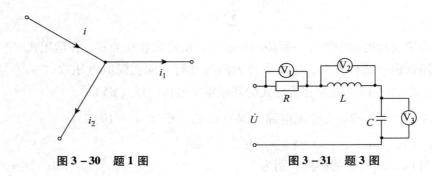

图 3-30　题 1 图　　　　　　图 3-31　题 3 图

3.7　欧姆定律的相量形式

对于交流电路而言，如果将多个电路元件进行连接，我们称其大小为电路的复阻抗，那么什么是复阻抗，其与电路中电流、电压的关系如何？

讨论了单一电阻、电感、电容三种基本元件的伏安特性，在关联参考方向下，有

电阻　　　　　　　　　　　　$$\frac{\dot{U}}{\dot{I}} = R$$

电感　　　　　　　　　　　　$$\frac{\dot{U}}{\dot{I}} = jX_L$$

电容　　　　　　　　　　　　$$\frac{\dot{U}}{\dot{I}} = -jX_C$$

不同元件电压相量与电流相量之比不同，但它们都是一个复数，称为该元件的复阻抗，并用 Z 表示，单位为欧姆（Ω），即

$$\frac{\dot{U}}{\dot{I}} = Z \tag{3-12}$$

或

$$\dot{U} = Z\dot{I} \tag{3-13}$$

$$\dot{U} = -Z\dot{I} \tag{3-14}$$

式（3 - 12）与直流电路中的欧姆定律相似，如图 3 - 32 所示，若电压与电流方向为非关联，则表示为式（3 - 14）故称其为相量形式的欧姆定律。

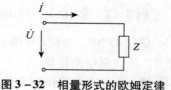

图 3 - 32　相量形式的欧姆定律

由式（3 - 12）可知，电阻、电感、电容三种基本元件的复阻抗分别为

$$Z_R = R$$
$$Z_L = jX_L = j\omega L$$
$$Z_C = -jX_C = -j\frac{1}{\omega C}$$

与直流电路中的电导类似，复阻抗的倒数定义为复导纳，并用 Y 来表示，其单位为西门子（S），即

$$Y = \frac{1}{Z} = \frac{\dot{I}}{\dot{U}} \qquad (3-15)$$

由式（3 - 15）可知，电阻、电感、电容三种基本元件的复导纳分别为

$$Y_R = \frac{1}{R} = G$$
$$Y_L = \frac{1}{j\omega L} = -j\frac{1}{\omega L} = -jB_L$$
$$Y_C = j\omega C = jB_C$$

式中，$G = \frac{1}{R}$ 叫作电导，$B_L = \frac{1}{\omega L}$ 叫作感纳，$B_C = \omega C$ 叫作容纳，它们的单位都是西门子（S）。感纳和容纳统称为电纳，因此相量形式的欧姆定律也可写成

$$\dot{I} = Y\dot{U} \qquad (3-16)$$

由式（3 - 12）可知复阻抗的定义，那么复阻抗反映了什么问题呢？复阻抗既然是一个复数，就可以表示成极坐标形式，设复阻抗 $Z = |Z| \angle\varphi_Z$，其中 $|Z|$ 叫作阻抗的模，或阻抗的大小，φ_Z 叫作阻抗角。

由式（3 - 12）可知，$Z = \dfrac{\dot{U}}{\dot{I}} = \dfrac{U\angle\varphi_2}{I\angle\varphi_1} = \dfrac{U}{I}\angle\varphi_2 - \varphi_1 = |Z|\angle\varphi_Z$，即

$$\begin{cases} |Z| = \dfrac{U}{I} \\ \varphi_Z = \varphi_2 - \varphi_1 \end{cases}$$

若 $\varphi_Z = \varphi_2 - \varphi_1 > 0$，电压超前电流，为感性负载；

若 $\varphi_Z = \varphi_2 - \varphi_1 < 0$，电压滞后电流，为容性负载；

若 $\varphi_Z = \varphi_2 - \varphi_1 = 0$，电压与电流同相，为电阻性负载。

由此可见，阻抗的大小表示了元件上电压、电流有效值之比，阻抗角表示了元件上电压、电流之间的相位差。因此复阻抗 Z 反应了元件的两个基本特征，即电压与电流大小关系和相位关系。知道了复阻抗，元件的特性就完全知道了。

复阻抗和复导纳不仅适用于基本元件，也适用于任一无源二端网络，二端网络端口电压与电流参考方向关联时，由式（3 - 12）可知，Z 即为二端网络的等效复阻抗。

例 3.18 如图 3-33 所示，无源二端网络端口电压 $\dot{U}=100\angle 45°$ V，电流 $\dot{I}=10\angle -35°$ A。计算该网络的复阻抗 Z，并说明电路性质。

解： 由电路复阻抗定义，得

$$Z=\frac{\dot{U}}{\dot{I}}=\frac{100\angle 45°}{10\angle -35°}=10\angle 80° \ \Omega$$

因为 $\varphi_Z=175°>0$，所以电路为感性负载。

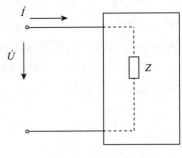

图 3-33　例 3.18 图

思考讨论 >>>

计算下列各题，并说明电路的性质。

① $\dot{U}=100\angle 45°$ V，$\dot{I}=-10\angle -35°$ A，求 Z。

② $\dot{U}=-100\angle 30°$ V，$\dot{I}=5\angle -60°$ A，求 Z。

③ $\dot{U}=10\angle 60°$ V，$Z=20+j20$ Ω，求 I。

3.8 *RLC* 串联电路分析

3.8.1 *RLC* 串联电路中电压与电流的关系

设正弦交流电路中，有一个电阻 R、电感 L 和电容 C 组成的串联电路，如图 3-34 所示，端口电压为 u、电流为 i。

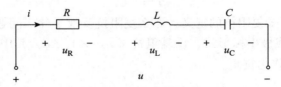

图 3-34　*RLC* 串联电路

根据基尔霍夫电压定律可得

$$\dot{U}=\dot{U}_R+\dot{U}_L+\dot{U}_C$$

电阻上的电压 $$\dot{U}_R=R\dot{I}$$

电感上的电压 $$\dot{U}_L=jX_L\dot{I}$$

电容上的电压 $$\dot{U}_C=-jX_C\dot{I}=-j\frac{1}{\omega C}\dot{I}$$

则

$$\dot{U}=\dot{U}_R+\dot{U}_L+\dot{U}_C$$
$$=R\dot{I}+jX_L\dot{I}-jX_C\dot{I}$$

$$= \dot{I}\left[R + j(X_L - X_C)\right]$$

$$= \dot{I}\left(R + jX\right)$$

即

$$\frac{\dot{U}}{\dot{I}} = (R + jX) = R + j(X_L - X_C)$$

该电路的复阻抗

$$Z = R + j(X_L - X_C) \qquad\qquad (3-17)$$

可见 RLC 串联电路的复阻抗还可用式（3-17）计算。且

$$\begin{cases} |Z| = \sqrt{R^2 + (X_L - X_C)^2} \\ \varphi_Z = \arctan \dfrac{X_L - X_C}{R} \end{cases}$$

例 3.19　日光灯导通后，镇流器与灯管串联，其模型为电阻与电感串联，一个日光灯电路的电阻 $R = 300\ \Omega$，电感 $L = 1.66\ H$，工频电源的电压为 220 V。试求：灯管电路的复阻抗、灯管电流及其与电源电压的相位差、灯管电压、镇流器电压。

解：镇流器的感抗

$$X_L = \omega L = 314 \times 1.66\ \Omega = 521.5\ \Omega$$

电路的复阻抗

$$Z = R + jX_L = 300 + j521.5 = 601.6 \angle 60.1°\ \Omega$$

所以，灯管电压比灯管电流超前 60.1°。灯管电流、电压及镇流器电压分别为

$$I = \frac{U}{|Z|} = \frac{220}{601.6} = 0.3657\ A$$

$$U_R = RI = 300 \times 0.3657 = 109.7\ V$$

$$U_L = X_L I = 521.5 \times 0.3657 = 190.7\ V$$

由式（3-17）可知，Z 的实部为该电路的电阻值，Z 的虚部为该电路的电抗值，它们的关系可用图 3-35（a）表示，称为阻抗三角形。其中，$X = X_L - X_C$ 的大小决定了电压与电流的相位差关系。当 $X_L > X_C$，则 $X > 0$，$\varphi_Z > 0$，电压超前于电流，电路呈感性；当 $X_L < X_C$，则 $X < 0$，$\varphi_Z < 0$，电压滞后于电流，电路呈容性；而当 $X_L = X_C$，则 $X = 0$，$\varphi_Z = 0$，电压与电流同相位，电路呈阻性。电路的性质不仅与电路本身参数 R、L、C 有关，而且还与电源的频率 ω 有关。阻抗三角形的每条边扩大 I 倍，则得到电压三角形，如图 3-35（b）所示，电压三角形反映了电阻电压 U_R、电抗电压 $U_X = U_L - U_C$ 与端口总电压之间的关系。由此可见 $U \neq U_R + U_X$。

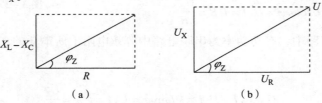

图 3-35　阻抗三角形和电压三角形

（a）阻抗三角形　（b）电压三角形

例 3.20 在 RLC 串联电路中，已知电阻 $R = 30\ \Omega$，电感 $L = 382\ \text{mH}$，电容 $C = 40\ \mu\text{F}$，电源电压 $u = 100\sqrt{2}\sin(314t + 30°)\ (\text{V})$，试求 Z、$\dot{I}$、$\dot{U}_R$、$\dot{U}_L$、$\dot{U}_C$，并画出相量图。

解： 选定电压与电流为关联参考方向。

$$Z = R + \text{j}\,(X_L - X_C) = 30 + \text{j}\left(314 \times 0.382 - \frac{10^6}{314 \times 40}\right)$$

$$= 30 + \text{j}\,(120 - 80) = 30 + \text{j}40 = 50\angle 53.1°\ \Omega$$

$$\dot{U} = 100\angle 30°\ \text{V}$$

$$\dot{I} = \frac{\dot{U}}{Z} = \frac{100\angle 30°}{50\angle 53.1°} = 2\angle -23.1°\ \text{A}$$

$$\dot{U}_R = R\dot{I} = 30 \times 2\angle -23.1° = 60\angle -23.1°\ \text{V}$$

$$\dot{U}_L = \text{j}X_L\dot{I} = 120\angle 90° \times 2\angle -23.1° = 240\angle 66.9°\ \text{V}$$

$$\dot{U}_C = -\text{j}X_C\dot{I} = 80\angle -90° \times 2\angle -23.1° = 160\angle -113.1°\ \text{V}$$

相量图如图 3-36 所示。

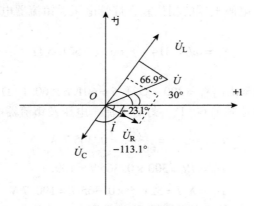

图 3-36　例 3.20 电压与电流的相量图

3.8.2　功率

将电压三角形三条边同乘以电流的有效值，可以得到一个与电压三角形相似的三角形，称为功率三角形，如图 3-37 所示。

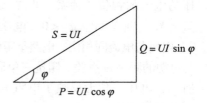

图 3-37　功率三角形

1. 有功功率

$$P = UI\cos\varphi = U_R I = I^2 R = \frac{U_R^2}{R}$$

在 RLC 串联电路中，有功功率为串联电路中等效电阻上所消耗的功率。

2. 无功功率

$$Q = U_L I - U_C I = UI\sin\varphi = U_X I = I^2 X = \frac{U_X^2}{X}$$

在 RLC 串联电路中，无功功率为电感和电容与电源交换的功率。

3. 视在功率

$$S = UI$$

视在功率又称表观功率，用来表示交流设备的容量，交流电气设备是按照规定的额定电压 U_N 和额定电流 I_N 来设计使用的。变压器的容量就是以额定电压和额定电流的乘积来表示，即 $S_N = U_N I_N$。为了避免混淆，视在功率的单位用伏安（VA）表示。视在功率并不局限于正弦激励函数和响应，只要简单的取电流和电压有效值的乘积就可得出任何电流和电压电路的视在功率。

由图 3 - 38 可以直观的看出有功功率、无功功率和视在功率三者之间的关系为

$$S = \sqrt{P^2 + Q^2}$$

$$\varphi = \arctan \frac{Q}{P}$$

功率的计算虽然是由 RLC 串联电路推导出来的，但确是计算正弦交流电路功率的一般公式。

思考讨论 >>>

下列结论是否正确，为什么？

① RL 串联电路中，$Z = R + X_L$，$Z = R + \omega L$，$Z = R + j\omega L$；

② RC 串联电路中，$Z = R + j\omega C$，$Z = R - j\dfrac{1}{\omega C}$，$Z = R + jX_C$；

③ LC 串联电路中，$Z = X_L - X_C$，$Z = j(\omega L - \omega C)$，$Z = j\left(\omega L - \dfrac{1}{\omega C}\right)$。

3.9　复阻抗的串并联电路分析

在引入了相量、复阻抗以及复导纳的概念后，由于交流电路与直流电路分析问题的方法完全类似，可以参照直流电路分析问题的方法去理解交流电路的分析方法。

3.9.1　复阻抗的串联

有 n 个复阻抗串联，如图 3 - 38（a）所示。

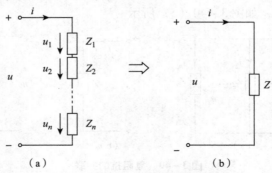

图 3 - 38　多个复阻抗的串联

（a）串联电路　（b）等效电路

它们的等效复阻抗

$$Z = \sum_{i}^{n} Z_i \qquad (3-18)$$

注意： $|Z| \neq |Z_1| + |Z_2| + \cdots + |Z_n|$。

相应的分压公式也和直流电路类似，即

$$\dot{U}_i = \frac{Z_i}{Z}\dot{U} \qquad (3-19)$$

式中，$\dot{U}_i$、$\dot{U}$ 分别为 Z_i 两端电压及总电压的相量。

例 3.21 设有两个负载 $Z_1 = 2 + j2\ \Omega$ 和 $Z_2 = 6 - j8\ \Omega$ 串联，接在 $u = 220\sqrt{2}\sin(\omega t + 30°)(\text{V})$ 的电源上，如图 3-39 所示。试求：① 等效阻抗 Z；② 电路电流 i；③ 负载电压 u_1、u_2。

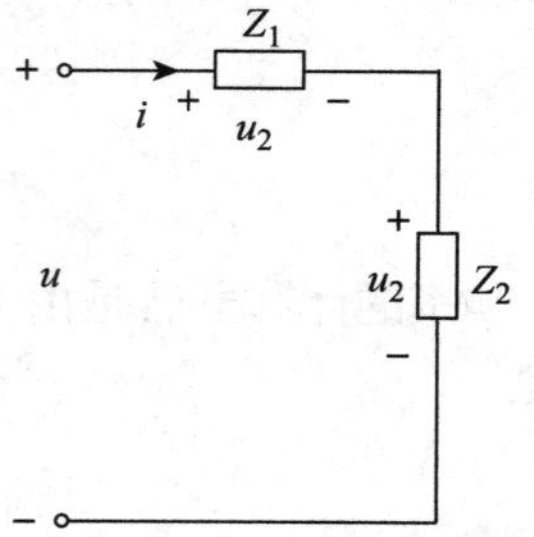

解： ① 等效阻抗

$$Z = Z_1 + Z_2 = 2 + j2 + 6 - j8 = 8 - j6 = 10\angle -37°\ \Omega$$

② 电源电压

$$\dot{U} = 220\angle 30°\ \text{V}$$

所以

$$\dot{I} = \frac{\dot{U}}{Z} = \frac{220\angle 30°}{10\angle -37°} = 22\angle 67°\ \text{A}$$

对应的电流瞬时值 $i = 22\sqrt{2}\sin(\omega t + 67°)(\text{A})$。

③ 负载电压

$$\dot{U}_1 = Z_1\dot{I} = 2\sqrt{2}\angle 45° \times 22\angle 67° = 62.2\angle 112°\ \text{V}$$

$$\dot{U}_2 = Z_2\dot{I} = 10\angle -53° \times 22\angle 67° = 220\angle 14°\ \text{V}$$

负载电压也可用分压公式求得。

对应的负载电压瞬时值

$$u_1 = 62.2\sqrt{2}\sin(\omega t + 112°)(\text{V})$$

$$u_2 = 220\sqrt{2}\sin(\omega t + 14°)(\text{V})$$

图 3-39 例 3.21 电路图

3.9.2 复阻抗的并联

有 n 个复阻抗并联，如图 3-40（a）所示。

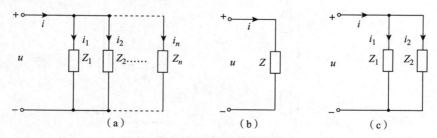

图 3-40 复阻抗的并联

（a）多个复阻抗并联 （b）等效复阻抗 （c）两个复阻抗并联

与直流电路类似，图 3 - 40（a）多复阻抗并联与等效复阻抗图 3 - 40（b）的 Z 之间的关系为

$$\frac{1}{Z} = \frac{1}{Z_1} + \frac{1}{Z_2} + \cdots + \frac{1}{Z_n} \qquad (3-20)$$

需要注意的是：$\dfrac{1}{|Z|} \neq \dfrac{1}{|Z_1|} + \dfrac{1}{|Z_2|} + \cdots + \dfrac{1}{|Z_n|}$。

对于两个复阻抗并联如图 3 - 40（c）所示，则有

$$Z = \frac{Z_1 Z_2}{Z_1 + Z_2}$$

同样，也有分流公式

$$\dot{I}_1 = \frac{Z_2}{Z_1 + Z_2} \dot{I}$$

$$\dot{I}_2 = \frac{Z_1}{Z_1 + Z_2} \dot{I}$$

例 3.22　已知 $Z_1 = 30 + j40\ \Omega$，$Z_2 = 8 - j6\ \Omega$ 并联后接于 $u = 220\sqrt{2}\sin 4\omega t\ (\text{V})$ 的电源上。求电路的分支电流、电路的总电流并作相量图。

解： 由题意得

$$\dot{U} = 220\angle 0°\ \text{V}$$
$$Z_1 = 30 + j40 = 50\angle 53°\ \Omega$$
$$Z_2 = 8 - j6 = 10\angle -37°\ \Omega$$

$$\dot{I}_1 = \frac{\dot{U}}{Z_1} = \frac{220\angle 0°}{50\angle 53°} = 4.4\angle -53° = 2.64 - j3.52\ \text{A}$$

$$\dot{I}_2 = \frac{\dot{U}}{Z_2} = \frac{220\angle 0°}{10\angle -37°} = 22\angle 37° = 17.6 + j13.2\ \text{A}$$

$$\dot{I} = \dot{I}_1 + \dot{I}_2 = 2.64 - j3.52 + 17.6 + j13.2$$
$$= 20.24 + j9.68 = 22.5\angle 25.6°\ \text{A}$$

相量图如图 3 - 41 所示。

对于多个支路的并联电路来说，利用式（3 - 20）来计算等效复阻抗并不方便，用导纳法分析比较方便。将 n 个支路中的复阻抗转换为复导纳 Y_1、Y_2、$\cdots$、Y_n，则有

$$Y = Y_1 + Y_2 + \cdots + Y_n$$

或

$$Y = \sum_i^n Y_i$$

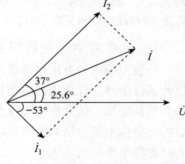

图 3 - 41　例 3.22 电流相量图

思考讨论 >>>

1. RL 串联电路，已知 $R = XL = 10\ \Omega$，$I = 100\ \text{mA}$，电路两端电压有效值是多少？

2. RC 并联电路，已知 $R = XC = 10\ \Omega$，$I = 100\ \text{mA}$，电路两端电压有效值是多少？

3.10　功率因数的分析与提高

功率因数的测量与提高方法

功率因数的定义与意义

什么是交流电路的功率因数，功率因数在电路中有什么重要的作用？如何来提高功率因数？

3.10.1　功率因数的定义

在交流电路中，电压与电流之间的相位差（φ）的余弦叫作功率因数，用符号 $\cos \varphi$ 表示，一般记作 λ。根据前面交流电流的功率三角形可知，功率因素也可以表示为有功功率和视在功率的比，即 $\cos \varphi = P/S$。用户电器设备在一定电压和功率下，该值越高效益越好，发电设备越能充分利用。功率因数的大小与电路的负荷性质有关，如白炽灯泡、电阻炉等电阻负荷的功率因数为 1，一般具有电感性负载的电路功率因数都小于 1。功率因数是电力系统的一个重要的技术数据。功率因数是衡量电气设备效率高低的一个系数。功率因数低，说明电路用于交变磁场转换的无功功率大，从而降低了设备的利用率，增加了线路供电损失。

3.10.2　提高功率因数的方法

1. 提高功率因数的意义

在现代用电企业中，提高功率因数能减少电路输电线路损耗。在数量众多、容量大小不等的感性设备连接的电力系统中，电网传输功率除有功功率外，还需无功功率。在负载电压与功率都一定时，线路电流与功率因数 $\cos \varphi$ 成反比，$\cos \varphi$ 越大，电流就越小，输电线上的损耗也越少，输电效率越高。另外提高功率因数还能提高设备的利用率，例如，一台交流发电机的额定电压是 10 kv，额定电流是 1 500 A，则它的额定容量 $S = 15\ 000$ kV·A，但实际输出的功率并不一定是这么多，这要取决于负载的功率因数。若功率因数 $\cos \varphi_1 = 0.5$，则实际输出 $15\ 000 \times 0.5 = 7\ 500$ kW，如果把功率因数提高到 $\cos \varphi_1 = 0.95$，它将提供 $15\ 000 \times 0.95 = 14\ 250$ kW 的功率。

2. 提高功率因数的方法

一般采取两种方法来提高功率因数：一种是提高自然功率因数，主要是通过改变电动机的运行条件，合理选择电动机的容量等；另外一种是采取人工补偿的方法，即通常所说的无功补偿法，就是在电感性交流电路中，人为的并联容性元件用其超前的电流来补偿滞后的电感性电流，从而提高设备的功率因数，提高效率。下面以人工补偿的方法为例介绍如何提高电路的功率因数。电力系统中，绝大部分是感性负载。生产中最常见的异步电动机，其功率因数就在 $0.7 \sim 0.85$ 左右，轻载时就更低，日光灯的功率因数只有 $0.4 \sim 0.6$，其他如电焊变压器、控制电路中的接触器等都是感性负载。感性负载之所以功率因数不高，是因为它在运行时需要一定的无功功率 Q_L，而功率因数 $\cos \varphi$ 在数值上为

$$\cos \varphi = \frac{P}{S}$$

其中，$S = \sqrt{P^2 + Q^2}$ 设备消耗的有功功率一定时，无功功率 $Q = Q_L - Q_C$ 越小，功率因数越高。我们可以利用 Q_L 与 Q_C 的相互补偿作用，给感性负载并联电容，使容性无功功

率在电路内部就地补偿感性负载需要的感性无功功率，达到电路与电源之间交换的无功功率就可接近于零，这样就可以使功率因数接近于 1。因此，在工业上提高感性负载网络功率因数的方法，通常是在负载两端并联适当大小的电容。

如图 3 - 42 所示，RL 串联部分代表一个电感性负载，它的电流 $\dot{I}_1$ 滞后于电源电压 $\dot{U}$ 相位 φ_1，在电源电压不变的情况下，并入电容 C，并不会影响负载电流的大小和相位，但总电流由原来的 $\dot{I}_1$ 变为 $\dot{I}$，即 $\dot{I} = \dot{I}_1 + \dot{I}_C$，且 $\dot{I}$ 与电源电压的相位差由原来的 φ_1 减小为 φ，显然 $\cos\varphi_1 < \cos\varphi$，功率因数提高了。那么是否并联的电容越大越好呢？当然不是。那并联多大的电容合适呢？

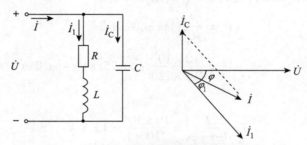

图 3 - 42　感性负载并联电容提高功率因数

设图 3 - 42 用电设备的有功功率为 P，功率因数为 $\cos\varphi_1$，并联电容前需要的无功功率可表示为

$$Q_1 = S\sin\varphi_1$$

由 $\cos\varphi_1 = \dfrac{P}{S}$ 可得

$$Q_1 = P\tan\varphi_1$$

并联电容后有功功率没变，而无功功率变为

$$Q_2 = P\tan\varphi$$

所以功率因数由 $\cos\varphi_1$ 提高到 $\cos\varphi$ 时，需增加的无功补偿功率

$$Q_C = P(\tan\varphi_1 - \tan\varphi)$$

式中，φ_1 和 φ 为补偿前后的功率因数角。

将 $Q_C = \omega C U^2$ 代入上式，可以很方便地推出所需要的电容的大小

$$C = \frac{P}{\omega U^2}(\tan\varphi_1 - \tan\varphi)$$

例 3.23　如图 3 - 43 所示，已知 $f = 50$ Hz，$U = 220$ V，$P = 10$ kW，$\cos\varphi_1 = 0.6$。① 要使功率因数提高到 0.9，需并联电容 C，求并联电容前后电路的总电流各为多大？② 要将功率因数由 0.9 再提高到 1，并联电容的容量还须增加多少？

解：① 由 $\cos\varphi_1 = 0.6$，得 $\varphi_1 = 53.13°$；$\cos\varphi_2 = 0.9$，得 $\varphi_2 = 25.84°$，则

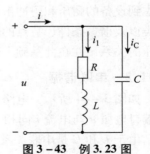

图 3 - 43　例 3.23 图

$$C = \frac{P}{\omega U^2}(\tan \varphi_1 - \tan \varphi_2)$$

$$= \frac{10 \times 10^3}{314 \times 220^2}(\tan 53.13° - \tan 25.84°) = 557 \ \mu F$$

未并联电容时
$$I = I_1 = \frac{P}{U \cos \varphi_1} = \frac{10 \times 10^3}{220 \times 0.6} = 75.8 \ A$$

并联电容后
$$I = \frac{P}{U \cos \varphi_2} = \frac{10 \times 10^3}{220 \times 0.9} = 50.5 \ A$$

② 要将功率因数由 0.9 再提高到 1，尚须增加电容

$$C = \frac{P}{\omega U^2}(\tan \varphi_2 - \tan \varphi_3)$$

$$= \frac{10 \times 10^3}{314 \times 220^2}(\tan 25.84° - \tan 0°) = 318 \ \mu F$$

这时线路电流

$$I = \frac{P}{U \cos \varphi_3} = \frac{10 \times 10^3}{220 \times 1} = 45.5 \ A$$

如果将功率因数从 0.9 提高到 1，需要再增加 318 μF 电容，是原有电容值的 57%，但电路电流仅降至 45.5 A，只下降了 9%，因此通常只将功率因数提高到 0.9～0.95。

3.11　认识谐振电路

生活中的谐振电路

由于电感和电容的特性，一般来讲含有 L 和 C 的电路端口电压与电流都会有相位差，但因为电感和电容又是交流电路中性质相反的两种电抗，感抗和容抗又都与频率有关，所以当电源满足某一特定的频率时，就有可能出现电路端口电压与电流同相位的现象。那么通过什么方法能够出现这一现象？出现这一现象时电路会有什么特点？

3.11.1　谐振电路

在含有电感和电容的无源二端交流电路中，当外加电源与电路满足一定条件时就会出现电路两端的电压和其中的电流同相的情况，这种现象称为谐振。这样的 LC 电路叫作谐振电路。谐振电路在电子线路的选频、滤波、倍频等电路中应用很广。而在电气设备中，考虑到设备的耐压和耐冲击的问题，也都与谐振有关。这里我们将讨论有关谐振及谐振的分类以及谐振条件、特点的问题，从相量图出发理解谐振时总电流与分电流、总电压与分电压的关系，并在此基础上介绍了串联谐振和并联谐振的特点。

3.11.2　串联谐振

如图 3-44 所示，电路在正弦电压激励下，如果电路端口电压 u 与电流 i 同相，就称该电路发生了谐振现象。由于 L 和 C 是串联关系，所以叫作串联谐振。那么该电路在满足什么条件时发生串联谐振现象呢？

串联谐振电路分析

图 3-44　串联谐振

1. 谐振条件

因为谐振时电路的电压与电流同相，电路相当于"纯电阻"电路，如图 3 - 44 所示的 *RLC* 串联电路，其复阻抗

$$Z = R + j(X_L - X_C) = R + j\left(\omega L - \frac{1}{\omega C}\right) \qquad (3-21)$$

若 $X_L = X_C$，即可发生谐振，由此得谐振的条件为

$$\omega_0 L = \frac{1}{\omega_0 C}$$

即

$$\omega_0 = \frac{1}{\sqrt{LC}} \qquad (3-22)$$

或

$$f_0 = \frac{1}{2\pi} \frac{1}{\sqrt{LC}} \qquad (3-23)$$

由式（3 - 23）可知，谐振频率是由电路本身的参数 *L*、*C* 决定的，所以又叫电路的固有频率。可见实现电路谐振可用以下两种方法：

① 当外加信号源频率 *f* 一定时，可通过调节电路参数 *L* 或 *C* 实现；

② 当电路参数 *L*、*C* 一定时，可通过改变信号源的频率 *f* 实现。

2. 特性阻抗和品质因数

串联谐振时电路中的感抗和容抗相等，且有

$$\omega_0 L = \frac{1}{\omega_0 C} = \frac{1}{\sqrt{LC}} L = \sqrt{\frac{L}{C}} = \rho \qquad (3-24)$$

ρ 只与电路的 *L*、*C* 有关，叫作特性阻抗，单位为欧姆（Ω）。

谐振时，电路的特性阻抗与电阻之比

$$\frac{\rho}{R} = \frac{\omega_0 L}{R} = \frac{1}{R\omega_0 C} = \frac{1}{R}\sqrt{\frac{L}{C}} = Q \qquad (3-25)$$

式中：*Q* 称为回路的品质因数，由电路参数 *R*、*L*、*C* 决定，是一个无量纲的量。品质因数是谐振回路的重要参数，它表征了电路的损耗，损耗越小，*Q* 值越高。为了提高 *Q* 值，有的电感线圈要用镀银线来绕制，*Q* 值对回路的品质特性影响很大，无线电工程中 *Q* 值一般在 50 ~ 200 之间。谐振时的各种特征都与 *Q* 值有关。

3. 11. 3　串联谐振的特点

① 串联谐振时，电路阻抗最小，端口电压一定时，电路中的电流有效值最大。如图 3 - 44谐振时，电路的复阻抗为一实数，即

$$Z_0 = |Z_0| = \sqrt{R^2 + (X_L - X_C)^2} = R$$

电路中电流有效值

$$I_0 = \frac{U}{|Z_0|} = \frac{U}{\sqrt{R^2 + (X_L - X_C)^2}} = \frac{U}{R} \qquad (3-26)$$

可见，当电压一定时，电路的电流最大。

② 串联谐振时，电感与电容的电压有效值相等，且为端口电压的 Q 倍。

由图 3 - 46 计算电感和电容上的电压大小

$$U_{L0} = I_0 X_L = \frac{U}{R}\omega_0 L = \frac{\omega_0 L}{R}U = QU$$

$$U_{C0} = I_0 X_C = \frac{U}{R} \times \frac{1}{\omega_0 C} = \frac{1}{\omega_0 CR}U = QU$$

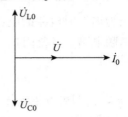

图 3 - 45　串联谐振的相量图

这是因为端口电压 $\dot{U} = \dot{U}_R + \dot{U}_L + \dot{U}_C$，其中 $\dot{U}_{L0}$ 与 $\dot{U}_{C0}$ 反相且大小相等而相互"抵消"，如图 3 - 45 所示，对整个电路 $\dot{U}_{L0} + \dot{U}_{C0} = 0$，$\dot{U} = \dot{U}_R$。考虑到 Q 值一般在 $50 \sim 200$，则串联谐振时 U_{L0} 和 U_{C0} 可能超过总电压的许多倍，所以串联谐振又叫电压谐振。在电路谐振时，即使外加电压不高，在电感 L 和电容 C 上的电压也会远高于外施电压，这是一种非常重要的物理现象，在无线电通信技术中，利用这一特性，可从接收到的具有各种频率分量的微弱信号中，将所需信号取出。但在电力系统中，应尽量避免电压谐振，以防止产生高压而造成事故。

③ 谐振电路的选频特性。

由图 3 - 44 可知回路电流

$$\dot{I} = \frac{\dot{U}}{R + j\left(\omega L - \dfrac{1}{\omega C}\right)}$$

电流的大小

$$I = \frac{U}{\sqrt{R^2 + \left(\omega L - \dfrac{1}{\omega C}\right)^2}} \qquad (3 - 27)$$

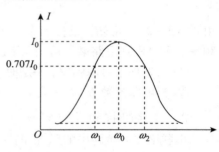

图 3 - 46　电流的谐振曲线

若 L、C、R 及 U 都不改变时，电流 I 将随 ω 发生变化，由式（3 - 27）可作出电流随频率变化的曲线，如图 3 - 46 所示。当电源频率正好等于谐振频率 ω_0 时，电流有一最大值 $I_0 = U/R$，当电源频率向着 $\omega > \omega_0$ 或 $\omega < \omega_0$ 方向偏离谐振频率 ω_0 时，Z 都逐渐增大，电流也逐渐变小至零。这说明只有在谐振频率附近，电路中的电流才有较大值，偏离这一频率，电流值则很小，这一把谐振频率附近的电流选择出来的特性称为频率选择性。谐振回路频率选择性的好坏可用通频带宽度 Δf 来衡量。在谐振频率 f_0 两端，当电流 I 下降至谐振电流 I_0 的 $\dfrac{1}{\sqrt{2}} = 0.707$ 时，所覆盖的频率范围称为通频带 $\Delta f = f_2 - f_1$（$\Delta\omega = \omega_2 - \omega_1$），$\Delta f$ 越小，谐振曲线越尖锐，表明电路的选择性就越好。且有

$$\Delta f = \frac{1}{Q}f_0 \qquad (3 - 28)$$

$$\Delta\omega = \frac{1}{Q}\omega_0 \qquad (3 - 29)$$

由式（3 - 28）和式（3 - 29）可知，通频带与回路的品质因数 Q 成反比，Q 越高通频带越窄，选择性越好，可见 Q 是衡量谐振回路选择性的参数。品质因数 Q 与谐振频率的关系曲线如图 3 - 47 所示。

例 3.24　一个 RLC 串联谐振电路，已知 $C = 100\ \text{pF}$，$R = 10\ \Omega$，端口激励电压 $u =$

$\sqrt{2}\cos(3\pi \times 10^6 t)$ (mV) 。 求: ① 电感元件参数 L ; ② 电路的品质因数 Q ; ③ 通频带 Δf 。

解: 由已知条件得谐振频率 $\omega_0 = 3\pi \times 10^6$ rad/s , 则

$$f_0 = \frac{\omega_0}{2\pi} = 1.5 \text{ MHz}$$

且激励电压有效值 $U = 1$ mV 。

① 由 $\omega_0 = \dfrac{1}{\sqrt{LC}}$ 得

$$L = \frac{1}{\omega_0^2 C} = \frac{1}{(3\pi \times 10^6)^2 \times 100 \times 10^{-12}}$$
$$= 112.6 \ \mu\text{H}$$

② 电路品质因数

$$Q = \frac{\omega_0 L}{R} = \frac{3\pi \times 10^6 \times 112.6 \times 10^{-6}}{10} \approx 106$$

③ 由式(3 – 28)得

$$\Delta f = \frac{1}{Q}f_0 = \frac{1.5 \times 10^6}{106} \approx 14.2 \text{ kHz}$$

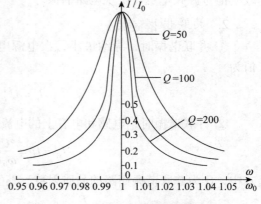

图 3 – 47　通用谐振曲线

3.11.4　并联谐振

1. 并联谐振的条件

并联谐振电路与串联谐振电路的定义类似, 电路两端的电压和端口电流同相时称为谐振, 不同的是电感和电容是并联关系。图 3 – 48 是一种典型的并联谐振电路, 其总导纳

并联谐振电路分析

$$Y = Y_R + Y_L + Y_C = \frac{1}{R} + \frac{1}{jX_L} + \frac{1}{-jX_C} = \frac{1}{R} - j\left(\frac{1}{X_L} - \frac{1}{X_C}\right) = G - jB$$

其导纳模

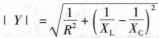

图 3 – 48　并联谐振电路

$$|Y| = \sqrt{\frac{1}{R^2} + \left(\frac{1}{X_L} - \frac{1}{X_C}\right)^2}$$

当 $X_L = X_C$ 时, $|Y| = 1/R$, 电路呈纯电阻性, 电路产生谐振。

由电路谐振的定义得并联谐振的条件是其总导纳的虚部为零, 也就是

$$\omega_0 L = \frac{1}{\omega_0 C}$$

此时发生并联谐振, 由此得谐振频率

$$\omega_0 = \frac{1}{\sqrt{LC}} \tag{3 – 30}$$

或

$$f_0 = \frac{1}{2\pi \sqrt{LC}} \tag{3 – 31}$$

与串联谐振一样, 当信号频率一定时, 可调节 L 、 C 值实现谐振; 当电路参数固定时,

改变信号源频率也可实现电路谐振。

2. 并联谐振特点

① 并联谐振时，导纳最小，在电源电压一定时，总电流最小且与电源电压同相，其值为

$$I_0 = U \mid Y \mid = \frac{U}{R} = I_R$$

② 并联谐振时，电感和电容上的电流相等，且为总电流的 Q 倍，即

$$I_C = I_L = \frac{U}{\omega_0 L} = \frac{U}{R} \times \frac{R}{\omega_0 L} = QI_0$$

式中，Q 为并联谐振回路的品质因数，其值为

$$Q = \frac{R}{\omega_0 L} = \omega_0 CR$$

可见谐振时电感和电容支路上的电流可能远远大于端口电流，所以并联谐振又称电流谐振。由于电感和电容上的电流大小相等、相位相反，故两者可以完全抵消，如图 3 - 49 所示。

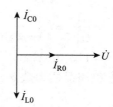

图 3 - 49　并联谐振时电压和电流相量图

3.11.5　电感线圈与电容器并联的谐振电路

实际应用中，常以电感线圈和电容器并联作为谐振电路，其等效电路如图 3 - 50（a）所示。

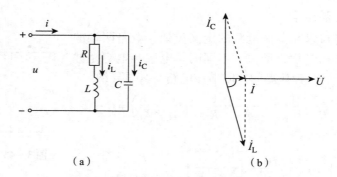

（a）　　　　　　　　　（b）

图 3 - 50　电感线圈与电容器并联谐振
（a）电路图　（b）相量图

电路的导纳

$$Y = \frac{1}{R + j\omega L} + j\omega C = \frac{R}{R^2 + (\omega L)^2} + j\left[\omega C - \frac{\omega L}{R^2 + (\omega L)^2} \right]$$

当满足条件

$$\omega C - \frac{\omega L}{R^2 + (\omega L)^2} = 0$$

电路呈纯电导，电压和电流同相，电路发生谐振。谐振时的角频率

$$\omega_0 = \sqrt{\frac{1}{LC} - \frac{R^2}{L^2}} = \frac{1}{\sqrt{LC}} \sqrt{1 - \frac{R^2 C}{L}} \qquad (3 - 32)$$

或

$$f_0 = \frac{1}{2\pi} \frac{1}{\sqrt{LC}} \sqrt{1 - \frac{CR^2}{L}} \qquad (3-33)$$

由式（3-32）可见，电路的谐振频率完全由电路参数决定，实际电路中一般 $\frac{R^2 C}{L} \ll 1$，因此

该并联谐振电路的近似条件为 $\frac{1}{\omega_0 L} = \omega_0 C$，即 $\omega_0 \approx \frac{1}{\sqrt{LC}}$。

思考讨论 >>>

1. 什么是串联谐振？串联谐振有哪些特征？什么是并联谐振？并联谐振有哪些特征？

2. 串联谐振的特性阻抗和品质因数是什么？品质因数对谐振曲线有什么影响？

3. RLC 串联电路接到电压 $U = 10$ V，$\omega = 10^4$ rad/s 的
电源上，调节电容 C 使电路中电流达到最大值 100 mA，这
时电容上的电压为 600 V，求 R、L、C 的值及电路的品质
因数 Q。

4. 图 3-51 所示，电路在发生谐振时，电流表 A_1 的
读数为 15 A，A_3 的读数为 9 A，求 A_2 的读数为多少？

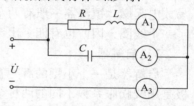

图 3-51　题 4 图

3.12　日光灯电路的连接与测试

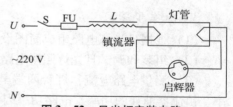

日光灯电路
连接与测试

日光灯电路由哪些附件组成，它们是如何连接的；电路中电源、灯管、
镇流器两端的电压遵从什么规律。

1. 日光灯的组成与原理

日光灯电路主要由日光灯管、镇流器、启辉器
等元件组成，其安装电路如图 3-52 所示，

接通电源时，电源电压同时加到灯管和启辉器
的两极上。对灯管来说，此电压太低，不足以使其
放电；但对启辉器来说，此电压可以使它产生辉光

图 3-52　日光灯安装电路

放电。启辉器中双金属片因放电受热膨胀，动触片与静触片接触，于是有电流流过镇流
器、灯丝和启辉器，结果一方面，灯丝受到预热；另一方面启辉器内辉光放电停止，双金
属片冷却。经 1~3s 后，启辉器两触片分开，使电路中电流突然中断，于是镇流器（一个
带有铁芯的电感线圈）中产生一个瞬间的高电压，此电压与电源电压叠加后加在灯管两
端，将管内气体击穿而产生弧光放电。放电产生热量又使灯管内水银气体电离而导电，从
而发出大量紫外线，激发管壁上的荧光粉发出日光色的可见光。由于镇流器的存在，灯管
两端的电压比电源电压低得多（具体数值与灯管功率有关，一般在 50~100V 的范围内），
不足以使启辉器放电，其触点不再闭合。由此可见，启辉器相当于一个自动开关的作用，
而镇流器在启动时产生高电压的作用，在启动前灯丝预热瞬间及启动后灯管工作时起限流

作用。

1）灯管

日光灯管是一根玻璃管，内壁涂有一层荧光粉（钨酸镁、钨酸钙、硅酸锌等），不同的荧光粉可发出不同颜色的光。灯管内充有稀薄的惰性气体（如氩气）和水银蒸气，灯管两端有由钨制成的灯丝，灯丝涂有受热后易于发射电子的氧化物。

当灯丝有电流通过时，使灯管内灯丝发射电子，还可使管内温度升高，水银蒸发。这时，若在灯管的两端加上足够的电压，就会使管内氩气电离，从而使灯管由氩气放电过渡到水银蒸气放电。放电时发出不可见的紫外光线照射在管壁内的荧光粉上面，使灯管发出各种颜色的可见光线。

2）镇流器

镇流器是与日光灯管相串联的一个元件，实际上是绕在硅钢片铁芯上的电感线圈，其感抗值很大。镇流器的作用是：①限制灯管的电流；②产生足够的自感电动势，使灯管容易放电起燃。镇流器一般有两个出头，但有些镇流器为了在电压不足时容易起燃，就多绕了一个线圈，因此也有四个出头的镇流器。

3）启辉器

启辉器是一个小型的辉光管，在小玻璃管内充有氖气，并装有两个电极。其中一个电极是用线膨胀系数不同的两种金属组成（通常称双金属片），冷态时两电极分离，受热时双金属片会因受热而变弯曲，使两电极自动闭合。

4）电容器

日光灯电路由于镇流器的电感量大，功率因数很低，在 0.5 ~ 0.6。为了改善线路的功率因数，故要求用户在电源处并联一个适当大小的电容器，以提高功率因数。

2. 工具、仪器及材料

工具、仪器：万用表、功率表、电工实验台。

材料：日光灯、导线。

3. 操作步骤

（1）根据日光灯电路组成简图设计实验电路图；

（2）组装和调试日光灯照明电路；

（3）测量电路电流，灯管两端电压、镇流器两端电压及负载总功率，灯管消耗的功率、镇流器消耗的功率，电路功率因数等。

（4）分析如何提高电路功率因数；通过数据分析说明，用并联电容器的方法是否可以提高功率因数。

4. 总结与思考

对于日光灯电路的连接与测量进行总结，思考为什么灯管电压加镇流器的电压不等于电源电压？

思考讨论 >>>

1. 图 3 - 53 是日光灯的线路图，请正确连线。

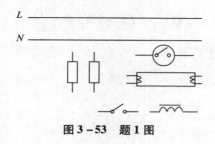

图 3 – 53　题 1 图

2. 什么是功率因数？为什么要提高它？

3. 在负载的两端并联电阻，是否能提高感性负载的功率因数？为什么？

小　结

1. 正弦量和相量

① 随时间按正弦规律变化的电压、电流统称正弦量。以正弦电压为例，在确定的参考方向下它的解析表达式为

$$u = U_{m}\sin(\omega t + \varphi_2) = U\sqrt{2}\sin(2\pi ft + \varphi_2)$$

其中：振幅值 U_m 值（或有效值 U）、角频率 ω（或频率 f 或周期 T）、初相 φ_2 是正弦量的三要素。即正弦量的三要素确定了，正弦量就唯一确定。

② 以正弦量的有效值（最大值）为模，正弦量的初相角为幅角得到的与正弦量一一对应的复数为相量。

有效值相量　　　　　　　　　　　$\dot{U} = U \angle \varphi_2$

最大值相量　　　　　　　　　　　$\dot{U}_m = U_m \angle \varphi_2$

2. 单一参数交流电路特性

① 纯电阻电路。

$\dot{U} = R\dot{I}$　　　　　　电压与电流同相

有功功率　　　　　　　　　　$P = UI = I^2 R = \dfrac{U^2}{R}$

无功功率　　　　　　　　　　$Q = 0$

② 纯电感电路。

$\dot{U} = jX_L\dot{I}$　　　　　电压超前电流 90°

有功功率　　　　　　　　　　$P = 0$

无功功率　　　　　　　　　　$Q = UI = I^2 X_L = \dfrac{U^2}{X_L}$

③ 纯电容电路。

$\dot{U} = -jX_C\dot{I}$　　　　电压滞后电流 90°

有功功率　　　　　　　　　　$P = 0$

无功功率 $\qquad Q = -UI = -I^2 X_C = -\dfrac{U^2}{X_C}$

3. 相量形式的基尔霍夫定律

① KCL：$\sum \dot{I} = 0$。

② KVL：$\sum \dot{U} = 0$。

4. 复阻抗与复导纳

① 对无源二端网络或元件。

电路的复阻抗 $\qquad Z = \dfrac{\dot{U}}{\dot{I}} = |Z| \angle \varphi$

复导纳 $\qquad Y = \dfrac{\dot{I}}{\dot{U}} = |Y| \angle \varphi'$

在同一个电路中，$\varphi' = -\varphi$。

② 对 *RLC* 串联电路。

复阻抗 $\qquad Z = R + \mathrm{j}(X_L - X_C)$

5. 功率和功率因数

无源二端网络的功率：

有功功率 $\qquad P = UI\cos\varphi$

无功功率 $\qquad Q = UI\sin\varphi$

视在功率 $\qquad S = \sqrt{P^2 + Q^2} = UI$

其中，U 为电路端口的电压有效值；I 为端口电流有效值；φ 为无源二端网络的阻抗角，也等于端口电压与电流相位差。$\lambda = \cos\varphi$ 为电路的功率因数。

6. 谐振

1）*RLC* 串联谐振电路

① 谐振频率

$$\omega_0 = \frac{1}{\sqrt{LC}} \quad 或 \quad f_0 = \frac{1}{2\pi\sqrt{LC}}$$

② 谐振特点

$$Z_0 = R \text{（最小）}$$

$$\dot{I}_0 = \frac{\dot{U}}{R}$$

$$\dot{U} = \dot{U}_R$$

$$U_{L0} = U_{C0} = QU$$

2）*RLC* 并联谐振电路

① 谐振频率

$$\omega_0 = \frac{1}{\sqrt{LC}} \text{ rad/s} \quad 或 \quad f_0 = \frac{1}{2\pi\sqrt{LC}}$$

② 谐振特点

$$Y = \frac{1}{R} = G$$

$$I_0 = \frac{U}{|Z|} = \frac{U}{R} = I_R$$

$$I_C = I_L = QI_0$$

3）电感线圈和电容器并联的谐振电路谐振频率

$$\omega_0 \approx \frac{1}{\sqrt{LC}}$$

习 题 3

一、选择题

1. 人们常说的交流电压 220 V 是指交流电压的 （　　）。
   A. 最大值　　　　　 B. 有效值　　　　　 C. 瞬时值　　　　　 D. 平均值

2. 已知正弦交流电压 $u = 100 \sin(2\pi t + 60°)$ V，其频率为 （　　）。
   A. 50 Hz　　　　　 B. 2π Hz　　　　　 C. 1 Hz　　　　　 D. 0.02 Hz

3. 正弦交流电压的初相角 $\varphi = -\pi/6$，在 $t = 0$ 时其瞬时值将 （　　）。
   A. 大于零　　　　　 B. 小于零　　　　　 C. 等于零　　　　　 D. 不确定

4. 与电流相量 $\dot{I} = 4 + j3$ 对应的正弦电流可写作 $i =$ （　　） A。
   A. $5\sin(\omega t + 53.1°)$ 　　　　　　　　 B. $5\sin(\omega t + 36.9°)$
   C. $5\sqrt{2}\sin(\omega t + 53.1°)$ 　　　　　 D. $5\sqrt{2}\sin(\omega t + 36.9°)$

5. 用幅值（最大值）相量表示正弦电压 $u = 537\sin(\omega t - 90°)$ V 时，可写作 $\dot{U}_m =$ （　　） V。
   A. $537 \angle -90°$ 　　　　　　　　　　 B. $537 \angle 90°$
   C. $537\sqrt{2} \angle 90°$ 　　　　　　　　 D. $537\sqrt{2} \angle -90°$

6. 已知两正弦交流电流 $i_1 = 5\sin(314t + 60°)$ A，$i_2 = 5\sin(314t - 60°)$ A，则二者的相位关系是 （　　）。
   A. 同相　　　　　 B. 反相　　　　　 C. 相差 120°　　　　　 D. 无法确定

7. 如题 1 - 7 图所示的矢量图中，交流电压 u_1 与 u_2 的相位关系是 （　　）。
   A. $\dot{U}_1$ 比 $\dot{U}_2$ 超前 75°
   B. $\dot{U}_1$ 比 $\dot{U}_2$ 滞后 75°
   C. $\dot{U}_1$ 比 $\dot{U}_2$ 超前 30°
   D. 无法确定

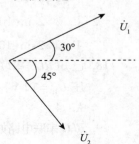

题 1 - 7 图

8. 已知正弦交流电 $u_1 = 50\sin(20t + \pi/3)$ V，$u_2 = 100\sin(10t + \pi/6)$ V，它们的相位差是 （　　）。

A. π/6   B. −π/6   C. 0   D. 无固定相位差

9. 已知一正弦交流电流当 $t=0$ 时的瞬时值为 1 A，初相位为 30°，则该电流的有效值为（   ）A。

     A. 0.5   B. 1   C. 1.414   D. 2

10. 正弦交流电通过电阻元件时，下列关系式正确的是（   ）。

     A. $i = \dfrac{U_R}{R}\sin \omega t$ B. $i = \dfrac{U_R}{R}$ C. $I = \dfrac{U_R}{R}$ D. $i = \dfrac{U_R}{R}\sin(\omega t + \varphi)$

11. 已知正弦交流电流为 $i(t) = 4\sin(314t - \pi/4)$ A，当它通过 $R = 2\ \Omega$ 的电阻时，该电阻消耗的功率为（   ）W。

     A. 32   B. 8   C. 10   D. 16

12. 纯电感电路中，已知电流的初相角为 −60°，则电压的初相角为（   ）。

     A. 30°   B. 60°   C. 90°   D. 120°

13. 加在感抗为 100 Ω 的纯电感两端的电压 $u_c = 100\sin(\omega t + \pi/3)$ V，则通过它的电流应是（   ）A。

     A. $i_c = \sin(\omega t + \pi/3)$ B. $i_c = \sqrt{2}\sin(\omega t + \pi/6)$

     C. $i_c = \sqrt{2}\sin(\omega t + \pi/3)$ D. $i_c = \sin(\omega t - \pi/6)$

14. 两纯电感串联，$X_{L1} = 10\ \Omega$，$X_{L2} = 15\ \Omega$，下列结论正确的是（   ）。

     A. 总电感为 25 H   B. 总感抗 $X_L = \sqrt{X_{L1}^2 + X_{L2}^2}$

     C. 总感抗为 25 Ω   D. 总感抗随交流电频率增大而减小

15. 某电感线圈，接入直流电，测出 $R = 12\ \Omega$；接入工频交流电，测出阻抗为 20 Ω，则线圈的感抗为（   ）Ω。

     A. 32   B. 20   C. 16   D. 8

16. 加在容抗为 100 Ω 的纯电容两端的电压 $u_c = 100\sin(\omega t - \pi/3)$ V，则通过它的电流应是（   ）A。

     A. $i_c = \sin(\omega t + \pi/3)$ B. $i_c = \sin(\omega t + \pi/6)$

     C. $i_c = \sqrt{2}\sin(\omega t + \pi/3)$ D. $i_c = \sqrt{2}\sin(\omega t + \pi/6)$

17. 电路如题 1−17 图所示，已知 $u = 10\sin 10^3 t$ V，$R = 3\ \Omega$，$L = 4$ mH，则电流 i 等于（   ）A。

     A. $2\sin(10^3 t - 53.1°)$

     B. $2\sin(10^3 t + 53.1°)$

     C. $2\sqrt{2}\sin(10^3 t - 53.1°)$

     D. $2\sqrt{2}\sin(10^3 t + 53.1°)$

题 1−17 图

18. 已知 RLC 串联电路端电压 $U = 20$ V，各元件两端电压 $U_R = 12$ V，$U_L = 16$ V，$U_C =$（   ）V。

     A. 4   B. 12   C. 28   D. 32

19. RLC 串联电路如题 1−19 图所示，求 ab 两端的等效复阻抗 $z =$（   ），电路呈（   ）。

     A. 5 + 5j；容性   B. $5\sqrt{2}\angle 45°$；感性

     C. 5 − 5j；感性   D. $5\sqrt{2}\angle 45°$；容性

20. 如题 1 - 20 图所示为一正弦交流电路的一部分，电流表 A 的读数是 10 A，电流表 A_1 的读数是 6 A，则电路中电流表 A_2 的读数是（　　　）A。

  A. 4　 B. 8　 C. 16　 D. 12

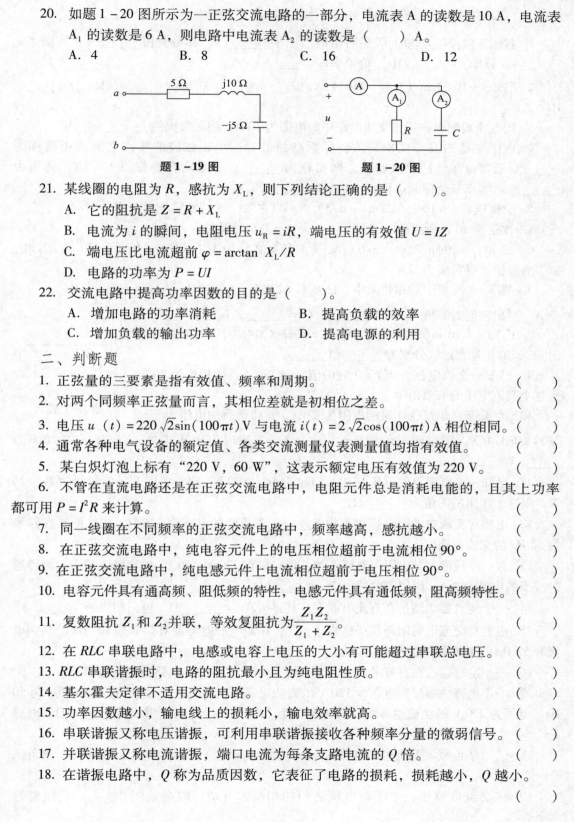

    题 1 - 19 图　 题 1 - 20 图

21. 某线圈的电阻为 R，感抗为 X_L，则下列结论正确的是（　　　）。

  A. 它的阻抗是 $Z = R + X_L$

  B. 电流为 i 的瞬间，电阻电压 $u_R = iR$，端电压的有效值 $U = IZ$

  C. 端电压比电流超前 $\varphi = \arctan X_L / R$

  D. 电路的功率为 $P = UI$

22. 交流电路中提高功率因数的目的是（　　　）。

  A. 增加电路的功率消耗　 B. 提高负载的效率

  C. 增加负载的输出功率　 D. 提高电源的利用

二、判断题

1. 正弦量的三要素是指有效值、频率和周期。　 （　　　）

2. 对两个同频率正弦量而言，其相位差就是初相位之差。　 （　　　）

3. 电压 $u(t) = 220\sqrt{2}\sin(100\pi t)$ V 与电流 $i(t) = 2\sqrt{2}\cos(100\pi t)$ A 相位相同。（　　　）

4. 通常各种电气设备的额定值、各类交流测量仪表测量值均指有效值。　 （　　　）

5. 某白炽灯泡上标有 "220 V，60 W"，这表示额定电压有效值为 220 V。　（　　　）

6. 不管在直流电路还是在正弦交流电路中，电阻元件总是消耗电能的，且其上功率都可用 $P = I^2 R$ 来计算。　 （　　　）

7. 同一线圈在不同频率的正弦交流电路中，频率越高，感抗越小。　 （　　　）

8. 在正弦交流电路中，纯电容元件上的电压相位超前于电流相位 90°。　（　　　）

9. 在正弦交流电路中，纯电感元件上电流相位超前于电压相位 90°。　 （　　　）

10. 电容元件具有通高频、阻低频的特性，电感元件具有通低频，阻高频特性。（　　　）

11. 复数阻抗 Z_1 和 Z_2 并联，等效复阻抗为 $\dfrac{Z_1 Z_2}{Z_1 + Z_2}$。　 （　　　）

12. 在 RLC 串联电路中，电感或电容上电压的大小有可能超过串联总电压。（　　　）

13. RLC 串联谐振时，电路的阻抗最小且为纯电阻性质。　 （　　　）

14. 基尔霍夫定律不适用交流电路。　 （　　　）

15. 功率因数越小，输电线上的损耗小，输电效率就高。　 （　　　）

16. 串联谐振又称电压谐振，可利用串联谐振接收各种频率分量的微弱信号。（　　　）

17. 并联谐振又称电流谐振，端口电流为每条支路电流的 Q 倍。　 （　　　）

18. 在谐振电路中，Q 称为品质因数，它表征了电路的损耗，损耗越小，Q 越小。

                  （　　　）

三、填空题

1. 我国工农业生产和生活照明用电电压是_____ V，其最大值_____ V；周期 $T = $ _____ s，频率 $f = $ _____ Hz，角频率 $\omega = $ _____ rad/s。

2. 已知 $i = 10\sqrt{2}\sin(314t - 240°)$ A，则 $I_m = $ _____ A、$\omega = $ _____ rad/s、$f = $ _____ Hz、$T = $ _____ s。

3. 用电流表测得一正弦交流电路中的电流为 10 A，则其最大值 $I_m = $ _____ A。

4. 在正弦量的波形图中，从坐标原点到最近一个正弦波的零点之间的距离称为_____。若零点在坐标原点右方，则初相为_____；若零点在坐标原点左方，初相为_____；若零点与坐标原点重合，初相为_____。

5. 交流电流 $i = 10\sin(100\pi t + \pi/3)$ A，当它第一次达到零值时所需的时间为_____ s；第一次达到 10 A 所需的时间为_____ s；$t = T/6$ 时瞬时值 $i = $ _____ A。

6. 已知 $i_1 = 20\sin(314t - \pi/6)$ A，i_2 的有效值为 10 A，周期与 i_1 相同，且 i_2 与 i_1 反相，则 i_2 的解析式可写成为 $i_2 = $ _____ A。

7. 题 3-7 图所示的相量图中，已知 $U = 220$ V，$I_1 = 10$ A，$I_2 = 5\sqrt{2}$ A，写出它们的解析式。$\dot{U} = $ _____；$\dot{I}_1 = $ _____；$\dot{I}_2 = $ _____。

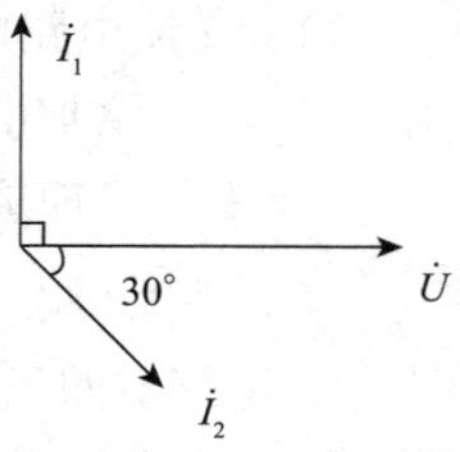

8. 已知 $i_1 = 10\sin(314t + 45°)$ A，$i_2 = 15\cos(314t - 30°)$ A，试写出 i_1、i_2 的相量表达式分别为_____和_____。

9. 已知一交流电压，当 $t = 0$ 时的值 $u_0 = 110$ A，初相位为 30°，则这个交流电压的有效值为_____ V。

题 3-7 图

10. 已知某白炽灯工作时的电阻为 22 Ω，其两端所加电压为 $u = 220\sqrt{2}\sin314t$ V，则电流有效值 $I = $ _____ A，其瞬时值表达式为_____，有功功率为_____ W。

11. 已知一个电阻上的电压 $u = 14.1\sin(314t - 90°)$ V，测得电阻上所消耗的功率为 20 W，则这个电阻的阻值为_____ Ω。

12. 电感对交流电的阻碍作用称为_____。若线圈的电感为 0.6 H，把线圈接在频率为 50 Hz 的交流电路中，$X_L = $ _____ Ω。

13. 有一个线圈，其电阻可忽略不计，把它接在 220 V、50 Hz 的交流电源上，测得通过线圈的电流为 2 A，则线圈的感抗 $X_L = $ _____ Ω。

14. 一个纯电感线圈接在直流电源上，其感抗 $X_L = $ _____ Ω，电路相当于_____。

15. 电容对交流电的阻碍作用称为_____。100 pF 的电容器对频率是 10^6 Hz 的高频电流和 50 Hz 的工频电流的容抗分别为_____ Ω 和_____ Ω。

16. 一个电容器接在直流电源上，其容抗 $X_C = $ _____ Ω，电路稳定后相当于_____。

17. 一个电感线圈接到电压为 120 V 的直流电源上，测得电流为 20 A；接到频率为 50 Hz、电压为 220 V 的交流电源上，测得电流为 22 A，则线圈的电阻 R 为_____ Ω，电感 $L = $ _____ mH。

18. 已知某负载 z 上流过的电流为 $i = 10\sin(\omega t + 90°)$，$u = 20\cos(\omega t + 60°)$，求负载 $z = $ _____。

19. 在交流电路中，电压与电流之间的相位差（Φ）的余弦叫作_____，用符号

_____表示，一般记作_____。

20. 在工业设备使用中，为了提高感性负载的功率因数，通常可以在负载两端并联_____实现。

21. 谐振电路中，Q 称为_____，是由电路的_____决定的，表征电路的_____，损耗越小，Q 的值_____。

22. 谐振电路可分为_____和_____两种。

四、计算分析题

1. 写出题 4-1 图所示电压曲线的解析式。

2. 三个正弦电流 i_1、i_2 和 i_3 的最大值分别为 1 A、2 A、3 A，已知 i_2 的初相为 30°，i_1 较 i_2 超前 60°，较 i_3 滞后 150°，试分别写出三个电流的解析式。

3. 已知 $u_1 = 311\sin(314t + 120°)$（V），$u_2 = 311\cos(314t - 30°)$（V）。

① 画出 u_1、u_2 的波形；

② 写出 u_1、u_2 的相量式并画出 u_1、u_2 的相量图；

③ 计算 u_1、u_2 的相位差并说明其相位关系；

④ 用相量求 u_1 和 u_2 的和。

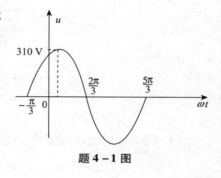

题 4-1 图

4. 已知正弦量 $\dot{I} = (-4 + j3)$（A），$\dot{U} = (4 - j3)$（A）。

① 写出它们的瞬时表达式（角频率为 ω）；

② 在同一坐标内画出它们的波形图，并说明它们的相位关系。

5. 已知在 10 Ω 的电阻上通过的电流 $i_1 = 5\sin\left(314t - \dfrac{\pi}{6}\right)$（A），试求电阻上的电压及电阻消耗的功率，并作出电压与电流的相量图。

6. 在 $R = 11$ Ω 的电阻两端，加上电压 $u_R = 220\sqrt{2}\sin(314t - 60°)$（V），写出流过电阻的电流瞬时值表达式并作电压与电流的相量图。

7. 电感 $L = 0.2$ H，$u_L = 311\sin(314t - 60°)$（V）。求：（1）电流 I 及 i；（2）有功功率 P 及无功功率 Q；（3）作出电压与电流的相量图。

8. 一个 $C = 50$ μF 的电容接于 $u = 220\sqrt{2}\sin(314t + 60°)$（V）的电源上，求其上的电流 i_C 及无功功率 Q_C，并绘出电流和电压的相量图。

9. 有一 RL 串联电路，电阻 $R = 40$ Ω，感抗 $X_L = j30$ Ω，外加电压 $u = 141\sin(\omega t + 60°)$（V）。求：① 电流的相量式及解析式；② 电阻上电压及电感上电压的相量式及解析式；③ 作出电压与电流的相量图。

10. 荧光灯电路可以看成是一个 RL 串联电路，若已知灯管电阻为 300 Ω，镇流器感抗为 520 Ω，电源电压为 220 V，初相为 0。（1）求电路中的电流；（2）求灯管两端和镇流器两端的电压；（3）求电流和端电压的相位差；（4）画出电流、电压的矢量图。

11. 在题 4-11 图所示电路中，$u_i = 311\sin 314t$（V），$X_C = 10$ Ω，输出电压 u_o 滞后输入电压 u_i 45°，计算电阻 R。

12. 如题 4-12 图所示电路，已知电流表 A_1、A_2 的读数均为 20 A，求电路中电流表 A 的读数。

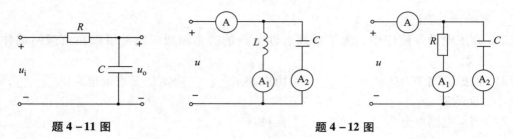

题 4 –11 图　　　　　　　　　　题 4 –12 图

13. 题 4 –13 图所示电路中，$U_1 = 4$ V，$U_2 = 6$ V，$U_3 = 3$ V，问 U 等于多少？

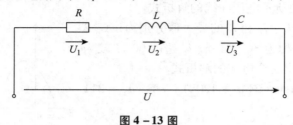

图 4 –13 图

14. 题 4 –14 图所示电路中，已知电压表 V_1、V_2 的读数为 50 V，求电路中电压表 V 的读数。

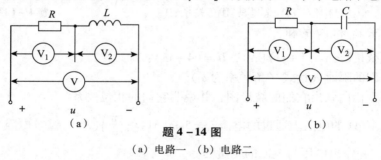

　　　　（a）　　　　　　　　　　　　（b）
题 4 –14 图
（a）电路一　（b）电路二

15. 在 RLC 串联电路中，已知 $R = 30$ Ω、$L = 40$ mH，$C = 100$ μF，$\omega = 1\,000$ rad/s，$\dot{U}_L = 10\angle 0°$ V。试求：① 电路的阻抗 Z；② 电流 $\dot{I}$ 和电压 $\dot{U}_R$、$\dot{U}_C$ 及 $\dot{U}$；③ 电路的有功功率和无功功率。

16. 电路如题 4 –16 图所示，已知电压 $\dot{U} = 100\angle 0°$V，$Z_0 = 5 + 10j$ Ω，负载阻抗 $Z_L = 5$ Ω，试求负载两端的电压和负载的功率。

17. 一电阻 R 与一线圈串联电路如题 4 –17 图所示，已知 $R = 28$ Ω，测得 $I = 4.4$ A，$U = 220$ V，电路总功率 $P = 580$ W，频率 $f = 50$ Hz，求线圈的参数 r 和 L。

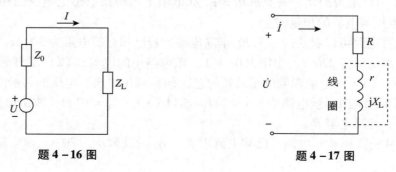

题 4 –16 图　　　　　　　题 4 –17 图

18. RLC 串联电路中，已知 $R = 10\ \Omega$，$X_L = 5\ \Omega$，$X_C = 15\ \Omega$，电源电压 $u = 200 \sin(\omega t + 30°)(\text{V})$。求：（1）此电路的复阻抗 Z，并说明电路的性质；（2）电流 $\dot{I}$ 和电压 $\dot{U}_R$、$\dot{U}_L$ 及 $\dot{U}_C$；（3）绘出电压、电流相量图。

19. RLC 串联电路中，已知 $R = 10\ \Omega$，$X_L = 15\ \Omega$，$X_C = 5\ \Omega$，电流 $\dot{I} = 2\angle 30°$ A。试求：（1）总电压 $\dot{U}$；（2）功率因数 $\cos\varphi$；（3）该电路的功率 P、Q、S。

20. 电路如题 4-20 图所示，若电源电压 $\dot{U} = 100\angle -30° \ 220\angle 0°$ V，试求：（1）复阻抗的大小，电路是什么性质？（2）求电流 $\dot{I}$、$\dot{U}_1$、$\dot{U}_2$，并绘出相量图。

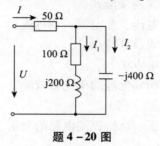

题 4-20 图

21. 一感性负载与 220 V、50 Hz 的电源相接，其功率因数为 0.6，消耗功率为 5 kW，若要把功率因数提高到 0.9，应加接什么元件？其元件值的大小？

22. 收音机的输入调谐回路为 RLC 串联谐振电路，当电阻为 20 Ω，电容为 160 pF，电感为 250 μH，求谐振频率和品质因数。

23. 在 RLC 串联谐振电路中，已知信号源电压为 1 V，频率为 1 MHz，现调节电路使其达到谐振状态，测得其电流为 100 mA，电容两端电压为 100 V，求电路元件 R、L、C 的大小，回路的品质因数。

24. 在电感线圈与电容的并联谐振电路中，已知电阻 50 Ω，电感为 0.25 mH，电容为 10 pF，求电路的谐振频率，谐振时的阻抗和品质因数。

25. 在电感线圈与电容的并联谐振电路中，若已知谐振阻抗为 10 kΩ，电感为 0.02 mH，电容为 200 pF，求电阻和电路的品质因数。

第4章　三相交流电路的分析

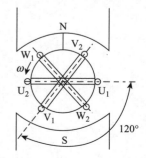
三相电源的
表示方法

学习目标

（1）了解三相电源的特点及其连接形式。
（2）了解什么是线电压、相电压、线电流、相电流。
（3）了解三相电路的连接方式及其特点。
（4）学会分析三相电路的基本方法。
（5）理解中线的作用，能判断和处理简单电路故障。
（6）学会三相负载的功率测量。
（7）学会三相异步电动机的正、反转控制电路的分析。

4.1　三相交流电源

电能是现代化生产、管理及生活的主要能源，电能的生产、传输、分配和使用等许多环节构成一个完整的系统，称为电力系统。在现代电力系统中普遍采用三相交流电源供电，这是因为三相制输电比单相制输电可大大节省输电线有色金属的消耗量，即输电成本较低；三相交流电动机比单相交流电动机性能好、经济效益高。这些由三相电源供电的电路称为三相交流电路，简称三相电路。事实上三相电路是一种特殊的正弦电路，关于正弦电路的一整套分析方法完全适用于三相电路，其特殊性就在于三相电源。那么什么样的电源是三相交流电源呢？

4.1.1　三相交流电源

三相电源通常是指三个频率相同、幅值相同、相位依次相差120°的正弦电压源，也称三相对称电源。三相交流电动势是由三相交流发电机产生的，它是在单相交流发电机的基础上发展而来的，如图4-1所示，在发电机定子（固定不动的部分）上嵌放了三组结构完全相同的线圈 U_1U_2、V_1V_2、W_1W_2（通称绕组），这三相绕组在空间位置上各相差120°，分别称为U相、V相和W相（或A相、B相和C相），U_1、V_1、W_1 三端称为首端，U_2、V_2、W_2 称为末端。工厂或企业配电站或厂房内的三相电源线（用裸铜排时）一般用黄、绿、红分别代表U、V、W三相。

当转子磁极由原动机拖动作匀速转动时，三相定子绕组即切割转子磁场而感应出三相交流电动势。由于三相绕组在空间各相差120°，因此三相绕组中感应出的三个交流电动势在相位

**图4-1　三相交流发电机
原理图**

上也相差 120°。根据法拉第电磁感应定律，这三个电动势的瞬时表达式为

$$\begin{cases} e_U = E_m \sin \omega t \\ e_V = E_m \sin(\omega t - 120°) \\ e_W = E_m \sin(\omega t - 240°) \end{cases}$$

其特点是大小相等、频率相同、相位依次互差 120°，这样一组电源就称为对称三相正弦交流电源。

4.1.2　三相电源电压的表示方法

对称三相正弦电源的电压参考方向如图 4 - 2 所示，规定各项绕组的始端为电压的"正"极，末端为"负"极，三相的电压分别为 u_A、u_B、u_C，则 A 相、B 相、C 相的电压可表示为

$$u_A = \sqrt{2}U \sin \omega t$$
$$u_B = \sqrt{2}U \sin(\omega t - 120°)$$
$$u_C = \sqrt{2}U \sin(\omega t + 120°)$$

其三角函数波形如图 4 - 3 所示。

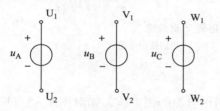

图 4 - 2　三相电源电压

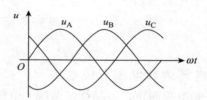

图 4 - 3　三相电压波形图

此外，也可表示为相量形式，即

$$\dot{U}_A = U \angle 0° = U$$
$$\dot{U}_B = U \angle -120° = U\left(-\frac{1}{2} - j\frac{\sqrt{3}}{2}\right)$$
$$\dot{U}_C = U \angle 120° = U\left(-\frac{1}{2} + j\frac{\sqrt{3}}{2}\right)$$

其相量图如图 4 - 4 所示。

由相量图很容易看出

$$\dot{U}_A + \dot{U}_B + \dot{U}_C = 0$$

即

$$u_A + u_B + u_C = 0$$

其相量或瞬时值之和恒为零，称为对称三相电压，即电压的大小、频率都相同，唯一不同的是相位。也就是说，三个电压达到峰值的时刻不同，这种先后顺序称为相序，如图 4 - 3 所示，三

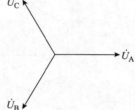

图 4 - 4　三相电压相量图

相电压达到正峰值的顺序是 $u_A \rightarrow u_B \rightarrow u_C \rightarrow u_A$，这样的顺序称为正序；相反，若顺序是 $u_A \rightarrow u_C \rightarrow u_B \rightarrow u_A$，则称为负序。在实际工作中，相序是个非常重要的概念，改变三相电源的相序时，会使三相电动机改变旋转方向。三相电源按照一定方式连接就能向负载提供所需电压了。

4.1.3 三相电源的 Y 形连接

三相电源的星型连接　　　三相交流正弦电源

1. 相线与中线

发电机三相绕组的接法如图 4 – 5（a）所示，将三个绕组的末端连在一起，这个连接点称为中性点或零点，用 N 表示，导线从三个绕组的始端引出，这种连接方式称为三相电源的 Y 形连接。其中，从三相绕组的始端 A、B、C 引出的三根导线称为相线（火线或端线），从中性点引出的导线称为中线（中性线或零线）。电源的这种供电方式称为三相四线制，能够向外提供两种电压，即相电压与线电压。

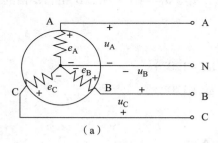
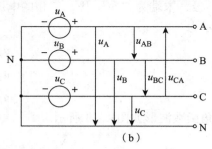

（a）　　　　　　　　　　　　　　　　　（b）

图 4 – 5　三相电源 Y 形连接

（a）三相绕组的接法　（b）三相四线制电路

2. 电源的相电压与线电压

对三相电源而言，各相绕组两端的电压叫作电源的相电压，如对图 4 – 5（b）所示的三相四线制电路来说，相电压就是相线与中线之间的电压 u_A、u_B、u_C；两根端线间的电压 u_{AB}、u_{BC}、u_{CA} 称为线电压。相电压和线电压之间的关系通过下面的任务测试来看一下。

3. 相电压与线电压之间的关系

如图 4 – 6（a）所示，由电压的定义可知

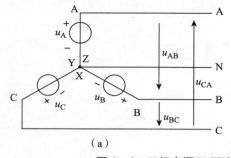
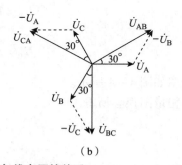

（a）　　　　　　　　　　　　（b）

图 4 – 6　三相电源 Y 形连接相电压与线电压的关系

（a）电路图　（b）相量图

$$\begin{cases} u_{AB} = u_A - u_B \\ u_{BC} = u_B - u_C \\ u_{CA} = u_C - u_A \end{cases}$$

对应的相量式

$$\begin{cases} \dot{U}_{AB} = \dot{U}_A - \dot{U}_B \\ \dot{U}_{BC} = \dot{U}_B - \dot{U}_C \\ \dot{U}_{CA} = \dot{U}_C - \dot{U}_A \end{cases}$$

由此可得，线电压与相电压的相量图如图 4-6（b）所示。

① 数量关系：$U_{线} = \sqrt{3}U_{相}$。

② 相位关系：线电压在相位上超前与之相对应的相电压 30°，即

$$\dot{U}_{AB} = \sqrt{3}\dot{U}_A \angle 30°$$

$$\dot{U}_{BC} = \sqrt{3}\dot{U}_B \angle 30°$$

$$\dot{U}_{CA} = \sqrt{3}\dot{U}_C \angle 30°$$

可见线电压也是一组对称三相正弦量。

例 4.1　一台同步发电机定子三相绕组星形连接，带负载运行时，三相电压对称，线电压 $u_{AB} = 6\,300\sqrt{2}\sin 100\pi t\,(V)$，试写出三相电压的解析式。

解：因为电源为星形连接，所以相电压的有效值

$$U_p = \frac{U_1}{\sqrt{3}} = \frac{U_{AB}}{\sqrt{3}} = \frac{6\,300}{\sqrt{3}} = 3\,637.\,3\ V$$

又因为相电压在相位上滞后于相应的线电压 30°，所以 A 相电压的解析式为

$$u_A = \sqrt{2}U_p\sin(\omega t + \varphi_A) = 3\,637.\,3\sqrt{2}\sin(100\pi t - 30°)\,(V)$$

根据电压的对称性，B 相电压滞后于 A 相电压 120°，C 相电压滞后于 B 相电压 120°，因此 B、C 相的相电压解析式分别为

$$u_B = 3\,637.\,3\sqrt{2}\sin(100\pi t - 30° - 120°) = 3\,637.\,3\sqrt{2}\sin(100\pi t - 150°)\,(V)$$

$$u_C = 3\,637.\,3\sqrt{2}\sin(100\pi t - 150° - 120°) = 3\,637.\,3\sqrt{2}\sin(100\pi t + 90°)\,(V)$$

4.1.4　三相电源的△形连接

将三个电压源首末端依次相连，形成一闭合回路，从三个连接点引出三根端线，如图 4-7 所示这种连接方式称为三相电源的△形连接。当三相电源作△形连接时只有三个端点，没有中点，因而只能引出三根端线，即只能是三相三线制，而且线电压就等于电源相电压。此时电源只能向负载提供一种电压，即线电压。三相电源作三角形连接时，一定要把极性连接正确，这时

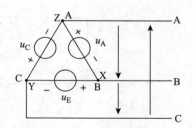

图 4-7　三相电源的△形连接

$$u_A + u_B + u_C = 0$$

空载时电源每相绕组中都没有电流流过，但是如果某一相的始端与末端接反，则会在回路中引起很大的环流，造成事故。实际工作中，为了保证连接正确，先把三相绕组连成开口三角形，再用电压表检测一下开口电压，若电压表读数很小（接近零），说明连接正确；若电压表的读数接近电源电压的两倍，则说明有一相绕组接反了，应马上改正。

思考讨论 >>>

1. 三相电路中，对称三相电源一般连接成_____或_____两种特定的方式。

2. 三相四线制供电系统中可以获得两种电压，即_____和_____。

3. 三相电源端线间的电压叫_____，电源每相绕组两端的电压称为电源的_____。

4. 在三相电源中，流过端线的电流称为_____，流过电源每相的电流称为_____。

5. 若正序对称电源电压 $u_A = U_m \sin(\omega t + 30°)$（V），则 $u_B = $ _____V，$u_C = $ _____V。

4.2　负载星形连接

三相负载指的是三相电源的负载，由互相连接的三个负载组成，其中每个负载称为一相负载。在三相电路中，负载的连接方式有两种：星形（Y）连接和三角形（△）连接。利用三组白炽灯作为负载，实施负载的星形连接，并测试电路的相电压、相电流。观察和分析中性线在其中的作用。

4.2.1　三相负载的星形连接

三个负载的一端接在一起，如图 4-8 所示，图中 N′ 点称为负载中点，另一端分别接到电源端线上，称为负载的星形连接。使用交流电源的电气设备种类繁多，其中有些设备需要三相电源才能够运行，比如三相异步电动机等的三相负载，也有些用电设备只需要单相电源，比如照明电路属单相负载，多个单相负载适当连接后接于三相电源中，对电源而言，这些用电设备的总体还是三相负载。不过有对称三相负载和不对称三相负载之分。所谓对称三相负载，指的是复阻抗相等的三相负载，如三相电动机就属于对称负载；复阻抗不相等的三相负载就是不对称三相负载，照明负载一般就属于不对称三相负载。下面首先来认识以下几个概念。

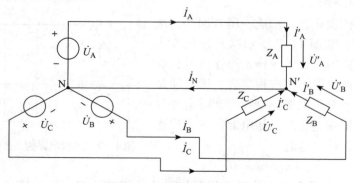

三相负载的
星形连接

三相负载的
星形连接实验

图 4-8　负载的星形连接

① 负载的相电压：每相负载两端的电压，$\dot{U}'_A$、$\dot{U}'_B$、$\dot{U}'_C$。

② 负载的相电流：通过每相负载的电流，$\dot{I}'_A$、$\dot{I}'_B$、$\dot{I}'_C$。

③ 线电流：端线上的电流，$\dot{I}_A$、$\dot{I}_B$、$\dot{I}_C$。

思考讨论 >>>

1. 任何情况下中性线都可以省略吗?
2. 中线的作用是_____;中线上_____(允许/不允许)串联熔断器。
3. 试分析三相星形连接不对称负载在无中线情况下,当某相负载开路或短路时会出现什么情况。如果接上中线,情况又如何?

4.2.2　三相负载星形连接的特点

1. 相电压与线电压的关系

① 数量关系:$U_{线} = \sqrt{3} U_{相}$。

② 相位关系:线电压在相位上超前与之相对应的相电压30°。

2. 相电流与线电流的关系

三相负载作 Y 形连接时,线电流$\dot{I}_1$与相电流$\dot{I}_P$相等,即

$$\dot{I}_1 = \dot{I}_P$$

3. 中线电流的计算

设电源相电压$\dot{U}_A$为参考正弦量,则

$$\dot{U}_A = U_A \angle 0°, \quad \dot{U}_B = U_B \angle -120°, \quad \dot{U}_C = U_C \angle 120°$$

由于线电流等于相应负载的相电流,则

$$\dot{I}_A = \frac{\dot{U}_A}{Z_A} = \frac{U_A \angle 0°}{|Z_A| \angle \varphi_A} = I_A \angle -\varphi_A$$

$$\dot{I}_B = \frac{\dot{U}_B}{Z_B} = \frac{U_B \angle -120°}{|Z_B| \angle \varphi_B} = I_B \angle -120° - \varphi_B$$

$$\dot{I}_C = \frac{\dot{U}_C}{Z_C} = \frac{U_C \angle 120°}{|Z_C| \angle \varphi_C} = I_B \angle 120° - \varphi_C$$

每相负载中电流的有效值分别为

$$I_A = \frac{U_A}{|Z_A|}, \quad I_B = \frac{U_B}{|Z_B|}, \quad I_C = \frac{U_C}{|Z_C|}$$

每相负载中电压与电流之间的相位差分别为

$$\varphi_A = \arctan \frac{X_A}{R_A}, \quad \varphi_B = \arctan \frac{X_B}{R_B}, \quad \varphi_C = \arctan \frac{X_C}{R_C}$$

根据基尔霍夫电流定律,可以得到中线电流

$$\dot{I}_N = \dot{I}_A + \dot{I}_B + \dot{I}_C$$

1) 对称(平衡)负载

因为在三相对称负载中,$|Z_A| = |Z_B| = |Z_C|$,$\varphi_A = \varphi_B = \varphi_C$,所以

$$I_A = I_B = I_C = I_{相} = \frac{U_{相}}{|Z|}$$

$$\varphi_A = \varphi_B = \varphi_C = \varphi = \arctan \frac{X}{R}$$

中线电流

$$\dot{I}_N = \dot{I}_A + \dot{I}_B + \dot{I}_C = 0$$

因此，中线可以省略，此时 $\dot{U}_{N'N} = 0$，每相的电流、电压仅由该相的电源和阻抗决定，各相之间彼此独立。

例 4.2 一组复阻抗 $Z = 72 + j54\ \Omega$ 的星形负载接于线电压 $U_1 = 380\ V$ 的对称三相电源上，已知各条端线复阻抗均为 $Z_1 = 8 + j6\ \Omega$，试求负载的相电流。

解： 假设电源是星形接法。本题考虑了输电线上的复阻抗 Z_1 也是对称负载，画出电路如图 4-9 所示，若以电源相电压为参考相量。则有

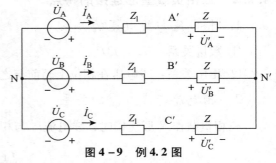

图 4-9 例 4.2 图

$$\dot{U}_A = 220\angle 0°\ V$$

$$\dot{U}_B = 220\angle -120°\ V$$

$$\dot{U}_C = 220\angle 120°\ V$$

由于是对称负载，负载各相电压和电流亦对称，因此只需算出一相电流，其余两相根据对称性可分别写出。

由于 $U_{N'N} = 0$，则

所以

$$\dot{I}_A = \frac{\dot{U}_A}{Z_1 + Z} = \frac{220\angle 0°}{(8+j6)+(72+j54)} = 2.2\angle -37°\ A$$

$$I_B = 2.2\angle -157°\ A$$

$$I_C = 2.2\angle 83°\ A$$

负载各相电压分别为

$$\dot{U}'_A = Z\dot{I}_A = 90\angle 37° \times 2.2\angle -37° = 198\angle 0°\ V$$

$$\dot{U}'_B = 198\angle -120°\ V$$

$$\dot{U}'_C = 198\angle 120°\ V$$

由计算结果可知负载的相电压低于电源的相电压，这是由于输电线上电压损失造成的。故输电线阻抗越小，线路上的电压损失就越小，负载相电压就越接近电源相电压。

2）不对称（平衡）负载

因为在三相不对称负载中，$Z_A \neq Z_B \neq Z_C$，所以

$$\dot{I}_N = \dot{I}_A + \dot{I}_B + \dot{I}_C \neq 0$$

这时中性线就一定不能省略。由图 4-8 可知，若去掉中线，则由弥尔曼定理求得中点电压

$$\dot{U}_{N'N} = \frac{\dfrac{\dot{U}_A}{Z_A} + \dfrac{\dot{U}_B}{Z_B} + \dfrac{\dot{U}_C}{Z_C}}{\dfrac{1}{Z_A} + \dfrac{1}{Z_B} + \dfrac{1}{Z_C}}$$

由于负载不对称，中点电压 $\dot{U}_{N'N}$ 一般不为零。由图 4-10 可知各相负载电压分别为

$$\dot{U}'_A = \dot{U}_A - \dot{U}_{N'N}$$

$$\dot{U}'_{\mathrm{B}} = \dot{U}_{\mathrm{B}} - \dot{U}_{\mathrm{N'N}}$$

$$\dot{U}'_{\mathrm{C}} = \dot{U}_{\mathrm{C}} - \dot{U}_{\mathrm{N'N}}$$

从图 4 – 10 可以看出，N′点和 N 点不重合，这一现象叫作中点位移。中点位移越大会造成负载的相电压越不对称，导致某相负载电压过高，而某些负载电压过低，影响负载的正常工作。实际电路中，若是不对称 Y 形连接负载，一定要装设中线，且中线的阻抗一定要小，迫使中点电压 $\dot{U}_{\mathrm{N'N}}$ 很小（$\dot{U}_{\mathrm{N'N}} \approx 0$），以使负载相电压接近对称，确保各相负载正常工作。

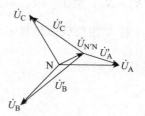

图 4 – 10　三相不对称
负载无中线时相电压相量图

一般三相电源对称，输电线阻抗也对称，而负载有时会不对称。例如一般的照明电路，虽然配电时力求使负载平衡地接在电源上，但使用时仍然是不对称的，尤其是发生短路等故障时，更加重了负载的不平衡。这时中线的作用尤为重要，如果没有中线就会造成负载上三相电压不对称，甚至损坏设备。

例 4.3　如图 4 – 11 所示的三相四线制照明线路中，已知电源线电压是 380 V，U_{A}、U_{B}、U_{C} 分别为 220 V，$P_{\mathrm{A}} = 200$ W、$P_{\mathrm{B}} = P_{\mathrm{C}} = 1\,000$ W 的白炽灯。试求：① 相电流及中线电流；② 若 A 相负载断开，其他负载电流将有何变化？③ 若 A 相负载断开（或短路）且中线也断开，负载各相电压的大小有什么变化？

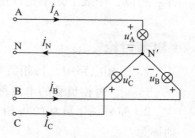

图 4 – 11　例 4.3 图

解：① 三相白炽灯的电阻分别为

$$R_{\mathrm{A}} = \frac{U_{\mathrm{N}}^{2}}{P_{\mathrm{A}}} = \frac{220^{2}}{200} = 242\ \Omega$$

$$R_{\mathrm{B}} = R_{\mathrm{C}} = \frac{U_{\mathrm{N}}^{2}}{P_{\mathrm{B}}} = \frac{220^{2}}{1\,000} = 48.4\ \Omega$$

由题知三相负载是不对称的，在不计端线和中线阻抗时，各相灯泡的电压等于对应各相电源电压。设 $\dot{U}_{\mathrm{A}} = 220\angle 0° $ V，则

$$\dot{I}_{\mathrm{A}} = \frac{\dot{U}_{\mathrm{A}}}{R_{\mathrm{A}}} = \frac{220\angle 0°}{242} = 0.91\angle 0°\ \mathrm{A}$$

$$\dot{I}_{\mathrm{B}} = \frac{\dot{U}_{\mathrm{B}}}{R_{\mathrm{B}}} = \frac{220\angle -120°}{48.4} = 4.55\angle -120°\ \mathrm{A}$$

$$\dot{I}_{\mathrm{C}} = \frac{\dot{U}_{\mathrm{C}}}{R_{\mathrm{C}}} = \frac{220\angle 120°}{48.4} = 4.55\angle 120°\ \mathrm{A}$$

由 KCL 得中线电流

$$\dot{I}_{\mathrm{N}} = \dot{I}_{\mathrm{A}} + \dot{I}_{\mathrm{B}} + \dot{I}_{\mathrm{C}} = 0.91\angle 0° + 4.55\angle -120° + 4.55\angle 120° = -3.64\ \mathrm{A}$$

② A 相负载断开后，$\dot{I}_{\mathrm{A}} = 0$。但由于中线的存在，B、C 两相的电压不变，因此其相电流 $\dot{I}_{\mathrm{B}}$、$\dot{I}_{\mathrm{C}}$ 不变，变了的是中线电流。

③ 若 A 相负载断开且中线也断开，这时电路和 A 相电源断开，B 相和 C 相的灯泡串联后接于线电压 $U_{\mathrm{BC}} = 380$ V 的电源上，两相电压根据串联电路电压的分配原则分配，由

于 $R_B = R_C$，故 $U_B = U_C = \frac{1}{2}U_{BC} = 190\text{ V}$。

若 A 相负载短路且中线也断开，此时负载中点 N′即为 A 点，各相负载电压分别为

$$\dot{U}_A = 0$$

$$\dot{U}_B = \dot{U}_{BA} = -\dot{U}_{AB}$$

$$\dot{U}_C = \dot{U}_{CA}$$

即负载上电压的大小分别为

$$U_A = 0$$

$$U_B = U_C = U_l = 380\text{ V}$$

可见，这时 B 相和 C 相的电压已达线电压，超过灯泡的额定电压。

由此可以看出，负载对称且没有中线时，负载的相电压都是对称的；而负载不对称又没有中线时，负载的相电压就不对称了，这样也就不能保证负载正常工作。可见中线的作用就在于使星形连接的不对称负载的相电压对称，因此在负载不对称时就不应让中线断开。所以，中线上是不允许接入熔断器和刀开关的。

思考讨论 >>>

1. 三相电路中，每相负载两端的电压为负载的_____，每相负载的电流称为_____。

2. 如果三相负载的每相负载的复阻抗都相同，则称为_____。

3. 图 4 – 12 为对称星形连接三相电路，线电压 $U_l = 220\text{ V}$。在此图中若中性线断开，则电压表的读数为_____V；若 C 相负载发生断路，则此时电压表读数为_____V；若中性线及 C 相负载发生断路，则此时电压表读数为_____V。

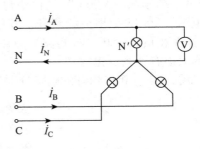

图 4 – 12 题 3 图

4. 负载星形连接的三相四线制供电系统中，电源线电压 $\dot{U}_{AB} = 380\angle30°\text{ V}$，负载阻抗分别为 $Z_A = 11\ \Omega$，$Z_B = \text{j}22\ \Omega$，$Z_C = (20 - \text{j}20)\ \Omega$，则相电流 $\dot{I}_A = \underline{\quad\quad}$，$\dot{I}_B = \underline{\quad\quad}$，$\dot{I}_C = \underline{\quad\quad}$，中性线电流 $\dot{I}_N = \underline{\quad\quad}$。

三相负载的
三角形连接

三相负载的三
角形连接实验

4.3 负载三角形连接

三相负载的另一种连接方式就是三角形连接。以三组白炽灯泡为负载作三角形连接，测量负载的相电压、线电压、相电流、线电流，并对对称和不对称负载加以比较。试试看，由此能找到负载三角形连接电路的什么特点。

三相负载作△形连接时如图 4 – 13 所示，同样把负载两端的电压称为负载的相电压，即 u_{AB}'、u_{BC}'、u_{CA}'；通过负载的电流称为负载的相电流，即 i_{AB}、i_{BC}、i_{CA}。

4.3.1　线电压与负载相电压的关系

由图 4 – 13 可以看出，三相负载作△形连接时，无论负载对称与否，负载相电压都等于电源线电压，即

$$u_{AB}{}' = u_{AB}$$

$$u_{BC}{}' = u_{BC}$$

$$u_{CA}{}' = u_{CA}$$

4.3.2　线电流与负载相电流的关系

由图 4 – 13 可知，负载各相电流分别为

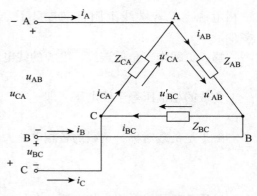

图 4 – 13　负载的△形连接

$$\left.\begin{array}{l} \dot{I}_{AB} = \dfrac{\dot{U}_{AB}}{Z_{AB}} \\[2ex] \dot{I}_{BC} = \dfrac{\dot{U}_{BC}}{Z_{BC}} \\[2ex] \dot{I}_{CA} = \dfrac{\dot{U}_{CA}}{Z_{CA}} \end{array}\right\} \qquad (4-1)$$

由图可知，负载的相电流 i_{AB}、i_{BC}、i_{CA} 显然并不等于对应的线电流，两者之间的关系为

$$\left.\begin{array}{l} \dot{I}_{A} = \dot{I}_{AB} - \dot{I}_{CA} \\[1ex] \dot{I}_{B} = \dot{I}_{BC} - \dot{I}_{AB} \\[1ex] \dot{I}_{C} = \dot{I}_{CA} - \dot{I}_{BC} \end{array}\right\} \qquad (4-2)$$

1）对称（平衡）负载

在电源对称的情况下，负载相电压也对称，由式（4 – 1）可得负载相电流也是对称的。它们与三个线电流的关系相量如图 4 – 14 所示。由相量图可见

$$\dot{I}_{A} = \dot{I}_{AB} - \dot{I}_{CA} = \sqrt{3}\dot{I}_{AB} \angle -30°$$

$$\dot{I}_{B} = \dot{I}_{BC} - \dot{I}_{AB} = \sqrt{3}\dot{I}_{BC} \angle -30°$$

$$\dot{I}_{C} = \dot{I}_{CA} - \dot{I}_{BC} = \sqrt{3}\dot{I}_{CA} \angle -30°$$

这时的三个线电流也是对称的，且线电流与相电流的数量关系为 $I_{线} = \sqrt{3}I_{相}$；相位关系为线电流在相位上滞后与之相对应的相电流30°。

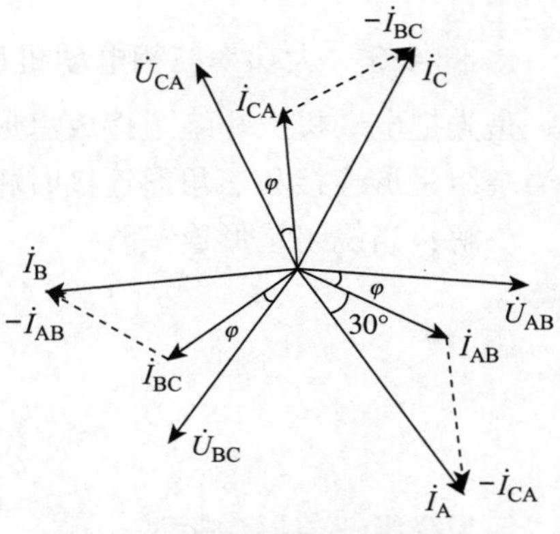

图 4 – 14　三相对称负载三角形连接时电压与电流的相量图

2）不对称负载

三相不对称负载做三角形连接时，若不计端线阻抗，负载相电压总是等于电源线电压。由式（4 – 1）可知负载相电流是不对称的，因而线电流也是不对称的，其值可由式（4 – 2）计算。若某一相负载断开，并不影响其他两相的工作。

例4.4　有三个100 Ω 的电阻，将它们连接成三角形接到线电压为 380 V 的对称

三相电源上。若端线上阻抗忽略不计，试求线电压、相电压、线电流和相电流各是多少。

解： 负载作三角形连接，电源的线电压为

$$U_1 = 380 \text{ V}$$

负载的相电压等于线电压，即

$$U_p = U_1 = 380 \text{ V}$$

由于是负载对称，负载的各相电流大小相等，即

$$I_p = \frac{U_p}{R} = \frac{380}{100} = 3.8 \text{ A}$$

对称负载的线电流为相电流的 $\sqrt{3}$ 倍，即

$$I_1 = \sqrt{3} I_p = \sqrt{3} \times 3.8 = 6.58 \text{ A}$$

实际电路中负载接成星形还是三角形取决于负载的额定电压，图 4-15 是实际负载接线图。

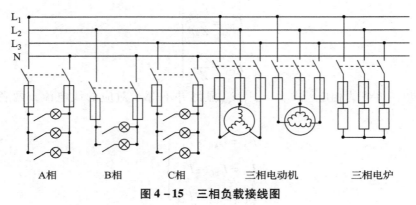

图 4-15 三相负载接线图

例 4.5 大功率三相电动机启动时，由于启动电流较大而采用降压启动，其方法之一是先把电动机三相绕组接成星形，正常运行后改接为三角形，称为 Y-△启动。试比较当绕组星形连接和三角形连接时相电流的比值及线电流的比值。

解： 当绕组星形连接时

$$U_{Yp} = \frac{U_1}{\sqrt{3}}$$

$$I_{Yl} = I_{Yp} = \frac{U_{Yp}}{|Z|} = \frac{U_1}{\sqrt{3}|Z|}$$

当绕组三角形连接时

$$U_{\triangle p} = U_1$$

$$I_{\triangle p} = \frac{U_{\triangle p}}{|Z|} = \frac{U_1}{|Z|}$$

$$I_{\triangle l} = \sqrt{3} I_{\triangle p} = \frac{\sqrt{3} U_1}{|Z|}$$

所以，两种接法相电流的比值

$$I_{\mathrm{Yp}} \atop I_{\triangle\mathrm{p}} = \frac{\dfrac{U_1}{\sqrt{3}\,|\,Z\,|}}{\dfrac{U_1}{|\,Z\,|}} = \frac{1}{\sqrt{3}}$$

线电流的比值

$$\frac{I_{\mathrm{Yl}}}{I_{\triangle\mathrm{l}}} = \frac{\dfrac{U_1}{\sqrt{3}\,|\,Z\,|}}{\dfrac{\sqrt{3}\,U_1}{|\,Z\,|}} = \frac{1}{3}$$

由此可见采用 Y – △ 启动时，启动电流只有直接启动时的 1/3，有效限制了启动电流。

思考讨论 >>>

1. 三相对称负载作△连接时，在数值上，线电压与相电压有什么关系？如果负载不对称，上述结论成立吗？

2. 三相对称负载作△连接时，线电流与相电流有什么关系？如果负载不对称，上述结论成立吗？

3. 图 4 – 16 所示的三相对称电路中，电流表读数都是 5 A，此时若图中 P 点处发生断路，则各电流表读数：A_1 表为＿＿＿＿ A，A_2 表为＿＿＿＿A。

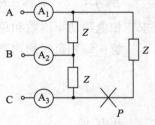

图 4 – 16　题图

三相电路的功率

4.4　三相电路的功率

学习了三相负载的电流和电压的测量以及分析计算，那么三相负载的功率如何计算呢？能用仪表测出三相负载的功率吗？如何测量？

4.4.1　三相电路总的功率

三相电路总的有功功率等于各相有功功率之和，即

$$P = P_{\mathrm{A}} + P_{\mathrm{B}} + P_{\mathrm{C}} = U_{\mathrm{A}}I_{\mathrm{A}}\cos\varphi_{\mathrm{A}} + U_{\mathrm{B}}I_{\mathrm{B}}\cos\varphi_{\mathrm{B}} + U_{\mathrm{C}}I_{\mathrm{C}}\cos\varphi_{\mathrm{C}} \tag{4-3}$$

其中：U_{A}、U_{B}、U_{C} 分别为负载各相电压有效值；I_{A}、I_{B}、I_{C} 分别为各相电流有效值；φ_{A}、φ_{B}、φ_{C} 为各相负载的阻抗角。

若三相负载对称，则式（4–3）可表示为

$$P = 3U_{\mathrm{p}}I_{\mathrm{p}}\cos\varphi \tag{4-4}$$

当对称负载 Y 连接时

$$U_1 = \sqrt{3}\,U_{\mathrm{p}}, \quad I_1 = I_{\mathrm{p}}$$

当对称负载△连接时

$$U_1 = U_{\mathrm{p}}, \quad I_1 = \sqrt{3}\,I_{\mathrm{p}}$$

即无论负载是星形连接还是三角形连接都有 $3U_{\mathrm{p}}I_{\mathrm{p}} = \sqrt{3}\,U_1I_1$，因此式（4–4）又可写成

$$P = 3U_{\mathrm{p}}I_{\mathrm{p}}\cos\varphi = \sqrt{3}\,U_1I_1\cos\varphi$$

故在对称三相电路中，无论负载接成星形还是三角形，总有功功率均为

$$P = \sqrt{3} U_1 I_1 \cos \varphi \tag{4-5}$$

式中：U_1、I_1 分别为线电压和线电流，而 φ 则是相电压与相电流的相位差，由负载的阻抗参数决定；$\cos \varphi$ 称为三相电路的功率因数。

三相电路总的无功功率也等于三相无功功率之和，在对称三相电路中，三相无功功率

$$Q = 3 U_p I_p \sin \varphi = \sqrt{3} U_1 I_1 \sin \varphi \tag{4-6}$$

而三相视在功率

$$S = \sqrt{P^2 + Q^2} \tag{4-7}$$

一般情况下，三相负载的视在功率不等于各相视在功率之和。只有在负载对称时，对称三相负载的视在功率

$$S = 3 U_p I_p = \sqrt{3} U_1 I_1 \tag{4-8}$$

例 4.6 一对称三相负载作星形连接，每相负载 $Z = R + jX = 6 + j8 \ \Omega$。已知 $U_1 = 380$ V，求三相电路功率因数和总的有功功率 P、无功功率 Q、视在功率 S。

解： 每相负载的功率因数

$$\cos \varphi = \frac{R}{|Z|} = \frac{6}{\sqrt{6^2 + 8^2}} = 0.6$$

相电压

$$U_p = \frac{U_1}{\sqrt{3}} = \frac{380}{\sqrt{3}} = 220 \text{ V}$$

负载相电流

$$I_p = \frac{U_p}{|Z|} = \frac{220}{10} = 22 \text{ A}$$

有功功率

$$P = 3 U_p I_p \cos \varphi = 3 \times 220 \times 22 \times 0.6 = 8.7 \text{ kW}$$

或

$$P = \sqrt{3} U_1 I_1 \cos \varphi = \sqrt{3} \times 380 \times 22 \times 0.6 = 8.7 \text{ kW}$$

$$P = 3 \times I_p^2 \times R = 3 \times 22^2 \times 6 = 8.7 \text{ kW}$$

无功功率

$$Q = 3 U_p I_p \sin \varphi = 3 \times 220 \times 22 \times 0.8 = 11.6 \text{ kvar}$$

视在功率

$$S = 3 U_p I_p = 3 \times 220 \times 22 = 14.5 \text{ kVA}$$

4.4.2 三相功率的测量

1. 用一瓦特表法测对称负载功率

在三相四线制电路中，当电源和负载都对称时，由于各相功率相等，只要用一只功率表测量出任一相负载的功率即可，接法如图 4-17 所示，$P = 3P_A$。若是不对称负载，则 $P = P_A + P_B + P_C$。

2. 用二瓦特表法测定三相负载的总功率

对于三相三线制电路，不论负载对称

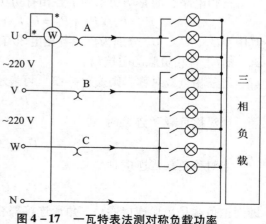

图 4-17 一瓦特表法测对称负载功率

与否，两表读数之和都等于三相总有功功率，即

$$P = P_1 + P_2$$

如图 4 – 18 所示，将负载接成三角形，通过下面的例题来了解为什么有这一结论。

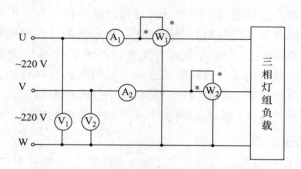

图 4 – 18 二瓦特表法测定三相负载的总功率

例 4.7 三相电动机电路如图 4 – 19 所示，证明两功率表读数之和即为三相电动机总功率。

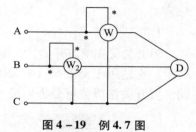

图 4 – 19 例 4.7 图

证明： 功率表 1 的读数

$$P_1 = I_A U_{AC} \cos(30° - \varphi)$$

式中：φ 为阻抗角。

功率表 2 的读数

$$P_2 = I_B U_{BC} \cos(30° + \varphi)$$

则

$$\begin{aligned}P_1 + P_2 &= U_{AC} I_A \cos(30° - \varphi) + U_{BC} I_B \cos(30° + \varphi)\\&= U_1 I_1 [\cos(30° - \varphi) + \cos(30° + \varphi)]\\&= U_1 I_1 (\cos 30° \cos \varphi + \sin 30° \sin \varphi + \cos 30° \cos \varphi - \sin 30° \sin \varphi)\\&= \sqrt{3} U_1 I_1 \cos \varphi\end{aligned}$$

即两功率表读数之和为三相电动机总功率。

思考讨论 >>>

1. 在对称三相电路中，电源线电压 $\dot{U}_{AB} = 380 \angle 0°$ V，负载为三角形连接时，负载相电流 $\dot{I}_{AB} = 38 \angle 30°$ A，则每相复阻抗 $Z_p =$ _____，功率因数 $\cos \varphi =$ _____，负载的相电压 $U_p =$ _____，相电流 I_p _____，总功率 $P_\triangle =$ _____；电源不变，该负载作星形连接时，负载相电压 $U_P =$ _____，相电流 $I_P =$ _____，总功率 $P_Y =$ _____。

2. 三相负载平衡（对称）时，三相负载功率是多少？三相负载不平衡（对称）时，三相负载功率又是多少？

3. 二瓦特表法为什么能测量三相负载的功率，其中的 W_1 是 A 相负载的功率吗？

4.5 三相电机正反转控制电路规划

电动机的种类很多，就其电源不同来分，有直流电动机和交流电动机两种。交流电动机中的三相异步电动机以其结构简单、制造方便、价格低廉、运行可靠而在工农业生产及交通运输中得到了广泛应用。在电力拖动装置中，各种生产机械经常要求具有上下、左右、前后等正反两个方向的运动，这就要求拖动电动机正、反向转动。要实现三相异步电动机的正反转，只要把连接到三相电源的三根相线中任意两根对调，即改变三相电源的相序，也就改变了电动机的转向。那么如何去实现三相异步电动机的正反转控制呢？

4.5.1 认识常用低压电器

低压电器是指工作在直流 1 200 V、交流 1 000 V 以下的各种电器。按动作性质可以分为手动和自动两种：手动电器包括按钮、开关等；自动电器包括接触器、继电器等。

1. 刀开关

刀开关又称闸刀开关，它是结构最简单、应用最广泛的一种手动控制设备，如图 4－20 所示。它适用于交流 50 Hz、500 V 以下小电流电路中，其功能是不频繁地接通和断开电路。刀开关按极数可分为单极（单刀）、双极（双刀）和三极（三刀）三种。

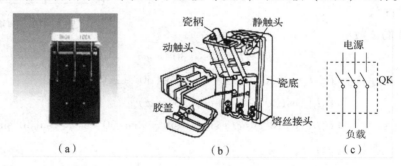

图 4－20　闸刀开关
（a）外形　（b）结构　（c）符号

2. 自动空气开关

自动空气开关也叫自动空气断路器，是一种既可接通分断电路，又能对负荷电路进行自动保护的低压电器，能实现短路、过载和失压保护，如图 4－21 所示。它的特点是动作后不必更换元件、工作可靠、运行安全、操作方便、断流能力大。

图 4－21　自动空气开关外形图

常用的 DZ 系列自动空气开关外形和结构原理如图 4 - 22 所示。自动空气开关的主触点是靠手动操作或电动合闸的。主触点闭合后，自由脱扣器将主触点锁在合闸位置上，过电流脱扣器的线圈和热脱扣器的热元件与主电路串联，欠电压脱扣器的线圈和电源并联。当电路发生短路或严重过载时，与主电路串联的电磁脱扣器线圈就会产生较强的电磁吸力，把衔铁向上吸引而顶开搭钩，主触点断开主电路。当电路过载时，热脱扣器的热元件发热使双金属片上弯曲，推动自由脱扣器动作。当电路欠电压时，欠电压脱扣器的衔铁释放，也使自由脱扣器动作，切断电源。分励脱扣器则作为远距离控制用，在正常工作时，其线圈是断电的，在需要距离控制时，按下启动按钮，使线圈通电，衔铁带动自由脱扣机构动作，使主触点断开。

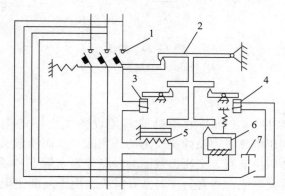

图 4 - 22 DZ 系列自动空气开关结构原理图
1—主触头；2—自由脱扣器；3—过电流脱扣器；4—分励脱扣器；
5—热脱扣器；6—欠电压脱扣器；7—按钮

3. 熔断器

熔断器是电路中最常用的短路保护器，串联在被保护电路中，正常情况下相当于一根导线，一旦发生短路或严重过载时，由于电路中电流增大，熔断器中的熔丝或熔片就会因过热而熔断，自动将电路切断。常用的熔断器有瓷插式、螺旋式、无填料封闭管式、有填料封闭管式等几种。熔断器的外形及符号如图 4 - 23 所示。

熔断器

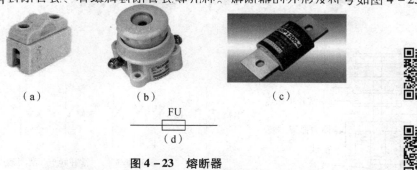

（a）   （b）   （c）

FU
（d）

图 4 - 23 熔断器
（a）瓷插式熔断器 （b）螺旋式熔断器 （c）填料封闭管式熔断器 （d）符号

按钮

刀开关

4. 按钮

按钮通常用于接通和断开小电流的控制回路，如接触器、继电器的吸引线圈电路。

将按钮按下时动合触点被接通，以接通某个控制回路；而动断触点则被断开，以断开另一个控制回路；当松手时，靠弹簧的作用立刻恢复到原来的状态。按钮的外形、结构及符号如图4-24所示。

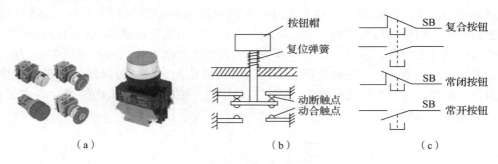

图4-24 按钮

（a）外形 （b）结构 （c）符号

5. 交流接触器

交流接触器是用来接通和断开电动机或其他设备主电路的电器，如图4-25所示，它是利用电磁吸力及弹簧反力的作用配合从而使触头闭合与断开的一种电磁式自动切换电器。交流接触器的触点分为主触点和辅助触点

交流接触器

两种，主触点能通过较大电流，通常为三对常开触头，用于通断主电路；辅助触点通过的电流较小，一般用于控制电路，起电气联锁作用，一般有常开、常闭触点各两对。当吸引线圈通电后，线圈电流产生磁场，使静铁芯产生吸力吸引动铁芯，并带动触头动作使常闭触头断开、常开触头闭合，两者联动。当线圈断电时，电磁力消失，衔铁在弹簧作用下使触头复原，即常开触头恢复断开、常闭触头恢复闭合。交流接触器在电力拖动和自动控制系统中应用非常广泛，每小时可开闭几百次。

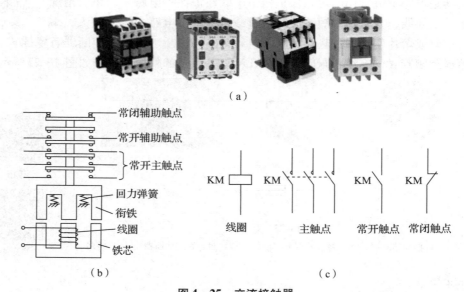

图4-25 交流接触器

（a）交流接触器外形 （b）交流接触器结构示意图 （c）符号

6. 热继电器

热继电器是利用电流发热元件所产生的热量使双金属片受热弯曲而推动触点动作的一种保护电器，如图 4 - 26 所示。它主要用于电动机的过载保护、断相保护、电流不平衡状态的控制，也可用于其他电器设备发热状态的控制。

热继电器

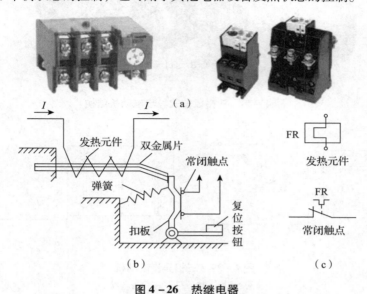

图 4 - 26　热继电器

（a）热继电器外形　（b）热继电器动作原理图　（c）符号

图 4 - 26（b）中双金属片的下层金属膨胀系数大，上层的膨胀系数小。当主电路中电流 I 超过容许值而使双金属片受热时，双金属片的自由端便向上弯曲超出扣板，扣板在弹簧的拉力下将常闭触点断开。常闭触点接在电动机的控制电路中，控制电路断开便使接触器的线圈断电，从而断开电动机的主电路。

4.5.2　认识三相异步电动机

三相异步电动机如图 4 - 27 所示，它是所有电动机中应用最广泛的一种。例如一般机床、起重机、传送带、鼓风机、水泵等都普遍使用三相异步电动机。

三相异步电动机

图 4 - 27　三相异步电动机外形

1. 结构

三相异步电动机主要由定子部分和转子部分组成。定子部分是电动机的固定部分，一般由定子铁芯、定子绕组和机座、端盖等组成，定子铁芯是由相互绝缘的硅钢片叠制而成的圆筒，如图 4 - 28 所示。圆筒内部表面均匀分布一些槽，槽内嵌放三组绕组，即定子绕组，绕组与铁芯间有良好绝缘。三组绕组有六个出线端，通常接在电动机出线盒中，三个绕组的首端接头分别用 U_1、V_1、W_1 表示，对应的末端接头分别用 U_2、V_2、W_2 表示，如图 4 - 29 所示。其定子绕组接线方式有两种，星形和三角形连接。定子绕组如何接线须视电源电压和绕组额定电压情况而定。一般电源电压为 380 V（线电压），如果电动机定子各项绕组的额定电压是 220 V，则定子绕组必须接成星形；如果电动机各项绕组的额定电压为

380 V，则应将定子绕组接成三角形。

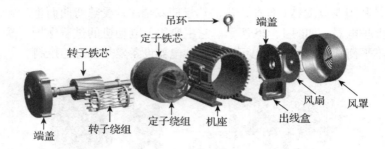

图 4 – 28　三相鼠笼式异步电动机结构

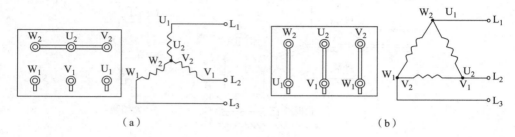

（a）　　　　　　　　　　　　　　　（b）

图 4 – 29　三相异步电动机

（a）星形连接　（b）三角形连接

　　三相异步电动机的转子是电动机的旋转部分，主要由转子铁芯、转子绕组、转轴、风扇等组成。转轴固定在转子铁芯中央；转子铁芯是由硅钢片叠成的圆柱体，铁芯外表面均匀分布一些槽，用来放置转子绕组；转子绕组有鼠笼形和绕线形两种结构。笼形转子绕组是由嵌在转子铁芯槽内的若干铜条或铝条组成的，两端分别焊接在两个短接的端环上。如果去掉铁芯，整个转子绕组的外形就像一个笼子，如图 4 – 30 所示，故称笼形转子。

　　绕线转子的绕组与定子绕组相似，在转子铁芯槽内嵌放对称三组绕组并作星形连接。三组绕组的三个尾端连接在一起，三个首端分别接到装在转轴上的三个铜制集电环上，通过电刷与外电路的可变电阻器相连接，如图 4 – 31 所示，以便改善电动机的启动和调速性能。绕线转子异步电动机由于结构复杂、价格较高，一般只用于对启动和调速有较高要求的场合，如立式车床、起重机等。实际生产中大多还是采用笼形异步电动机。

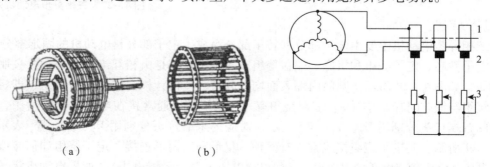

（a）　　　　　　　　　　　　（b）

图 4 – 30　笼形转子　　　　　　　　　**图 4 – 31　绕线形转子电路**

（a）笼形转子　（b）笼形转子外形

2. 转动原理

图 4 – 32（a）是一个最简单的定子绕组原理图，三相绕组为 U_1U_2，V_1V_2 和 W_1W_2。设将三相绕组连接成星形接在三相电源上，绕组中通入如图 4 – 32（b）所示的三相对称电流，则有

$$i_U = I_m \sin \omega t$$
$$i_V = I_m \sin(\omega t - 120°)$$
$$i_W = I_m \sin(\omega t + 120°)$$

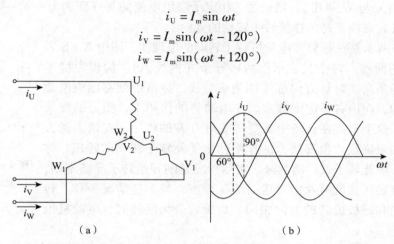

图 4 – 32 转动原理

（a）连接方式 （b）三相对称电流

取绕组始端到末端的方向作为电流的参考方向。在电流的正半周时，其值为正，实际方向与参考方向一致；在负半周时，其值为负，实际方向与参考方向相反。

在 $\omega t = 0$ 的瞬时，定子绕组中的电流方向由 4 – 33（a）可知：$i_U = 0$；$i_V < 0$，其方向与参考方向相反，即自 V_2 到 V_1；$i_W > 0$，其方向与参考方向相同，即自 W_1 到 W_2。将每相电流所产生的磁场叠加，得出三相电流的合成磁场方向如图 4 – 33（b）所示，合成磁场轴线的方向是自上而下。

用同样方法可画出 ωt 为 $120°$、$240°$、$360°$ 时，各相电流及合成磁场的方向如图4 – 33（c）（d）（e）所示，当 $\omega t = 360°$ 时与 $\omega t = 0$ 时的情况完全相同。

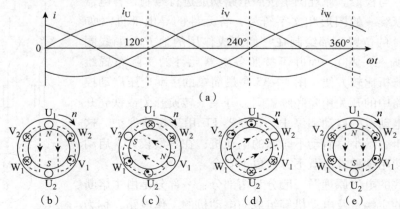

图 4 – 33 三相电流及产生的旋转磁场

（a）电流 （b）$\omega t = 0$ （c）$\omega t = 120°$ （d）$\omega t = 240°$ （e）$\omega t = 360°$

由上可知，当正弦交流电变化一周时，合成磁场在空间也正好旋转了一周，这就是旋转磁场。

上述三相电流出现正负值的顺序为 U→V→W，产生的磁场旋转方向是顺时针；如果三相电流的相序改变，即将定子绕组同三相电源连接的三根导线中的任意两根的一端对调位置（如对调 V 与 W 两相），则通过三相定子绕组电流的相序变为 U→W→V，旋转磁场因此反转。旋转磁场又是怎样使转子转动的呢？

图 4-34 所示是三相异步电动机转子转动的原理图，图中 N、S 表示旋转磁场的两极，转子只表示出两根导条（铜或铝）。假设磁极不动，而转子导条向逆时针方向旋转切割磁力线，导条中就有感应电动势。电动势的方向由右手定则确定。在电动势的作用下，闭合的导条中就有电流。这个电流在磁场中要受到安培力 F 的作用，安培力的方向用左手定则来确定。由安培力的作用产生了使转子转动的转矩，称为电磁转矩。因此转子就转动起来。实际情况是刚开始转子导条不动，而磁极顺时针旋转，就两者相对运动情况而言，与上述情况一样。转子转动的方向和磁极旋转的方向相同，当旋转磁场反转时，电动机也跟着反转。

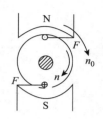

图 4-34 转子转动的原理图

但转子转动的速度不可能达到磁场旋转的速度，因为如果转子的转速与旋转磁场转速相等，两者之间就没有相对运动，转子电动势、转子电流及电磁转矩就都不存在，转子也就不可能继续转动。所以，转子的转速与旋转磁场转速之间必须有差别，这就是异步电动机的由来。

4.5.3 启动控制电路

前面已经认识了三相异步电动机，那么如何实现电动机的控制呢？

三相异步电动机的基本运行控制包括启动、调速、反转和制动。其详细内容将在后续课程中学习，这里初步认识一下三相异步电动机的直接启动电路。

电气控制线路可以绘制成两种不同的形式：安装图和原理图。安装图是按照电气与设备的实际布置位置绘制的，将属于同一个电气或设备的全部部件按照其实际位置画在一起，便于安装与检修。原理图是按照电路功能进行绘制，各电器元件采用国家统一的图形和文字符号，各元件的导电部件（如线圈和触点）的位置，都绘制在它们完成作用的地方（如线圈和触点可不画在一起），而并不按照各电器元件的实际布置绘制，对电路分析比较方便。图 4-35 是最简单的手动全压启动控制线路，线路中的开关用瓷底胶盖闸刀开关、转换开关或铁壳开关直接控制电动机的启动和停止。熔断器 FU 用于短路保护。这种线路适合于容量小、启动不频繁的电动机；在容量较大、启动频繁的场合使用这种方法既不方便也不安全。

复杂一些的电气原理图一般分为两部分：一部分是由主熔断器、接触器的主触点及电动机等组成的电动机的工作电路，称为主电路；另一部分由按钮和接触器线圈及辅助触点等组成，控制主电路接通或断开，称为控制电路。控制电路的电流较小，它通

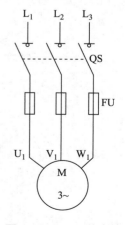

图 4-35 刀开关直接手动控制电路

常与主电路共用一个电源。图 4 - 36 是三相鼠笼式异步电动机的点动控制电路。

启动时，按下按钮 SB，交流接触器 KM 的线圈得电，主触点 KM 闭合，电动机通电启动。松开按钮 SB，线圈 KM 失电，KM 主触点断开，电动机断电停转。这种控制即为点动控制。要想使电动机较长时间地连续运转，用上述电路就不方便了。

实现长动控制可利用接触器 KM 的辅助长开触点与启动按钮 SB_2 并联，如图 4 - 37 所示。按下启动按钮 SB_2，接触器 KM 线圈通电，其主触点闭合，电动机启动运行，同时与 SB_2 并联的 KM 长开触点闭合，将 SB_2 短接，松开启动按钮 SB_2 后，仍可保持 KM 线圈通电，电动机继续运行。这种依靠接触器自身的辅助触点来使线圈保持通电的电路称为自锁。其工作过程如下。

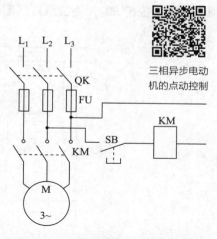

三相异步电动机的点动控制

图 4 - 36 三相鼠笼式异步电动机点动控制电路

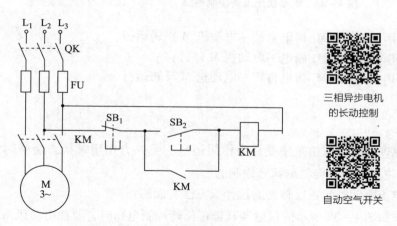

三相异步电机的长动控制

自动空气开关

图 4 - 37 长动控制电路

启动：合上开关 QS→按下 SB_2→线圈 KM 得电→主触点 KM 闭合（辅助触点 KM 同时闭合，形成自锁）→电动机运行。

停止：按下 SB_1→线圈 KM 失电→KM 的主触点和自锁触点同时断开→电动机停转。

在实际应用中，往往要求生产机械改变运动方向，如机床主轴的顺逆旋转、工作台的左右移动等，这就要求电动机能实现正反两个方向运转，那么如何改变电动机运转方向呢？由三相异步电动机的转动原理可以知道，只要将电动机接在三相电源中的任意两根电线对调，即可改变电源的相序，就可以实现电动机的反转。如图 4 - 38 所示，电动机的正反转是通过两个接触器 KM_1、KM_2 的主触点改变电动机的绕组的电源相序而实现的。图中 KM_1 为正向接触器，控制电动机 M 正转；KM_2 为反向接触器，控制电动机 M 反转。其中 KM_1、KM_2 各自的长开辅助触点起到自锁作用；同时 KM_1、KM_2 两个接触器的长闭触点起互锁作用，当一个接触器通电时，其长闭触点断开，使另一个接触器不能通电。电动机换向时，

须先按停止按钮 SB_1，使接触器线圈断开，即断开互锁点，才能反向启动。工作过程如下：

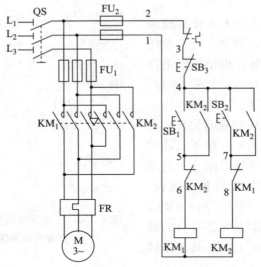

图 4-38　电动机正反转控制电路

三相异步电动
机的正反转控制

① 按下 SB_1→线圈 KM_1 得电自锁→电动机 M 正转运行；
② 按下 SB_3→线圈 KM_1 断电→电动机 M 停转；
③ 按下 SB_2→线圈 KM_2 得电自锁→电动机 M 反转运行。

思考讨论 >>>

1. 电气原理图中，按钮是按受外力作用还是不受外力作用时状态绘制的？接触器触点是按线圈通电还是未通电时的状态绘制的？

2. 三相异步电动机的正反转是通过什么方法实现的？

3. 在操作如图 4-38 所示的接触器联锁正反转控制电路时，要使电动机由正转变为反转，正确的操作方法是怎样的？

小　结

1. 三相电源

三相电路主要由三相电源、三相负载及连接导线组成。

三相电源对称通常是指最大值相同、角频率相同、相位互差120°的三个电源。

三相电源有 Y 形和△形两种连接形式。

（1）Y 形连接

有中线，三相四线制，提供两种电压，即线电压和相电压，且 $U_{线} = \sqrt{3}U_{相}$，相位上线电压超前相应相电压30°；无中线，三相三线制，提供一种线电压。

（2）△形连接

只能是三相三线制，提供一种电压就是线电压，线电压为电源的相电压。

2. 三相负载

三相负载分为对称和不对称两种，连接方式也有 Y 形和△形两种形式。

（1）Y 形连接

对称三相负载 Y 形连接，中线可以省去，供电电路只需三相三线制；不对称三相电路供电电路必须是三相四线制。

（2）△形连接

无论负载是否对称，每相负载的相电压都等于电源提供的线电压。对于对称三相负载，$I_线 = \sqrt{3} I_相$，且线电流滞后于相应线电流30°。

3. 三相电路的功率

① 三相电路的有功功率是各相有功功率的和。

负载对称时
$$P = 3U_p I_p \cos\varphi = \sqrt{3} U_l I_l \cos\varphi$$

② 三相电路的无功功率是各相无功功率的和。

负载对称时
$$Q = 3U_p I_p \sin\varphi = \sqrt{3} U_l I_l \sin\varphi$$

③ 三相电路的视在功率
$$S = \sqrt{P^2 + Q^2}$$

负载对称时
$$S = \sqrt{3} U_l I_l$$

4. 异步电动机的正反转控制

电动机是通过电磁感应的原理把电能转换成为机械能的装置。而为三相异步电动机提供电能的电源就是三相电源。控制电路中可通过改变相序来实现电动机的正反转控制。

习　题　4

一、选择题

1. 已知对称三相电源的相电压 $u_A = 10\sin(\omega t + 60°)$ V，相序为 A—B—C，则当电源星形连接时线电压 u_{AB} 为（　　）V。

    A. $17.32\sin(\omega t + 90°)$ B. $10\sin(\omega t + 90°)$

    C. $17.32\sin(\omega t - 30°)$ D. $17.32\sin(\omega t + 150°)$

2. 对称正序三相电压源星形连接，若相电压 $u_A = 100\sin(\omega t - 60°)$ V，则线电压 $u_{AB} = （　　）$ V。

    A. $100\sqrt{3}\sin(\omega t - 90°)$ B. $100\sqrt{3}\sin(\omega t - 60°)$

    C. $100\sqrt{3}\sin(\omega t - 150°)$ D. $100\sqrt{3}\sin(\omega t - 30°)$

3. 在正序对称三相相电压中，$u_A = U\sqrt{2}\sin(\omega t - 90°)$ V，则相电压 u_B 为（　　）V。

A. $U\sqrt{6}\sin(\omega t-60°)$ B. $U\sqrt{6}\sin(\omega t+30°)$

C. $U\sqrt{2}\sin(\omega t-60°)$ D. $U\sqrt{2}\sin(\omega t+150°)$

4. 对称三相交流电路，三相负载为△连接，当电源线电压不变时，三相负载换为 Y 连接，三相负载的相电流应（　　）。

A. 增大   B. 减小   C. 不变

5. 对称三相交流电路，三相负载为 Y 连接，当电源电压不变而负载换为△连接时，三相负载的相电流应（　　）。

A. 减小   B. 增大   C. 不变

6. 已知三相电源线电压 $U_L=380$ V，三角形连接对称负载 $Z=6+j8$ Ω。则线电流 $I_L=$ （　　）A。

A. $38\sqrt{3}$ B. $22\sqrt{3}$ C. 38   D. 22

7. 已知三相电源线电压 $U_L=380$V，三角形连接对称负载 $Z=6+j8$ Ω。则相电流 $I_L=$ （　　）A。

A. 38   B. $22\sqrt{3}$ C. $38\sqrt{3}$ D. 22

8. 已知三相电源线电压 $U_L=380$V，星形连接的对称负载 $Z=6+j8$ Ω。则相电流 $I_L=$ （　　）。

A. 38   B. $22\sqrt{3}$ C. $38\sqrt{3}$ D. 22

9. 已知三相电源相电压 $U_L=380$ V，星形连接的对称负载 $Z=6+j8$ Ω。则线电流 $I_L=$ （　　）。

A. 38   B. $22\sqrt{3}$ C. $38\sqrt{3}$ D. 22

10. 对称三相交流电路中，三相负载为△连接，当电源电压不变，而负载变为 Y 连接时，对称三相负载所吸收的功率（　　）。

A. 减小   B. 增大   C. 不变

11. 对称三相交流电路中，三相负载为 Y 连接，当电源电压不变，而负载变为△连接时，对称三相负载所吸收的功率（　　）。

A. 增大   B. 减小   C. 不变

12. 三相对称负载星形连接时（　　）。

A. 不一定   B. $I_1=\sqrt{3}I_p$ $U_1=U_p$ C. $I_1=I_p$ $U_1=\sqrt{3}U_p$

13. 三相对称负载作三角形连接时（　　）。

A. 不一定   B. $I_1=I_p$ $U_1=\sqrt{3}U_p$ C. $I_1=\sqrt{3}I_p$ $U_1=U_p$

14. 对称三相电路中，无论负载接成星形还是三角形，总有功功率 P 均为（　　）。

A. $P=\sqrt{3}U_pI_p\cos\varphi$ B. $P=\sqrt{3}U_1I_1\cos\varphi$

C. $P=3U_1I_1\cos\varphi$

15. 在题图 1-15 所示电路中，若相电流 $I_P=10$ A 则线电流 I_L 为（　　）A。

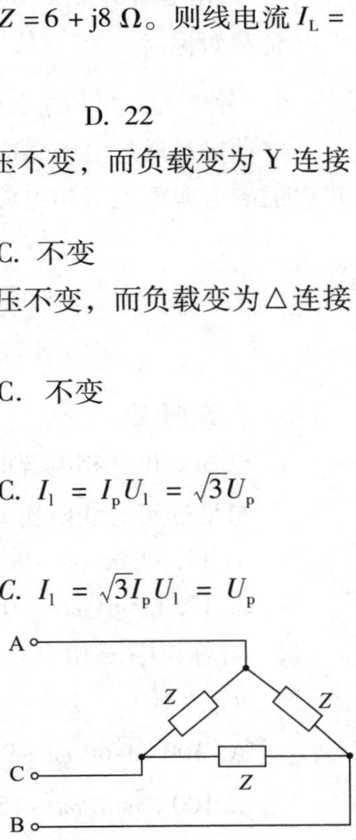

题 1-15 图

A. 10　　　　　　　　B. 15　　　　　　　　C. 5　　　　　　　　D. 17. 32

16. 三相对称电源绕组相电压为 220 V，若有一三相对称负载额定相电压为 380 V，电源和负载应接(　　)。

　　A. Y – △　　　　　B. △ – △　　　　　C. Y – Y　　　　　D. △ – Y

二、判断题

1. 当负载作 Y 连接时，必须有中线。　　　　　　　　　　　　　　　　　　　(　　)

2. 当三相负载越接近对称时，中线电流就越小。　　　　　　　　　　　　　　(　　)

3. 当负载作 Y 连接时，线电流为相电流的 $\sqrt{3}$ 倍。　　　　　　　　　　　　(　　)

4. 当负载作△连接时，线电流必等于相电流。　　　　　　　　　　　　　　　(　　)

5. 若要求三相负载中各相电压均为电源相电压，则负载应接成星形有中线。　(　　)

6. 若要求三相负载中各相电压均为电源线电压，则负载应接成三角形连接。　(　　)

7. 在负载为星形连接的对称三相电路中，各线电流与相应的相电流的角度关系是线电流滞后相应的相电流。　　　　　　　　　　　　　　　　　　　　　　　　　(　　)

8. 在负载为星形连接的对称三相电路中，各线电流与相应的相电流的大小相等。

　　　　　　　　　　　　　　　　　　　　　　　　　　　　　　　　　　　　(　　)

9. 中线的作用就在于使星形连接的不对称负载的相电压对称。　　　　　　　(　　)

10. 中线上是允许接入熔断器和刀开关的。　　　　　　　　　　　　　　　　(　　)

11. 对称三相负载指的是复阻抗相等的三相负载。　　　　　　　　　　　　　(　　)

12. 电动机 Y – △ 起动时，起动电流只有直接起动时的三分之一，有效限制了起动电流。　　　　　　　　　　　　　　　　　　　　　　　　　　　　　　　　　(　　)

13. 熔断器是电路中最常用的短路保护器，应并联在被保护电路中。　　　　(　　)

14. 三相异步电动机主要由定子部分和转子部分组成。　　　　　　　　　　(　　)

15. 依靠接触器自身的辅助触点来使线圈保持通电的电路称为互锁。　　　(　　)

三、填空题

1. 三相对称电压就是三个频率_____、幅值_____、相位互差_____的三相交流电压。

2. 三相电源相线与中性线之间的电压称为_____。

3. 三相电源相线与相线之间的电压称为_____。

4. 有中线的三相供电方式称为_____。

5. 无中线的三相供电方式称为_____。

6. 在三相四线制的照明电路中，相电压是_____ V，线电压是_____ V。

7. 在三相四线制电源中，线电压等于相电压的_____倍，相位比相电压超前_____。

8. 三相四线制电源中，线电流与相电流_____。

9. 三相对称负载三角形电路中，线电压与相电压_____。

10. 三相对称负载三角形电路中，线电流大小为相电流大小的_____倍、线电流比相应的相电流_____。

11. 在三相对称负载三角形连接的电路中,线电压为 220 V,每相电阻均为 110 Ω,则相电流 I_P = _____,线电流 I_L = _____。

12. 对称三相电路 Y 形连接,若相电压为 $u_A = 220\sin(\omega t - 60°)$ V,则线电压 u_{AB} = _____V。

13. 在对称三相电路中,已知电源线电压有效值为 380 V,若负载作星形连接,负载相电压为_____;若负载作三角形连接,负载相电压为_____。

14. 对称三相电路的有功功率 $P = \sqrt{3}U_lI_l\cos\varphi$,其中 φ 角为_____与_____的夹角。

15. 在_____情况下可将三相电路的计算转变为对一相电路的计算。

16. 如果对称三相交流电路的 U 相电压 $u_U = 220\sqrt{2}\sin(314t + 30°)$ V,那么其余两相电压分别为:u_V = _____ V,u_W = _____ V。

17. 已知三相电源的线电压为 380 V,而三相负载的额定相电压 220 V,则此负载应作_____形连接,若三相负载的额定相电压为 380 V,则此负载应作_____形连接.

18. 三相异步电动机主要由定子部分和转子部分组成。_____是电动机的固定部分,_____是电动机的旋转部分。

四、计算分析题

1. 对称三相电源星形连接,若线电压 $u_{UV} = 380\sqrt{2}\sin(\omega t + 30°)$ V,则各相电压和线电压是什么?

2. 将题 4 - 2 图中各相负载分别接成星形或三角形,电源线电压为 380 V,相电压为 220 V。每只灯泡的额定电压为 220 V,每台电动机的额定电压为 380 V。

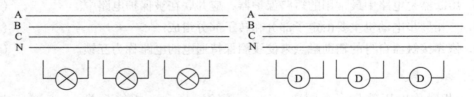

题 4 - 2 图

3. 三相四线制电路中有一组电阻性三相负载,三相负载的电阻值分别为 $R_U = R_V = 5$ Ω,$R_W = 100$ Ω,三相电源对称,电源线电压 $U_L = 380$ V。设电源的内阻抗、线路阻抗、中性线阻抗均为零,试求:(1)负载相电流及中性线电流;(2)中性线完好,W 相断线时的负载相电压、相电流及中线电流;(3)W 相断线,中性线也断开时的负载相电流、相电压;(4)根据(2)和(3)的结果说明中性线的作用。

4. 在 Y/Y 连接的三相三线制电路中,每相负载的电阻 R = 80 Ω,感抗 X = 60 Ω,接在线电压有效值为 380 V 的三相对称电源上,试求在下列情况下,负载的相电压、线电流和相电流。(1)A 相负载短路;(2)A 相负载断路。

5. 如题 4 - 5 图所示电路中,正常工作时电流表的读数是 26 A,电压表的读数是 380 V,三相对称电源供电,试求下列各

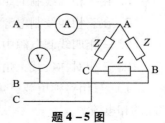

题 4 - 5 图

情况下各相的电流。

（1）正常工作；

（2）AB 相负载断开；

（3）相线 B 断开。

6. 为了减小三相笼型异步电动机的启动电流，通常把电动机先连接成星形，转起来后再改成三角形连接（称 Y - △ 启动），试求：（1）Y - △ 启动时的相电流之比；（2）Y - △ 启动时的线电流之比。

7. 三相对称负载每相阻抗 $Z = 6 + j8 \ \Omega$，每相负载额定电压为 380 V。已知三相电源线电压为 380 V，问此三相负载应如何连接？试计算相电流和线电流。

8. 有一台三相电动机，其功率为 3.2 kW，功率因数 $\cos \varphi = 0.8$，若该电动机接在 $U_l = 380$ V 的电源上，求电动机的线电流。

9. 线电压为 380 V，$f = 50$ Hz 的三相电源的负载为一台三相电动机，其每相绕组的额定电压为 380 V，联成三角形运行时，额定线电流为 19 A，额定输入功率为 10 kW。求电动机在额定状态下运行时的功率因数及电动机每相绕组的复阻抗。

10. 在如题 4 - 10 图所示对称三相电路中，已知电源线电压 $U_l = 380$ V，负载功率因数 $\lambda = \cos\varphi = 0.8$（滞后，感性），三相负载功率 $P = 6\,930$ W，求负载阻抗 Z。

11. 什么是点动控制？试分析判断题 4 - 11 图所示各控制电路能否实现点动控制？若不能，试分析其原因，并加以纠正。

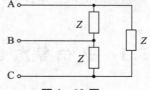

题 4 - 10 图

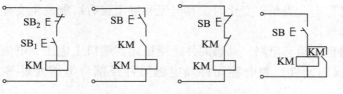

题 4 - 11 图

12. 题 4 - 12 图所示为电动机正反转控制电路图中，请检查图中哪些地方画错了？试加以改正，并说明改正的原因。

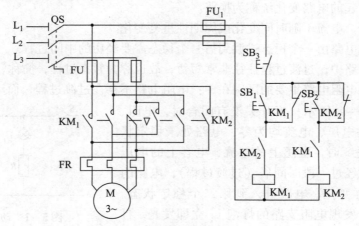

题 4 - 12 图

第5章　暂态电路的分析

学 习 目 标

（1）掌握包含储能元件的电路状态发生改变时，其中的电流和电压发生改变的规律。

（2）掌握动态电路的基本概念。

（3）掌握一阶电路的分析方法。

（4）掌握一阶电路三要系法。

在实际开关电路中常常要用到能调节时间的延时电路，这种电路是怎样实现的？如何调整延时时间？这种电路在实际中有什么应用，本章将学习暂态电路的相关知识。

5.1　认识暂态电路

自然界中事物的运动状态通常有两种，即稳步态和动态。电路也是一样，在一定条件下电路中的电流和电压已稳定；当条件变化时，其电流和电压就有可能发生变化。那么它们是怎样变化的？有什么规律？

含有动态元件的电路称为动态电路。动态元件是指描述其端口上电压、电流关系的方程是微分方程或积分方程的元件，如电容元件和电感元件及耦合电感元件等都是动态元件。

动态元件的一个特征就是当电路的结构或元件的参数发生变化时（例如电路中电源或无源元件的断开或接入，信号的突然加入等），可能使电路改变原来的工作状态，转变到另一个工作状态，这种转变往往需要经历一个过程，在工程上称为过渡过程。上述电路结构或参数变化引起的电路变化统称为换路。

稳态：电压、电流不随时间变化或周期性重复变化。

过渡过程：电路由一个稳态过渡到另一个稳态需要经历的中间过程。

暂态：在电路中，过渡过程往往非常短暂，故也称为暂态过程，简称暂态。

动态电路与电阻电路重要的区别在于：电阻电路不存在过渡过程，而动态电路存在过渡过程。如图 5-1 所示，当开关没有闭合时，电阻、电感、电容上的电压、电流均为零，电路处于稳定状态；当闭合开关 S 时，电感上的电流、电容上的电压都将发生变化，经过一段时间后（过渡过程），电路的电流和电压不再变化，电路进入到第二个稳定状态。开关 S 闭合时会发现电阻支路的灯泡 L_1 立即发光，且亮度不再变化，说明这一支路没有经历过渡过程，立即

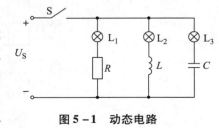

图 5-1　动态电路

进入了新的稳态；电感支路的灯泡 L_2 由暗渐渐变亮，最后达到稳定，说明电感支路经历了过渡过程；电容支路的灯泡 L_3 由亮变暗直到熄灭，说明电容支路也经历了过渡过程。

这是因为动态（储能）元件换路时能量的储存和释放需要一定时间来完成，表现在：

① 要满足电荷守恒，即换路瞬间，若电容电流保持为有限值，则电容电压（电荷）在换路前后保持不变；

② 要满足磁链守恒，即换路瞬间，若电感电压保持有限制值，则电感电流（磁链）在换路前后保持不变。

电路暂态暂态分析的内容主要有如下方面。

①暂态过程中电压、电流随时间变化的规律。

②影响暂态过程快慢的电路的时间常数。

研究暂态过程的实际意义如下。

①利用电路暂态过程产生特定波形的电信号。

如锯齿波、三角波、尖脉冲等，应用于电子电路。

②控制、预防可能产生的危害。

暂态过程开始的瞬间可能产生过电压、过电流使电气设备或元件损坏。直流电路、交流电路都存在暂态过程，我们主要学习直流电路的暂态过程。

思考讨论 >>>

1. 什么是稳态，什么是暂态？

2. 为何要分析暂态过程？

5.2 换路定律

换路定理（上）　　换路定理（下）

引起过渡过程的电路变化称为换路，也就是电路状态的改变。

如电路的接通、断开、元件参数的变化、电路连接方式的改变以及电源的变化等都是换路情况的发生。那么这些量都有哪些变化呢？

通常认为换路是在 $t = 0$ 时刻进行的。为了叙述方便，把换路前的最终时刻记为 $t = 0_-$，把换路后的最初时刻记为 $t = 0_+$，换路瞬时可以用时间 t 从 0_- 到 0_+ 来描述。

1. 包含电感的电路

从能量的角度出发，由于电感电路换路的瞬间能量不能发生跃变，即 $t = 0_+$ 时刻电感元件所储存的能量为 $\frac{1}{2}Li_L^2(0_+)$ 与 $t = 0_-$ 时刻电感元件所储存的能量 $\frac{1}{2}Li_L^2(0_-)$ 相等。则有

$$i_L(0_+) = i_L(0_-) \tag{5-1}$$

结论：在换路的一瞬间，电感中的电流应保持换路前一瞬间的原有值而不能跃变。

等效原则：在换路的一瞬间，流过电感的电流 $i_L(0_+) = i_L(0_-) = 0$，电感相当于开路；$i_L(0_+) = i_L(0_-) \neq 0$，电感相当于直流电流源，其电流大小和方向与电感换路瞬间的

电流一致。

2. 包含电容的电路

从能量的角度出发，由于电容电路换路的瞬间能量不能发生跃变，即 $t=0_+$ 时刻电容元件所储存的能量为 $\frac{1}{2}Cu_C{}^2(0_+)$ 与 $t=0_-$ 时刻电容元件所储存的能量 $\frac{1}{2}Cu_C{}^2(0_-)$ 相等。则有：

$$u_C(0_+)=u_C(0_-) \tag{5-2}$$

结论：在换路的一瞬间，电容两端的电压应保持换路前一瞬间的原有值而不能跃变。

等效原则：在换路的一瞬间，电容两端电压 $u_C(0_+)=u_C(0_-)=0$，电容相当于短路；$u_C(0_+)=u_C(0_-)\neq0$，电容相当于直流电压源，其电压大小和方向与电容换路瞬间的电压一致。

3. 换路定律

$$i_L(0_+)=i_L(0_-)$$
$$u_C(0_+)=u_C(0_-)$$

思考讨论 >>>

1. 电感元件中的电流、电压在换路前后能否突变？
2. 电容元件中的电流、电压在换路前后能否突变？

暂态电路的初
始值和稳定值

5.3 初始值

由于储能元件的存在，动态电路的状态发生改变时，即由换路前的稳态变为换路后的稳态时，电路中电容上的电压不能突变，电感上的电流不能突变。那么电路中的电流或电压将发生渐变，而电流和电压是按照什么规律变化的？下面来寻找一下这个规律。

换路后最初一瞬间（即 $t=0_+$ 时刻）的电流、电压值统称为初始值。研究线性电路的过渡过程时，电容电压的初始值 $u_C(0_+)$ 及电感电流的初始值 $i_L(0_+)$ 可按换路定律即换路前的稳态值来确定。其他量的初始值要根据 $u_C(0_+)$、$i_L(0_+)$ 和应用 KVL、KCL 及欧姆定律来确定。确定初始值的步骤为：

① 根据换路前的稳态电路，确定 $u_C(0_-)$、$i_L(0_-)$；

② 依据换路定理确定 $u_C(0_+)$、$i_L(0_+)$；

③ 根据已求得的 $u_C(0_+)$ 和 $i_L(0_+)$，把电容用电压为 $u_C(0_+)$ 的电压源代替，把电感用电流为 $i_L(0_+)$ 的电流源代替，电路为换路后的状态，画出 $t=0_+$ 时刻的等效电路；

④ 再根据等效电路，运用 KVL、KCL 及欧姆定律来确定其他量的初始值。

例 5.1 如图 5-2（a）所示电路在开关闭合前（$t=0_-$ 时刻）处于稳态，$t=0$ 时刻开关闭合。求初始值 $i_L(0_+)$、$u_C(0_+)$、$u_1(0_+)$、$u_L(0_+)$、$i_C(0_+)$。

解：① 开关闭合前，电路是直流稳态，电感等效于短路，电容等效于开路，可得

$$i_L(0_-)=\frac{12}{4+6}=1.2\ \text{A}, \qquad u_C(0_-)=6\times i_L(0_-)=7.2\ \text{V}$$

② 开关在 $t=0$ 时刻闭合，由换路定则得

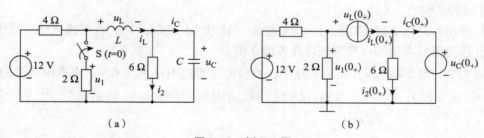

图 5－2　例 5.1 图

（a）原电路　（b）t＝0₊ 时的等效电路

$$i_L(0_+) = i_L(0_-) = 1.2 \text{ A}, \qquad u_C(0_+) = u_C(0_-) = 7.2 \text{ V}$$

③ 根据上述结果，画出 $t=0_+$ 时的等效电路如图 5－2（b）所示，对其列节点电压方程得

$$\left(\frac{1}{4} + \frac{1}{2} \right) u_1(0_+) = \frac{12}{4} - i_L(0_+)$$

将 $i_L(0_+) = 1.2$ A 带入上式，求得 $u_1(0_+) = 2.4$ V；

根据 KVL、KCL 得

$$u_L(0_+) = u_1(0_+) - u_C(0_+) = 2.4 - 7.2 = -4.8 \text{ V}$$

$$i_C(0_+) = i_L(0_+) - i_2(0_+) = i_L(0_+) - \frac{u_C(0_+)}{6} = 1.2 - \frac{7.2}{6} = 1.2 - 1.2 = 0$$

思考讨论 >>>

1. 动态电路换路瞬间，电感元件、电容元件中的电流、电压初始值如何计算？

2. 如图 5－3 所示电路中，已知：$U_S = 12$ V，$R_1 = 2$ kΩ，$R_2 = 4$ kΩ，$C = 1$ μF。求：$u_C(0_+)$，$i_C(0_+)$。

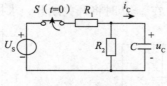

图 5－3　题 2 图

5.4　稳态值

由于储能元件的存在，动态电路的状态发生改变时，即由换路前的稳态变为换路后的稳定状态时，电路中电容上的电压不能突变；电感上的电流不能突变。那么经过足够长的时间后，电流和电压又是按照什么规律变化呢？

换路后经过足够长时间（即 $t \to \infty$ 时刻），电路到达第二个稳定状态，这时的电流、电压值统称为稳态值。如果外施激励是直流量，则稳态值也是直流量。稳态值的计算，可画出稳态时的等效电路，即将电容代之以开路，将电感代之以短路，按电阻性电路计算。确定稳态值的步骤为：

① 做出换路后电路达稳态时的等效电路（将电容代之以开路，将电感代之以短路）；

② 按电阻性电路的计算方法计算各稳态值。

例 5.2 图 5 – 4（a）所示电路中，直流电压源的电压 $U_S = 6$ V，直流电流源的电流 $I_s = 2$ A，$R_1 = 2\ \Omega$，$R_2 = R_3 = 1\ \Omega$，$L = 0.1$ H。求换路后的 $i(\infty)$ 和 $u(\infty)$。

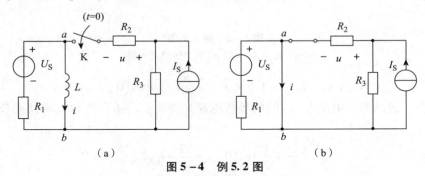

图 5 – 4　例 5.2 图

（a）原电路　（b）电路达稳态时的等效电路

解：首先做出换路后电路达稳态时的等效电路，如图 5 – 4（b）所示。根据电路可得

$$i_{(\infty)} = \frac{U_S}{R_1} + I_s\frac{R_3}{R_2 + R_3}$$

$$= \frac{6}{2} + 2 \times \frac{1}{1+1}$$

$$= 4 \text{ A}$$

$$u_{(\infty)} = I_s\frac{R_2 R_3}{R_2 + R_3} = 2 \times \frac{1 \times 1}{1+1} = 1 \text{ V}$$

例 5.3 图 5 – 5（a）所示电路中，$U_S = 9$ V，$R_1 = 2$ kΩ，$R_2 = 3$ kΩ，$R_3 = 4$ kΩ，开关闭合时，电路处于稳定状态，在 $t = 0$ 时将开关断开，求换路后的 $u_C(\infty)$。

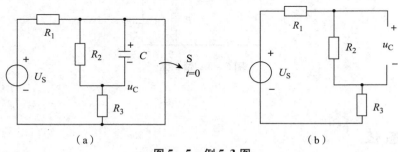

图 5 – 5　例 5.3 图

（a）原电路　（b）电路达稳态时的等效电路

解：首先做出换路后电路达稳态时的等效电路，如图 5 – 5（b）所示。根据电路可得

$$u_C(\infty) = \frac{U_S}{R_1 + R_2 + R_3} \times R_2 = \frac{9}{2+3+4} \times 3 = 3 \text{ V}$$

思考讨论 >>>

动态电路换路结束达稳态，电感元件、电容元件如何处理？

一阶电路的
零输入响应

5.5 一阶电路零输入响应

前面已经学会了电路初始值和稳态值的计算，那么计算出的初始值和稳态值在分析电路过渡过程时有什么用处？电路状态发生改变时，电路的电流和电压有何变化规律？下面来逐步完成这个任务。

只含有一个动态（储能）元件的电路为一阶动态电路。动态电路中无外施激励电源，仅由动态（储能）元件初始储能的释放所产生的响应，故称为动态电路的零输入响应。

5.5.1 RC 电路的零输入响应

在图 5 – 6 所示电路中，开关 S 闭合前，电容 C 已充电，其电压 $u_C = u_C(0_-)$。开关闭合后，电容储存的能量将通过电阻以热能形式释放出来。现把开关动作时刻取为计时起点($t = 0$)。开关闭合后，即 $t \geq 0_+$ 时，根据 KVL 可得

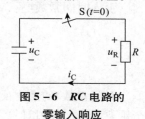

图 5 – 6 RC 电路的
零输入响应

$$u_R - u_C = 0 \qquad (5-3)$$

由于电流 i_C 与 u_C 参考方向为非关联参考方向，因此 $i_C = -C\dfrac{du_C(t)}{dt}$，又 $u_R = Ri_C$，代入上述方程得

$$RC\frac{du_C(t)}{dt} + u_C = 0 \qquad (5-4)$$

式（5 – 4）是一阶齐次微分方程，根据数学知识要求出该微分方程的解，就必须知道 u_C 的初始值，即 $t = 0_+$ 时的值，且 $u_C = u_C(0_+) = u_C(0_-)$，求得满足初始值的微分方程的解为

$$u_C(t) = u_C(0_+)e^{-\frac{t}{RC}} \qquad (5-5)$$

这就是放电过程中电容电压 u_C 的表达式。

由图 5 – 6 可知电容电流

$$
\begin{aligned}
i_C &= -C\frac{du_C(t)}{dt} = -C\frac{d\left[u_C(0_+)e^{-\frac{t}{RC}}\right]}{dt} \\
&= -C\left(-\frac{1}{RC}\right)u_C(0_+)e^{-\frac{t}{RC}} \\
&= \frac{u_C(0_+)}{R}e^{-\frac{t}{RC}} \qquad (5-6)
\end{aligned}
$$

放电过程中电容上的电压、电流随时间的变化曲线如图 5 – 7 所示。

从以上表示可以看出，电容电压 u_C、电流 i_C 都是按照同样的指数规律衰减的。它们的衰减的快慢取决于指数中 $\dfrac{1}{RC}$ 的大小。令

$$\tau = RC \qquad (5-7)$$

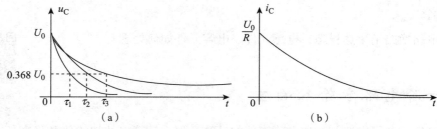

图5-7 放电过程中电容电压、电流的变化曲线

(a) 电压放电曲线 (b) 电流放电曲线

其中，τ 称为 RC 电路的时间常数，当电阻的单位为欧姆（Ω），电容的单位为法（F）时，τ 的单位为秒（s）。

引入时间常数 τ 后，电容电压 u_C 和电流 i_C 可以分别表示为

$$u_C(t) = u_C(0_+)e^{-\frac{t}{\tau}} \tag{5-8}$$

$$i_C(t) = \frac{u_C(0_+)}{R}e^{-\frac{t}{\tau}} \tag{5-9}$$

时间常数 τ 的大小反映了一阶电路过渡过程的进展速度，它是反映过渡过程特征的一个重要的量。通过计算可得表5-1。

表5-1 过渡过程

t	0	τ	3τ	5τ	…	∞
$u_C(t)$	$u_C(0_+)$	$0.368u_C(0_+)$	$0.05u_C(0_+)$	$0.0067u_C(0_+)$	…	0

从表5-1可见，经过一个时间常数 τ 后，电容电压 u_C 衰减了63.2%，或为原值的36.8%。在理论上要经历无限长的时间 u_C 才能衰减到零值。但工程上一般认为换路后，经过 $3\tau \sim 5\tau$ 时间过渡过程基本结束。图5-7（a）是几个不同时间常数下的电压放电曲线。

时间常数 $\tau = RC$ 仅由电路的参数决定。在一定的 $u_C(0_+)$ 下，当 R 越大时，电路放电电流就越小，放电时间就越长；当 C 越大时，储存的电荷就越多，放大时间就越长。实际中常合理选择 R、C 的值来控制放电时间的长短。

例5.4 供电局向某一企业的供电电压为 10 kV，在切断电源瞬间，电网上遗留电压有 $10\sqrt{2}$ kV。已知送电线路长 $L = 30$ km，电网对地绝缘电阻为 500 MΩ，电网的分布电容 $C_0 = 0.08$ μF/km。问：① 拉闸后 1 min，电网对地的残余电压为多少？② 拉闸后 10 min，电网对地的残余电压为多少？

解： 电网拉闸后，储存在电网电容上的电能逐渐通过对地绝缘电阻放电，这是一个 RC 串联电路的零输入响应问题。

有题意知，长 30 km 的电网总电容量

$$C = C_0 L = 0.08 \times 30 = 0.24 \text{ μF} = 2.4 \times 10^{-7} \text{ F}$$

放电电阻 $\qquad\qquad R = 500 \text{ M}\Omega = 5 \times 10^8 \ \Omega$

时间常数 $\qquad\qquad \tau = RC = 5 \times 10^8 \times 2.4 \times 10^{-7} = 120 \text{ s}$

电容上初始电压 $\qquad u_\mathrm{C}(0_+) = 10\sqrt{2}\ \text{kV} = 10\sqrt{2} \times 10^3\ \text{V}$

在电容放电过程中，电容电压（即电网电压）的变化规律为

$$u_\mathrm{C}(t) = u_\mathrm{C}(0_+)\mathrm{e}^{-\frac{t}{\tau}}$$

故 $\qquad u_\mathrm{C}(60\ \text{s}) = 10\sqrt{2} \times 10^3 \times \mathrm{e}^{-\frac{60}{120}} \approx 8\ 576\ \text{V} \approx 8.6\ \text{kV}$

$$u_\mathrm{C}(600\ \text{s}) = 10\sqrt{2} \times 10^3 \times \mathrm{e}^{-\frac{600}{120}} \approx 95.3\ \text{V}$$

由此可见，电网断电，电压并不是立即消失。此电网断电经历了 1 min，仍有 8.6 kV 的高压，当 $t = 5\tau = 5 \times 120 = 600\ \text{s}$ 时，即在断电 10 min 时电网上仍有 95.3 V 的电压。

5.5.2 RL 电路的零输入响应

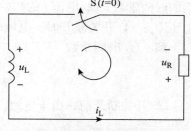

图 5 - 8 **RL** 电路的零输入响应

在图 5 - 8 所示电路中，开关 S 闭合前，电感中的电流已经恒定不变，其电流 $i_\mathrm{L} = i_\mathrm{L}(0_-)$。开关 S 闭合后，电感储存的能量将通过电阻以热能形式释放出来。现把开关动作时刻取为计时起点（$t = 0$）。开关闭合后，即 $t \geqslant 0_+$ 时，根据 KVL 可得

$$u_\mathrm{R} + u_\mathrm{L} = 0 \qquad\qquad (5 - 10)$$

由于电流 i_L 与 u_L 参考方向为关联参考方向，则 $u_\mathrm{L} = L\dfrac{\mathrm{d}i_\mathrm{L}(t)}{\mathrm{d}t}$，又 $u_\mathrm{R} = Ri_\mathrm{L}$，代入上述方程得

$$L\frac{\mathrm{d}i_\mathrm{L}(t)}{\mathrm{d}t} + Ri_\mathrm{L} = 0 \qquad\qquad (5 - 11)$$

同式（5 - 4）类似，这是一阶齐次微分方程，$t = 0_+$ 时，$i_\mathrm{L} = i_\mathrm{L}(0_+) = i_\mathrm{L}(0_-)$，求得满足初始值的微分方程的解为

$$i_\mathrm{L}(t) = i_\mathrm{L}(0_+)\mathrm{e}^{-\frac{R}{L}t} \qquad\qquad (5 - 12)$$

这就是放电过程中电感电流 i_L 的表达式。

电感电压

$$u_\mathrm{L} = L\frac{\mathrm{d}i_\mathrm{L}(t)}{\mathrm{d}t} = L\frac{\mathrm{d}\left[i_\mathrm{L}(0_+)\mathrm{e}^{-\frac{R}{L}t}\right]}{\mathrm{d}t}$$

$$= L\left(-\frac{R}{L}\right)i_\mathrm{L}(0_+)\mathrm{e}^{-\frac{R}{L}t}$$

$$= -Ri_\mathrm{L}(0_+)\mathrm{e}^{-\frac{R}{L}t} \qquad\qquad (5 - 13)$$

从以上表达式可以看出，电感电压 u_L、电流 i_L 都是按照同样的指数规律衰减的。它们衰减的快慢取决于指数中 $\dfrac{R}{L}$ 的大小。令

$$\tau = \frac{L}{R} \qquad\qquad (5 - 14)$$

式（5 - 14）称为 RL 电路的时间常数，则上述各式可以写为

$$i_\mathrm{L}(t) = i_\mathrm{L}(0_+)\mathrm{e}^{-\frac{t}{\tau}} \qquad\qquad (5 - 15)$$

$$u_\mathrm{L}(t) = -Ri_\mathrm{L}(0_+)\mathrm{e}^{-\frac{t}{\tau}} \qquad\qquad (5 - 16)$$

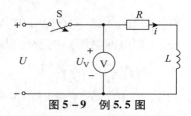

图 5-9　例 5.5 图

例 5.5　图 5-9 所示是一台 300 kW 汽轮发电机的励磁回路。已知励磁绕组的电阻 $R = 0.189\ \Omega$，电感 $L = 0.398\ H$，直流电压 $U = 35\ V$。电压表的量程为 50 V，内阻 $R_V = 5\ k\Omega$。开关未断开时，电路中电流已经恒定不变。在 $t = 0$ 时，断开开关。求：① 电阻、电感回路的时间常数；② 电流 i 的初始值和开关断开后电流 i 的最终值；③ 电流 i 和电压表处的电压 U_V；④ 开关断开时，电压表处的电压。

解：① 时间常数

$$\tau = \frac{L}{R + R_V} = \frac{0.398}{0.189 + 5 \times 10^3} = 79.6\ \mu s$$

② 开关断开前，由于电流已恒定不变，电感 L 两端电压为零，故

$$i = \frac{U}{R} = \frac{35}{0.189} = 185.2\ A$$

由于电感中电流不能跃变，所以电感电流的初始值 $i_L(0_+) = i_L(0_-) = 185.2\ A$。

③ 按 $i_L(t) = i_L(0_+)\mathrm{e}^{-\frac{t}{\tau}}$ 可得

$$i = 185.2\mathrm{e}^{-12\,560t}\ A$$

电压表处的电压

$$U_V = -R_V i = -5 \times 10^3 \times 185.2\mathrm{e}^{-12\,560t} = -926\mathrm{e}^{-12\,560t}\ kV$$

④ 开关断开时，电压表处的电压

$$U_V(0_+) = -926\ kV$$

在这个时刻电压表要承受很高的电压，其绝对值将远大于直流电源的电压 U，而且初始瞬间的电流也很大，可能损坏电压表。由此可见，切断电感电流时必须考虑磁场能量的释放。如果磁场能量较大，而又必须在短时间内完成电流的切断，则必须考虑如何熄灭因此而出现的电弧（一般出现在开关处）的问题。

思考讨论 >>>

1. 何谓一阶动态电路？

2. 何谓动态电路的零输入响应？

3. 在如图 5-10 所示的电路中，已知 $C = 4\ \mu F$，$R_1 = R_2 = 20\ k\Omega$，电容原先有电压 100V，试求在开关 S 闭合后 60 ms 时电容上的电压 u_C 及放电电流 i。

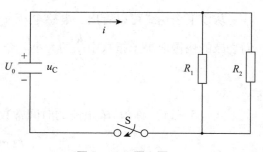

图 5-10　题 3 图

5.6 一阶电路的零状态响应

前面我们已经学会了一阶电路零输入响应的计算,那么当电路动态元件初始储能为零时,电路的电流和电压有何变化规律?

零状态响应就是电路在零初始状态下(动态元件初始储能为零)由外施激励引起的响应。

5.6.1 RC 电路的零状态响应

在图 5–11 所示电路中,开关 S 闭合前,电路处于零初始状态,电容电压 $u_C = u_C(0_-) = 0$。开关 S 闭合后,电路接入直流电压源 U_S。现把开关动作时刻取为计时起点($t = 0$)。开关闭合后,即 $t \geqslant 0_+$ 时,根据 KVL 可得

$$u_R + u_C = U_S \tag{5–17}$$

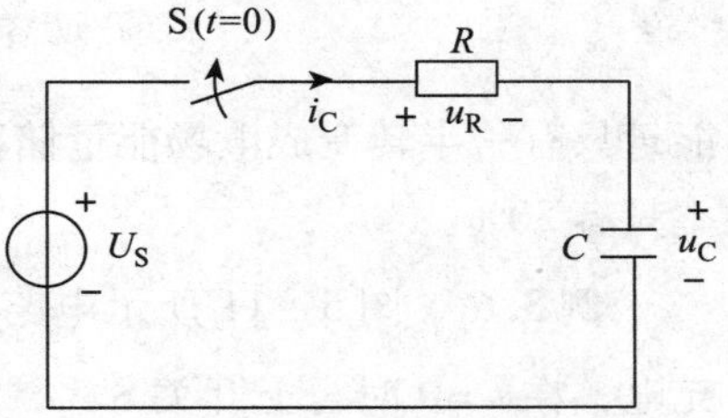

由于电流 i_C 与 u_C 参考方向为关联参考方向,则 $i_C = C\dfrac{\mathrm{d}u_C(t)}{\mathrm{d}t}$,又 $u_R = Ri_C$,代入上述方程得

图 5–11　RC 电路的零状态响应

$$RC\frac{\mathrm{d}u_C(t)}{\mathrm{d}t} + u_C = U_S \tag{5–18}$$

这是一阶非齐次微分方程,U_S 也是电容充满电后的稳态电压 $u_C(\infty)$,求得的微分方程的解为

$$u_C(t) = U_S\left(1 - \mathrm{e}^{-\frac{t}{\tau}}\right) = u_C(\infty)\left(1 - \mathrm{e}^{-\frac{t}{\tau}}\right) \tag{5–19}$$

这就是充电过程中电容电压 u_C 的表达式其中,$\tau = RC$。

电容电流

$$
\begin{aligned}
i_C &= C\frac{\mathrm{d}u_C(t)}{\mathrm{d}t} = C\frac{\mathrm{d}\left[u_C(\infty)\left(1 - \mathrm{e}^{-\frac{t}{\tau}}\right)\right]}{\mathrm{d}t} \\
&= C\left(\frac{1}{RC}\right)u_C(\infty)\mathrm{e}^{-\frac{t}{\tau}} = \frac{u_C(\infty)}{R}\mathrm{e}^{-\frac{t}{\tau}}
\end{aligned} \tag{5–20}
$$

电阻电压

$$u_R = U_S - u_C = U_S\mathrm{e}^{-\frac{t}{RC}}$$

电容电压和电阻电压以及充电电流均以指数规律变化,如图 5–12 所示。

在充电过程中,电源供给的能量一部分转换成电场能量储存于电容中,一部分被电阻转变为热能消耗,电阻消耗的电能

$$
\begin{aligned}
W_R &= \int_0^\infty i^2 R\,\mathrm{d}t = \int_0^\infty \left(\frac{u_C(\infty)}{R}\mathrm{e}^{-\frac{t}{\tau}}\right)^2 R\,\mathrm{d}t \\
&= \left(\frac{u_C(\infty)}{R}\right)^2\left(-\frac{RC}{2}\right)\mathrm{e}^{-\frac{2}{RC}t}\bigg|_0^\infty = \frac{1}{2}Cu_C^2(\infty)
\end{aligned}
$$

从上式可见,不论电路中电容 C 和电阻 R 的数值为多少,在充电过程中,电源提供的

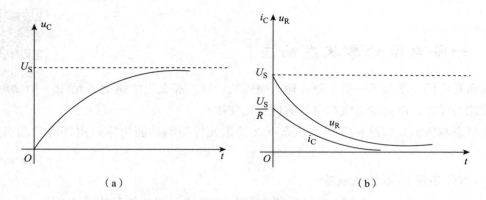

图 5 – 12　*RC* 电路的零状态响应曲线
（a）电容电压曲线　（b）电阻电压及充电电流曲线

能量只有一半转变成电场能量储存于电容中，另一半则为电阻所消耗，也就是说，充电效率只有 50%。

例 5.6　图 5 – 11 所示电路中，已知 $U_S = 220$ V，$R = 200\ \Omega$，$C = 1\ \mu$F，电容事先未充电，在 $t = 0$ 时合上开关 S。

① 求时间常数、最大充电电流；

② 求 u_C、u_R、i 的表达式及各自在 1 ms 时的值。

解： ① 时间常数　　　$\tau = RC = 200 \times 1 \times 10^{-6} = 200\ \mu$s；

最大充电电流　　$i_{max} = \dfrac{U_S}{R} = \dfrac{220}{200} = 1.1$ A，$u_C(\infty) = U_S = 220$ V

② u_C、u_R、i 的表达式：

$$u_C(t) = u_C(\infty)\left(1 - e^{-\frac{t}{\tau}}\right) = 220\left(1 - e^{-\frac{t}{2 \times 10^{-4}}}\right) = 220\left(1 - e^{-5 \times 10^3 t}\right)\ \text{V}$$

$$u_C(10^{-3}\ \text{s}) = 220\left(1 - e^{-5 \times 10^3 \times 10^{-3}}\right) = 218.5\ \text{V}$$

$$i(t) = \frac{u_C(\infty)}{R}e^{-\frac{t}{\tau}} = \frac{220}{200}e^{-\frac{t}{2 \times 10^{-4}}} = 1.1e^{-5 \times 10^3 t}\ \text{A}$$

$$i(10^{-3}\ \text{s}) = 1.1e^{-5 \times 10^3 \times 10^{-3}} = 0.0074\ \text{A}$$

$$u_R(t) = iR = \frac{u_C(\infty)}{R}e^{-\frac{t}{\tau}} \cdot R = u_C(\infty)e^{-\frac{t}{\tau}} = 220e^{-\frac{t}{2 \times 10^{-4}}} = 220e^{-5 \times 10^3 t}\ \text{V}$$

$$u_R(10^{-3}\ \text{s}) = 220e^{-5 \times 10^3 \times 10^{-3}} \approx 1.5\ \text{V}$$

5.6.2　RL 电路的零状态响应

在图 5 – 13 所示电路中，开关 S 闭合前，电感中没有电流通过，即电流 $i_L = i_L(0_-) = 0$。开关闭合后，电感中的电流逐渐增大到一个恒定值。现把开关动作时刻取为计时起点（$t = 0$）。开关闭合后，即 $t \geq 0_+$ 时，根据 KVL 可得

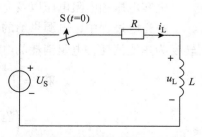

$$u_R + u_L = U_S \qquad\qquad (5 - 21)$$

图 5 – 13　*RL* 电路的零状态响应

由于电流 i_L 与 u_L 参考方向为关联参考方向，则 $u_L = L\dfrac{\mathrm{d}i_L(t)}{\mathrm{d}t}$，又 $u_R = Ri_L$，代入上述方程得

$$L\frac{\mathrm{d}i_L(t)}{\mathrm{d}t} + Ri_L = U_S \tag{5-22}$$

这是一阶非齐次微分方程，$\dfrac{U_S}{R}$ 其实也是电感充满电后的稳态电流的 $i_L(\infty)$，由数学知识该微分方程的解为

$$i_L(t) = \frac{U_S}{R}\left(1 - \mathrm{e}^{-\frac{t}{\tau}}\right) = i_L(\infty)\left(1 - \mathrm{e}^{-\frac{t}{\tau}}\right) \tag{5-23}$$

这就是充电过程中电感电流 i_L 的表达式，其中 $i_L(\infty)$ 是 $i_L(t)$ 稳态值，时间常数 $\tau = \dfrac{L}{R}$。

电感电压

$$\begin{aligned}
u_L &= L\frac{\mathrm{d}i_L(t)}{\mathrm{d}t} = L\frac{\mathrm{d}\left[i_L(\infty)\left(1 - \mathrm{e}^{-\frac{t}{\tau}}\right)\right]}{\mathrm{d}t} \\
&= L\left(\frac{R}{L}\right)i_L(\infty)\mathrm{e}^{-\frac{t}{\tau}} \\
&= Ri_L(\infty)\mathrm{e}^{-\frac{t}{\tau}} \tag{5-24}
\end{aligned}$$

例 5.7　图 5-14 所示电路为一直流发电机电路简图，已知励磁绕组 $R = 20\ \Omega$，励磁电感 $L = 20\ \mathrm{H}$，外加电压为 $U_S = 200\ \mathrm{V}$。

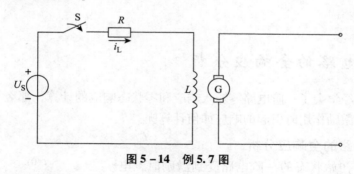

图 5-14　例 5.7 图

① 试求当 S 闭合后，励磁电流的变化规律和达到稳态值所需要的时间；

② 如果将电源电压提高到 250 V，求励磁电流达到额定值所需要的时间。

解： ① 这是一个 RL 串联零状态响应的问题，可求得 $\tau = \dfrac{L}{R} = \dfrac{20}{20} = 1\ \mathrm{s}$，则

$$i_L(t) = \frac{U_S}{R}\left(1 - \mathrm{e}^{-\frac{t}{\tau}}\right) = \frac{200}{20}\left(1 - \mathrm{e}^{-\frac{t}{1}}\right) = 10\left(1 - \mathrm{e}^{-t}\right)\ \mathrm{A}$$

一般认为当 $t = (3 \sim 5)\tau$ 时过渡过程基本结束，取 $t = 5\tau = 5\ \mathrm{s}$。则合上开关 S 后，电流达到稳态所需要的时间为 5 s，励磁绕组的额定电流就认为等于其稳态值 10 A。

② 由上述计算知是励磁电流达到稳态需要 5 s。为缩短励磁时间常采用"强迫励磁法"，就是在励磁开始时提高电源电压，当电流达到额定值后，再将电压调回到额定值。这种强迫励磁所需要的时间 t 计算如下

$$i_L(t) = \frac{250}{20}(1 - e^{-\frac{t}{\tau}}) = 12.5(1 - e^{-t})\ \text{A}$$

由额定电流值相等，得

$$10 = 12.5(1 - e^{-t})$$

解上式得

$$t = 1.6\ \text{s}$$

由此可见，采用电压250 V对励磁绕组进行励磁要比电压200 V时所需的时间短，这样就缩短了起励时间，有利于发电机尽快进入到正常工作状态。

思考讨论 >>>

1. 何谓动态电路的零状态响应？

2. 如图5-15所示电路，已知 $C = 1\ \mu\text{F}$，$R = 50\ \Omega$，$U_0 = 220\ \text{V}$，S接通前电容 $u_C = 0$ V。求：（1）S闭合后电流的初始值 $i(0_+)$ 和时间常数；（2）当S接通150 μs后时电路中的电流和电容器上的电压 u_C。

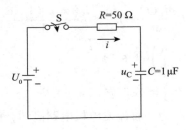

图5-15 题2

一阶电路的全
响应分析

5.7 一阶电路的全响应分析

前面我们已经学会了一阶电路零输入响应和零状态响应的计算，那么当电路非零初始状态的电路受到激励作用时引起的响应如何计算呢？

5.7.1 一阶电路的全响应分析

当一个非零初始状态的一阶电路受到激励时，电路的响应称为一阶电路的全响应。在图5-16所示电路中，开关S闭合前，电容已充电，其电压 $u_C = u_C(0_-) \neq 0$。开关S闭合后，电路接入直流电压源 U_S。现把开关动作时刻取为计时起点（$t = 0$）。开关闭合后，即 $t \geq 0_+$ 时，根据KVL可得

$$u_R + u_C = U_S \tag{5-25}$$

图5-16 一阶电路的全响应

由于电流 i_C 与 u_C 参考方向为关联参考方向，则

$i_C = C\dfrac{du_C(t)}{dt}$，又 $u_R = Ri_C$，代入上述方程得

$$RC\frac{du_C(t)}{dt} + u_C = U_S \tag{5-26}$$

这是一阶非齐次微分方程，U_S 其实也是电容达到稳态后的电压 $u_\mathrm{C}(\infty)$，求得的微分方程的解为

$$u_\mathrm{C}(t) = u_\mathrm{C}(0_+)\mathrm{e}^{-\frac{t}{\tau}} + u_\mathrm{S}(1 - \mathrm{e}^{-\frac{t}{\tau}})$$

$$= u_\mathrm{C}(0_+)\mathrm{e}^{-\frac{t}{\tau}} + u_\mathrm{C}(\infty)(1 - \mathrm{e}^{-\frac{t}{\tau}}) \tag{5-27}$$

这就是电容电压在 $t \geqslant 0_+$ 时的全响应，其中 $\tau = RC$。

可以看出，式（5-27）右边的第一项是电路的零输入响应，右边的第二项则是电路的零状态响应，这说明全响应是零输入响应和零状态响应的叠加，即

$$\text{全响应} = (\text{零输入响应}) + (\text{零状态响应})$$

将图 5-13 中一阶电路全响应分解成零输入响应和零状态响应，如图 5-17 所示。

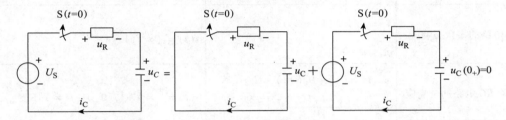

图 5-17　一阶电路全响应分解

对式（5-27）稍作变形，还可进一步化为

$$u_\mathrm{C}(t) = U_\mathrm{S} + [u_\mathrm{C}(0_+) - U_\mathrm{S}]\mathrm{e}^{-\frac{t}{\tau}} \tag{5-28}$$

可以看出，式（5-28）右边的第一项是恒定值，大小等于直流电压源电压，是换路后电容电压达到稳态后的量，右边的第二项则是仅取决于电路参数 τ，会随着时间的增长按指数规律逐渐衰减到零，是电容电压瞬态的量，所以又常将全响应看作是稳态分量和瞬态分量的叠加，即

$$\text{全响应} = (\text{稳态分量}) + (\text{瞬态分量})$$

5.7.2　一阶电路的三要素法

无论是把全响应分解为零状态响应和零输入响应，还是分解为稳态分量和瞬态分量，都不过是从不同的角度去分析全响应。而全响应总是有初始值 $f(0_+)$、稳态分量 $f(\infty)$ 和时间常数 τ 三个要素决定的。在直流电源激励下，仿式（5-28），则全响应 $f(t)$ 可写为

暂态分析的
三要素法

$$f(t) = f(\infty) + [f(0_+) - f(\infty)]\mathrm{e}^{-\frac{t}{\tau}} \tag{5-29}$$

由式（5-29）可以看出，若已知初始值 $f(0_+)$、稳态分量 $f(\infty)$、时间常数 τ 三个要素，就可以直接写出直流激励下一阶电路的全响应，这种方法称为三要素法。前面讲述的通过微分方程求解的方式求得储能元件响应函数的方法称为经典法。表 5-2 给出了经典法与三要素法求解一阶电路的比较。

表 5 - 2　经典法与三要素法求解一阶电路比较表

名称	微分方程求解	三要素表示法
RC 电路的零输入响应	$u_C = u_C(0_+)\mathrm{e}^{-\frac{t}{\tau}}$ $i_C = \dfrac{i_C(0_+)}{R}\mathrm{e}^{-\frac{t}{\tau}}$	$f(t) = f(0_+)\mathrm{e}^{-\frac{t}{\tau}}$
RC 电路的零状态响应	$u_C = u_C(\infty)(1-\mathrm{e}^{-\frac{t}{\tau}})$ $i_C = i_C(0_+)\mathrm{e}^{-\frac{t}{\tau}}$	$f(t) = f(\infty)(1-\mathrm{e}^{-\frac{t}{\tau}})$
RL 电路的零输入响应	$i_L = i_L(0_+)\mathrm{e}^{-\frac{t}{\tau}}$ $u_L = -u_L(0_+)\mathrm{e}^{-\frac{t}{\tau}}$	$f(t) = f(0_+)\mathrm{e}^{-\frac{t}{\tau}}$
RL 电路的零状态响应	$i_L = i_L(\infty)(1-\mathrm{e}^{-\frac{t}{\tau}})$ $u_L = u_L(0_+)\mathrm{e}^{-\frac{t}{\tau}}$	$f(t) = f(\infty)(1-\mathrm{e}^{-\frac{t}{\tau}})$
一阶 RC 电路的全响应	$u_C(t) = U_S + [U_C(0_+) - U_S]\mathrm{e}^{-\frac{t}{\tau}}$ $i_C(t) = \dfrac{U_S - U_C(0_+)}{R}\mathrm{e}^{-\frac{t}{\tau}}$	$f(t) = f(\infty) + [f(0_+) - f(\infty)]\mathrm{e}^{-\frac{t}{\tau}}$

　　三要素法简单易算，特别是求解复杂的一阶电路尤为方便。下面归纳出用三要素法解题的一般步骤：

　　① 画出换路前（$t = 0_-$）的等效电路，求出电容电压 $u_C(0_-)$ 或电感电流 $i_L(0_-)$；

　　② 根据换路定律 $u_C(0_+) = u_C(0_-)$，$i_L(0_+) = i_L(0_-)$，求出响应电压 $u(0_+)$ 或电流 $i(0_+)$ 的初始值，即 $f(0_+)$；

　　③ 画出 $t \to \infty$ 时的稳态电路（稳态时电容相当于开路，电感相当于短路），求出稳态下响应电压 $u(\infty)$ 或电流 $i(\infty)$，即 $f(\infty)$；

　　④ 求出电路的时间常数 τ，$\tau = RC$ 或 $\dfrac{L}{R}$，其中 R 值是换路后断开储能元件 C 或 L，直流电压源相当于短路，直流电流源相当于断路，由储能元件两端看进去，用戴维南等效电路求得的等效内阻。

　　例 5.8　图 5 - 18 所示电路中，开关 S 断开前电路处于稳态。已知 $U_S = 20\ \mathrm{V}$，$R_1 = R_2 = 1\ \mathrm{k\Omega}$，$C = 1\ \mathrm{\mu F}$。求开关打开后，$u_C$ 和 i_C 的解析式，并画出其曲线。

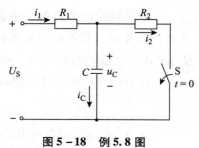

图 5 - 18　例 5.8 图

　　解：选定各电流、电压的参考方向如图 5 - 18 所示。

　　因为换路前电容上电流 $i_C(0_-) = 0$，故有

$$i_1(0_-) = i_2(0_-) = \frac{U_S}{R_1 + R_2}$$

$$= \frac{20}{10^3 + 10^3}$$

$$= 10 \times 10^{-3}\ \mathrm{A} = 10\ \mathrm{mA}$$

换路前电容上电压

$$u_C(0_-) = i_2(0_-)R_2 = 10 \times 10^{-3} \times 1 \times 10^3 = 10 \text{ V}$$

由于 $u_C(0_-) < U_S$，因此换路后电容将继续充电，其充电时间常数

$$\tau = R_1 C = 1 \times 10^3 \times 1 \times 10^{-6} = 10^{-3} \text{ s} = 1 \text{ ms}$$

电容充满电后的稳态电压 $u_C(\infty) = U_S = 20$ V，将上述数据代入式（5-28）得

$$u_C = u(\infty) + [(u_C(0_+) - u_C(\infty))]e^{-\frac{t}{\tau}} = 20 + (10 - 20)e^{-\frac{t}{10^{-3}}} = 20 - 10e^{-1\,000t} \text{ V}$$

$$i_C = C\frac{du_C}{dt} = \frac{u_C(\infty) - u_C(0_+)}{R}e^{-\frac{t}{\tau}} = \frac{20 - 10}{1\,000}e^{-\frac{t}{10^{-3}}} = 0.01e^{-1\,000t} \text{ A} = 10e^{-1\,000t} \text{ mA}$$

u_C、i_C 随时间变化的曲线如图 5-19 所示。

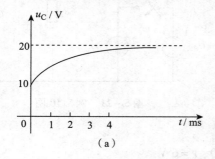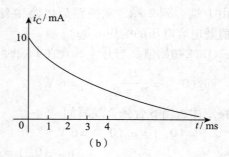

图 5-19　u_C、i_C 随时间变化曲线

（a）u_C 变化曲线　（b）i_C 变化曲线

例 5.9　图 5-20（a）所示电路在 $t = 0_-$ 时处于稳态，设 $U_{S1} = 38$ V，$U_{S2} = 20$ V，$R_1 = 20\ \Omega$，$R_2 = 5\ \Omega$，$R_3 = 6\ \Omega$，$L = 0.2$ H。求 $t \geq 0$ 时，电流 i_L。

解： 由图 5-20（a）计算换路前的电感电流

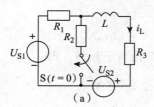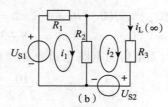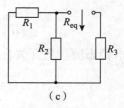

图 5-20　例 5.9 图

（a）电路一　（b）电路二　（c）电路三

$$i_L(0_-) = \frac{U_{S1} - U_{S2}}{R_1 + R_3} = 0.69 \text{ A}$$

由换路定律得 $i_L(0_+) = i_L(0_-) = 0.69$ A。

计算直流稳态电流的电路如图 5-20（b）所示。列网孔电流方程

$$\begin{cases} (R_1 + R_2)i_1 - R_2 i_2 = U_{S1} \\ -R_2 i_1 + (R_2 + R_3)i_2 = -U_{S2} \end{cases}$$

解得 $i_2 = i_L(\infty) = -1.24$ A。

令 $U_{S1} = U_{S2} = 0$，即直流电压源等效为短路，而电感元件相当于短路，根据戴维南等效电路的原则画出等效电阻 R_{eq} 的电路如图 5-20（c）所示。则

$$R_{eq} = \frac{R_1 R_2}{R_1 + R_2} + R_3 = 10 \ \Omega$$

则 $\tau = \dfrac{L}{R_{eq}} = 0.02$ s，由三要素法公式得

$$i_L(t) = i_L(\infty) + [i_L(0_+) - i_L(\infty)] e^{-\frac{t}{\tau}} = -1.24 + 1.93 e^{-50t} \ A$$

例 5.10 电路如图 5-21 所示，$U_{S1} = 12$ V，$U_{S2} = 10$ V，$R_1 = 2$ kΩ，$R_2 = 2$ kΩ，$C = 10$ μF，开关 S 合在 1 端，电路处于稳态，在 $t = 0$ 时刻，开关 S 由 1 端合到 2 端，求换路后电路中各量的初始值及电容电压的响应 $u_C(t)$。

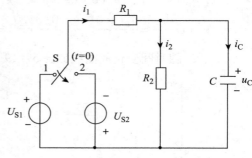

图 5-21　例 5.10 图

解： ① 求初始值。当开关 S 合在 1 端时

$$u_C(0_-) = \frac{U_{S1}}{R_1 + R_2} \times R_2 = 6 \ V$$

根据换路定律，当 S 合到 2 端瞬间

$$u_C(0_+) = u_C(0_-) = 6 \ V$$

$$u_{R2}(0_+) = u_C(0_+) = 6 \ V$$

则

$$i_2(0_+) = \frac{u_C(0_+)}{R_2} = \frac{6}{2 \times 10^3} = 3 \ mA$$

由基尔霍夫电压定律可得

$$i_1(0_+)R_1 + u_C(0_+) + U_{S2} = 0$$

则

$$i_1(0_+) = -\frac{U_{S2} + u_C(0_+)}{R_1} = -\frac{10 + 6}{2 \times 10^3} = -8 \ mA$$

$$u_{R1}(0_+) = i_1(0_+)R_1 = -8 \times 2 = -16 \ V$$

$$i_C(0_+) = i_1(0_+) - i_2(0_+) = -8 - 3 = -11 \ mA$$

② 求稳态值。当开关合到 2 端后，电路达到稳态时 C 相当于开路，则

$$u_C(\infty) = -\frac{U_{S2}}{R_1 + R_2} \times R_2 = -\frac{10}{2 + 2} \times 2 = -5 \ V$$

③ 求时间常数。电阻 R 为从 C 两端看进去的无源二端网络的等效电阻，则

$$R = R_1 /\!/ R_2 = \frac{2 \times 2}{2 + 2} = 1 \ k\Omega$$

则时间常数　　　　　$\tau = RC = 1 \times 10^3 \times 10 \times 10^{-6} = 0.01$ s

由一阶电路的三要素法可得

$$u_C(t) = -5 + [6 - (-5)] e^{-\frac{t}{\tau}} = -5 + 11 e^{-100t} \ V$$

思考讨论 >>>

1. 何谓动态电路的全响应？

2. 一阶动态电路三要素指哪些？

3. 如图 5-22 所示，已知开关 K 原处于闭合状态，$t = 0$ 时打开。求 $u_C(t)$。

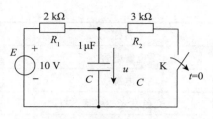

图 5 - 22　题 3 图

5.8　RC 闪烁电路的设计与制作

什么是 *RC* 闪烁电路，其工作原理如何呢？*RC* 闪烁电路是一种电阻与电容为主要元件构成的延时电路。本节主要学习设计一款能进行红绿灯交替闪烁的延时电路。

1. *RC* 闪烁电路的工作原理

如图 5 - 23 所示，三极管 VT_1 与 VT_2 组成一个典型的多谐振荡器。接通电源后，三极管 VT_1 与 VT_2 交替导通与截止，从而控制变色发光二级管 LED 的红管芯与绿管芯交替闪烁导通。当三极管 VT_1 导通时，变色发光二级管 LED 的红管芯导通发光；当三极管 VT_2 导通时，变色发光二级管 LED 的绿管芯导通发光。

发光二极管的发光频率主要由 *RC* 延时电路决定。如图 5 - 23 所示，可根据 R_1 与 C_1，R_2 与 C_2 分别计算出两个发光二极管的闪烁频率。发光频率可由式（5 - 30）近似计算：

$$f = \frac{1}{1.4RC} \tag{5 - 30}$$

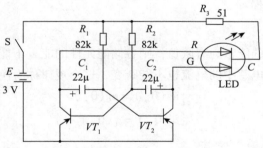

图 5 - 23　闪烁发光电路

2. 工具、仪器及材料

工具：电池、电烙铁、剪刀、剥线钳等。

仪器：万用表。

材料：导线、焊锡、电路元器件（参数见表 5 - 3）。

表 5 - 3　电路元器件型号参数

序号	元器件代号	名称	型号及参数
1	VT_1、VT_2	PNP 锗管	3AX31B

序号	元器件代号	名称	型号及参数
2	C_1、C_2	电解电容	22 μF/12 V
3	U_s	电源	五号电池
4	LED	变色发光二极管	2EF302
5	R	碳膜电阻	82 kΩ、51 Ω/8 W

3. 操作步骤

（1）分析闪烁电路的原理图并设计实验电路；

（2）根据要求计算闪烁频率；

（3）组装电路；

（4）调试电路；

（5）实验总结。

小　结

1. 过渡过程产生的原因

电路从一种稳定状态变化到另一种稳定状态所经历的中间过程称为过渡过程。产生过渡过程的内因是电路含有储能元件，外因是换路，其实质是能量不能跃变而只能做连续的变化。因此，凡是含有储能元件的电路，在涉及与电场能量和磁场能量有关的物理量发生变化时都要产生过渡过程。

2. 换路定律

若向储能元件提供的能量为有限值，则各储能元件的能量不能跃变。具体表现在电容两端的电压不能跃变，电感中的电流也不能跃变，这个规律称为换路定律。即

$$\begin{cases} u_C(0_+) = u_C(0_-) \\ i_L(0_+) = i_L(0_-) \end{cases}$$

3. 一阶电路的零输入响应

RC 电路　　　　　　　　$u_C = u_C(0_+) e^{-\frac{t}{\tau}}$

RL 电路　　　　　　　　$i_L = i_L(0_+) e^{-\frac{t}{\tau}}$

4. 一阶电路的零状态响应

RC 电路　　　　　　　　$u_C = u_C(\infty)(1 - e^{-\frac{t}{\tau}})$

RL 电路　　　　　　　　$i_L = i_L(\infty)(1 - e^{-\frac{t}{\tau}})$

5. 一阶电路的全响应

$$全响应 = 稳态分量 + 暂态分量$$

或　　　　　　　　　　全响应 = 零输入响应 + 零状态响应

以上两个表达式反映了线性电路的叠加定理。

6. 三要素法

三要素法是基于经典法的一种求解过渡过程的简便方法。对于直流电源激励的一阶电路，可用三要素法求解。三要素的一般公式可以表示为

$$f(t) = f(\infty) + [f(0_+) - f(\infty)]e^{-\frac{t}{\tau}}$$

式中，$f(0_+)$ 为待求量的初始值，$f(\infty)$ 为待求量的稳态值，τ 为电路的时间常数。

习 题 5

一、选择题

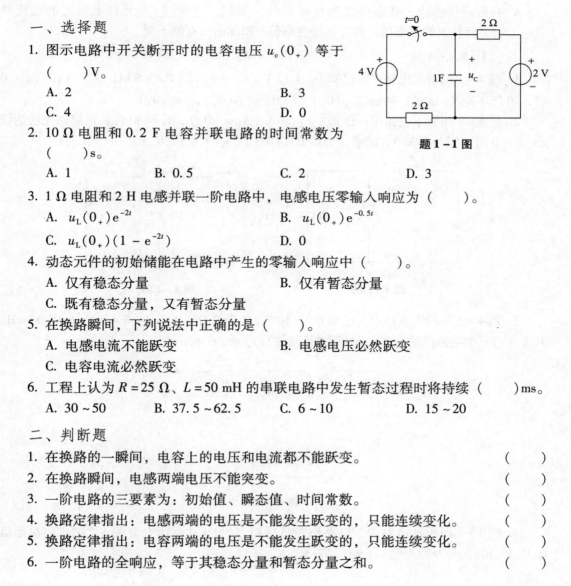

1. 图示电路中开关断开时的电容电压 $u_c(0_+)$ 等于 （　　）V。

   A. 2　　　　　　　　　　　　　B. 3

   C. 4　　　　　　　　　　　　　D. 0

题 1−1 图

2. 10 Ω 电阻和 0.2 F 电容并联电路的时间常数为 （　　）s。

   A. 1　　　　　　B. 0.5　　　　　　C. 2　　　　　　D. 3

3. 1 Ω 电阻和 2 H 电感并联一阶电路中，电感电压零输入响应为 （　　）。

   A. $u_L(0_+)e^{-2t}$　　　　　　　　　　　B. $u_L(0_+)e^{-0.5t}$

   C. $u_L(0_+)(1 - e^{-2t})$　　　　　　　D. 0

4. 动态元件的初始储能在电路中产生的零输入响应中 （　　）。

   A. 仅有稳态分量　　　　　　　　　B. 仅有暂态分量

   C. 既有稳态分量，又有暂态分量

5. 在换路瞬间，下列说法中正确的是 （　　）。

   A. 电感电流不能跃变　　　　　　　B. 电感电压必然跃变

   C. 电容电流必然跃变

6. 工程上认为 $R = 25\ \Omega$、$L = 50\ \text{mH}$ 的串联电路中发生暂态过程时将持续 （　　）ms。

   A. 30 ~ 50　　　　B. 37.5 ~ 62.5　　　　C. 6 ~ 10　　　　D. 15 ~ 20

二、判断题

1. 在换路的一瞬间，电容上的电压和电流都不能跃变。　　　　　　　　　　（　　）

2. 在换路瞬间，电感两端电压不能突变。　　　　　　　　　　　　　　　　（　　）

3. 一阶电路的三要素为：初始值、瞬态值、时间常数。　　　　　　　　　　（　　）

4. 换路定律指出：电感两端的电压是不能发生跃变的，只能连续变化。　　（　　）

5. 换路定律指出：电容两端的电压是不能发生跃变的，只能连续变化。　　（　　）

6. 一阶电路的全响应，等于其稳态分量和暂态分量之和。　　　　　　　　（　　）

三、填空题

1. 电路发生突变后从原来的状态转变为另一工作状态，这种转变过程，称为_____，又叫作暂态过程。

2. 零状态响应是指在换路前电路的初始储能为_____，换路后电路中的响应由_____作用。

3. 零输入响应是指在换路后电路中无_____，电路中的响应是由_____产生的。

4. RC 一阶电路的时间常数 $\tau =$ _____，RL 一阶电路的时间常数 $\tau =$ _____。

5. 时间常数越大，暂态过程持续的时间就越_____。

6. 一阶电路的全响应等于零状态响应与_____的叠加。

7. 一阶电路的三要素为_____、_____和_____。

8. 换路定律指出：在电路发生换路后的一瞬间，_____元件上通过的电流和_____元件上的端电压，都应保持换路前一瞬间的原有值不变。

四、计算分析题

1. 题 4-1 图所示电路中，已知 $U_S = 12\ \text{V}$，$R_1 = 4\ \text{k}\Omega$，$R_2 = 8\ \text{k}\Omega$，$C = 1\ \mu\text{F}$，$t = 0$ 时，闭合开关 S。试求：初始值 $i_C(0_+)$，$i_1(0_+)$，$i_2(0_+)$ 和 $u_C(0_+)$。

2. 题 4-2 图所示电路中，已知 $U_S = 60\ \text{V}$，$R_1 = 20\ \Omega$，$R_2 = 30\ \Omega$，电路原先已达稳态。$t = 0$ 时，闭合开关 S。试求：初始值 $i_C(0_+)$，$i_1(0_+)$，$i(0_+)$。

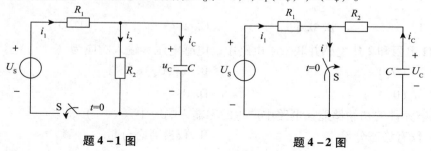

题 4-1 图　　　　　　题 4-2 图

3. 题 4-3 图所示电路中，已知 $U_S = 10\ \text{V}$，$R_1 = 2\ \Omega$，$R_2 = R_3 = 4\ \text{k}\Omega$，$L = 200\ \text{mH}$。开关 S 打开前电路已达稳态，求开关断开后的 i_1，i_2，i_3 和 u_L。

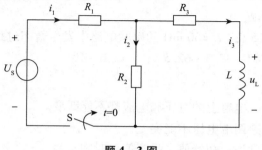

题 4-3 图

4. 题 4-4 图所示电路中，电路原先已达稳态，$t = 0$ 时闭合开关 S。试求：初始值 $i_L(0_+)$，$u_L(0_+)$ 及稳态值 $u_L(\infty)$，$i_L(\infty)$。

5. 题 4−5 图所示电路中，已知 $U_S = 10\text{ V}$，$R_1 = R_2 = 10\text{ }\Omega$，电路原先已达稳态，$t = 0$ 时闭合开关 S。试求：初始值 $i_L(0_+)$，$u_L(0_+)$ 及稳态值 $u_L(\infty)$，$i_L(\infty)$。

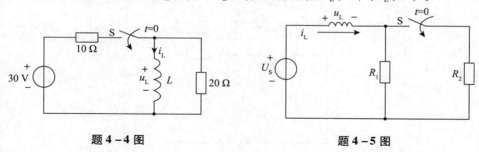

题 4−4 图　　　　　　　　　　题 4−5 图

6. 题 4−6 图所示电路中，电路原先已达稳态，$t = 0$ 时打开开关 S。试求：初始值 $i_C(0+)$，$u_C(0_+)$ 及稳态值 $u_C(\infty)$，$i_C(\infty)$ 及时间常数 τ。

7. 题 4−7 图所示电路中，开关 S 闭合前，电路原先已达稳态，$t = 0$ 时闭合开关 S。求 $t \geq 0$ 时电感电流 i_L、电感电压 u_L 的表达式。

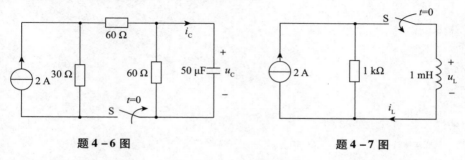

题 4−6 图　　　　　　　　　　题 4−7 图

8. 题 4−8 图所示电路中，开关 S 闭合前，电路原先已达稳态，$t = 0$ 时闭合开关 S。求 $t \geq 0$ 时 i 的表达式。

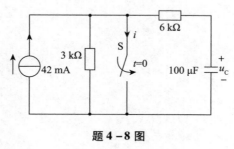

题 4−8 图

9. 图示电路中，已知 $U_S = 100\text{ V}$，$R_1 = 6\text{ }\Omega$，$R_2 = 4\text{ }\Omega$，$L = 20\text{ mH}$，$t = 0$ 时闭合开关 S。试用三要素法求换路后的 i 和 u_L 的表达式。

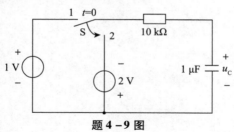

题 4−9 图

10. 如题 4 – 10 图所示电路原已稳定，$t = 0$ 时开关 S 由位置 1 扳向位置 2，求经过多长时间 u_C 等于零？

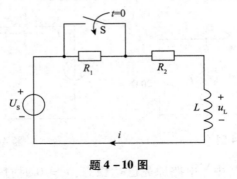

题 4 – 10 图

第6章 磁路与变压器

学习目标

（1）理解磁场中基本物理量的含义。
（2）认识磁路组成，掌握磁路的基本定律。
（3）认识交流电磁铁的结构，掌握其工作原理。
（4）掌握互感分析方法与互感电压计算。
（5）掌握互感线圈同名端的含义和判断方法。
（6）认识互感线圈的连接及等效电路。
（7）认识理想变压器的结构和工作原理。
（8）认识三相变压器与特殊变压器。

在生产和日常生活中，常常需要各种高低不同的交流电压，如最常用的三相异步电动机额定电压一般为 380 V 或 220 V；照明电路电压一般为 220 V；而局部照明和某些电动工具的额定电压为 36 V、24 V、12 V 等，一些电子电路中也需要不同的供电电压。那么这样高低不同的电压，不可能由发电机直接发出，而是通过变压器实现所需电压。因此变压器在各种电路中具有重要作用。那么什么是磁路？互感线圈的同名端如何判断？理想变器的结构和工作原理是什么？怎样制作小型变压器？

6.1 认识磁场

磁场是我们熟悉的一种物理现象，如何定量的描述磁场？磁场的物理量有哪些？

磁场是指传递实物间磁力作用的场。磁场是一种看不见、摸不着的特殊物质。磁场是由运动电荷或电场的变化而产生的。下面介绍描述磁场的物理量。

磁场的基本
物理量 （1）

6.1.1 磁通

磁通量是用来反映磁场中一个面上的磁场情况的物理量，简称磁通，以 Φ 表示。其定义为：在磁场中，磁感应强度与垂直磁场方向的面积的乘积叫作沿法线正方向穿过该面积的磁感应强度向量的通量。

磁场的基本
物理量 （2）

$$\Phi = \int_S B_n \mathrm{d}S = \int_S B\cos\beta\,\mathrm{d}S \tag{6-1}$$

式中，β 为面元 $\mathrm{d}S$ 上磁感应强度 B 与该面元的法线 n 之间的夹角，如图 6-1 所示。Φ 的正负说明磁感应线穿过 $\mathrm{d}S$ 的方向。$\mathrm{d}S$ 为闭合面的一部分，Φ 为正值，说明磁感应线从内侧穿向外侧，$\beta < 90°$；Φ 为负值，说明磁感应线由外侧进入内侧，$\beta > 90°$。当面元 dS 垂直于该点的磁感应强度，$\beta = 0$，$\cos\beta = 1$，穿过面元 dS 的磁通

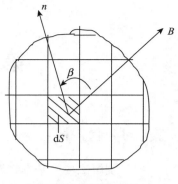

$$\mathrm{d}\Phi = B\mathrm{d}S$$

因此
$$B = \frac{\mathrm{d}\Phi}{\mathrm{d}S}$$

$\dfrac{\mathrm{d}\Phi}{\mathrm{d}S}$ 为穿过单位面积的磁通，即磁通密度。由此可见，某一点的磁感应强度就是该点的磁通密度。若磁场为均匀磁场，面积为 S 的平面垂直磁场方向，则有

图 6-1　磁通关系图

$$\Phi = BS \tag{6-2}$$

国际单位制中，磁通的单位是"韦伯"，简称"韦"，以符号 Wb 表示。工程上也用麦克斯韦（简称麦，符号 Mx）作为磁通的单位，且

$$1\ \mathrm{Mx} = 10^{-8}\ \mathrm{Wb}$$

如果在磁场中任取一个封闭的曲面，进入封闭曲面的磁通一定等于穿出封闭曲面的磁通。一般规定闭合面的正法线方向为朝外指的方向，这样从闭合面内穿出的磁通为正，进入的磁通为负，所以穿出任一闭合面的净磁通等于零，即

$$\oint_S B_\mathrm{n}\mathrm{d}S = 0 \tag{6-3}$$

这就是磁通连续性原理的数学表达式。它可以用磁感应线的特点来解释。磁感应线（又叫磁力线）是连续的、无头无尾的闭合曲线。对于磁场中任一封闭曲面来说，磁感应线进入封闭面必定还要穿出该曲面而形成闭合曲线。这样进入封闭面的磁感应线总数必定等于穿出该曲面的磁感应线总数，总磁通必定等于零。

6.1.2　磁感应强度

对于磁场的力效应，用一个物理量表示，这个物理量叫磁感应强度向量，用矢量 $\boldsymbol{B}$ 表示。其定义如下：在磁场中某点放一小段长为 Δl（线元），通有电流 I 并与磁场方向垂直的直导体，它所受的电磁力为 ΔF，则磁场在该点的磁感应强度向量的大小

$$B = \frac{\Delta F}{I\Delta l} \tag{6-4}$$

磁感应强度的方向就是该点的磁场方向，也就是小磁针在磁场该点处 N 极的指向。

在国际单位制中，磁感应强度的单位为"特斯拉"，简称"特"，以符号 T 表示。工程上也常用高斯（简称高，符号 Gs）作为 B 的单位，且

$$1\ \mathrm{Gs} = 10^{-4}\ \mathrm{T}$$

一般的永久磁铁附近的磁场，B 为 $0.2 \sim 0.7$ T；磁电系仪表中磁铁和圆柱体铁芯间的空气隙中的 B 为 $0.2 \sim 0.3$ T；电机和变压器铁芯中磁感应强度可达 $0.9 \sim 1.7$ T；科学研究用的强磁场可达几十特；地球的磁场的磁感应强度仅为 0.5×10^{-4} T，约 0.5 Gs。

6.1.3　磁场强度

磁场强度也是磁场的一个基本物理量，用符号 H 表示。磁场强度向量的定义是：在各向同性的磁介质中，磁场中某点的磁场强度的大小等于该点的磁感应强度的大小与该点磁导率的比值。即

$$H = \frac{B}{\mu} \tag{6-5}$$

磁场强度向量的方向与该点磁感应强度向量的方向相同。国际单位制中，磁场强度的单位是"A/m（安/米）"。

6.1.4　磁导率

磁导率是一个表示磁介质磁性能的物理量，用符号 μ 表示，不同的物质有不同的磁导率。国际单位制中，磁导率的单位为 H/m（亨利/米）。由实验确定，真空中的磁导率

$$\mu_0 = 4\pi \times 10^{-7} \text{ H/m}$$

为了对不同磁介质的性能有比较明确的认识，可以把均匀磁介质内磁感应强度与真空中磁感应强度进行比较。结果表明，在某些磁介质内的磁感应强度比真空中大些，而在另一些磁介质内就比较小些，这是由于不同的磁介质具有不同的磁性能的缘故。

任意一种磁介质的磁导率（μ）与真空磁导率（μ_0）的比值称为该磁介质的相对磁导率，用 μ_r 表示，即

$$\mu_r = \frac{\mu}{\mu_0}$$

物质根据其磁性能的不同，可分为三类：一类叫顺磁性物质，如空气、铝、铬、铂等，其 μ_r 略大于 1，在 1.000 003 ~ 1.000 01；另一类叫逆磁性物质，如氢、铜等，其 μ_r 略小于 1，在 0.999 995 ~ 0.999 83，顺磁性物质与逆磁性物质的 μ_r 在 1 左右，上下相差一般不超过 10^{-5}，所以在工程计算中，都可视为 1，还有一类叫铁磁性物质，如铁、钴、镍、钇、镝、硅、钢、坡莫合金、铁氧体等，其相对磁导率 μ_r 很大，可达几百甚至几千以上，而且不再是一个常数，且随磁感应强度和温度而变化。

6.1.5　铁磁性物质的磁化

1. 磁化

实验表明：将铁磁性物质（如铁、镍、钴等）置于某磁场中，会大大加强原磁场。这是由于铁磁物质会在外加磁场的作用下，产生一个与外磁场同方向的附加磁场，正是由于这个附加磁场促使了总磁场的加强，这种现象叫作磁化。

铁磁性物质具有这种性质，是由其内部结构决定的。研究表明：铁磁性物质内部是由许多叫作磁畴的天然磁化区域组成的。虽然每个磁畴的体积很小，但其中却包含有数亿个分子。每个磁畴中分子电流排列整齐，因此每个磁畴就构成一个永磁体，具有很强的磁性。但未被磁化的铁磁性物质，磁畴排列是紊乱的，各个磁畴的磁场相互抵消，对外不显示磁性，如图 6-2（a）所示。

若把铁磁性物质放入外磁场中，大多数磁畴趋向于沿外磁场方向规则地排列，因而在铁磁性物质内部形成了很强的与外磁场同方向的"附加磁场"，从而大大加强了磁感应强度，即铁磁性物质被磁化了，如图 6-2（b）所示。当外加磁场进一步增强时，所有磁畴的方向几乎全部与外加磁场方向相同，这时附加磁场不再增加，这种现象叫作磁饱和，如图 6-2（c）所示。非铁磁性物质（如铝、铜、木材等）由于没有磁畴结构，磁化程度很微弱。

铁磁性物质具有很强的磁化作用，因而具有良好的导磁性能，在电气设备和电气元件中具有广泛的用途，如电机、变压器、电磁铁、电工仪表等，利用铁磁性物质的磁化特性，可以使这些设备体积小、重量轻、结构简单、成本降低。因此，铁磁性物质对电气设

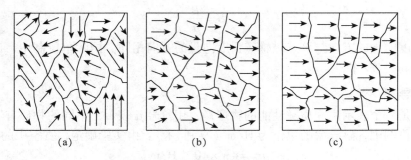

图6－2　铁磁性物质的磁化

（a）未被磁化时　（b）被磁化时　（c）磁饱和时

备的工作影响很大。

2. 磁化曲线

不同种类的铁磁性物质，其磁化性能是不同的。工程上常用磁化曲线（或表格）表示各种铁磁性物质的磁化特性。磁化曲线是铁磁性物质的磁感应强度 B 与外磁场的磁场强度 H 之间的关系曲线，所以又叫 $B－H$ 曲线。这种曲线一般由实验得到，如图6－3（a）所示。

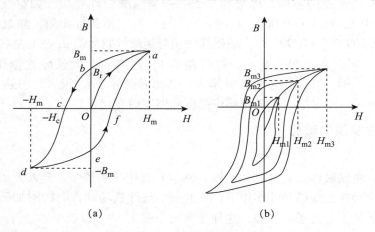

图6－3　磁滞回线

（a）磁化曲线　（b）磁滞回线族

1）起始磁化曲线

图6－3（a）所示 $O－a$ 段的 $B－H$ 曲线是在铁芯原来没有被磁化，即 B 和 H 均从零开始增加时所测得的。这种情况下作出的 $B－H$ 曲线叫起始磁化曲线。

铁磁性物质的 $B－H$ 曲线是非线性的，μ 不是常数；而非铁磁性物质的 $B－H$ 曲线为直线，μ 是常数。

2）实际磁化曲线

起始磁化曲线只反映了铁磁性物质在外磁场（H）由零逐渐增加的磁化过程。在很多实际应用中，外磁场（H）的大小和方向是不断改变的，即铁磁性物质受到交变磁化（反复磁化）。实验表明交变磁化的曲线是一个回线，如图6－3（a）的 $abcdefa$ 所示。此回线表示，当铁磁性物质沿起始磁化曲线磁化到 a 点后，再增大外加磁场，这时附加磁场不再

增加，这种现象叫作磁饱和；若减小 H，B 也随之减小，但 B 不是沿原来起始磁化曲线减小，而是沿另一路径 ab 减小，这种现象叫磁滞，磁滞是铁磁性物质所特有的；要消除剩磁（常称为去磁或退磁），需要反方向加大 H，也就是 bc 段，当 $H = -H_c$（Oc 段）时，$B = 0$，剩磁才被消除，此时的 $|-H_c|$ 叫作材料的矫顽力，$|-H_c|$ 的大小反映了材料保持剩磁的能力。如果继续反向加大 H（cd 段），即反向磁化，使 $H = -H_m$，$B = -B_m$；再让 H 减小到零（de 段）；再加大 H，使 $H = H_m$，$B = B_m$（efa 段），这样反复，便可得到对称于坐标原点的闭合曲线，即铁磁性物质的磁滞回线（$abcdefa$）。

如果改变磁场强度的最大值（即改变实验所取电流的最大值），重复上述实验，就可以得到另外一条磁滞回线。图 6 - 3（b）给出了不同 H_m 时的磁滞回线族。这些曲线的顶点 B_m 连线称为铁磁性物质的基本磁化曲线。对于某一种铁磁性物质来说，基本磁化曲线是完全确定的，它与起始磁化曲线差别很小，基本磁化曲线所表示的磁感应强度 B 和磁场强度 H 的关系具有平均的意义，因此工程上常用到它。

3. 铁磁性物质的分类

铁磁性物质根据磁滞回线的形状及其在工程上的用途可以分为两大类：一类是硬磁（永磁）材料，另一类是软磁材料。

硬磁材料的特点是磁滞回线较宽，剩磁和矫顽力都较大。这类材料在磁化后能保持很强的剩磁，适宜制作永久磁铁。常用的有铁镍钴合金、镍钢、钴钢、镍铁氧体、锶铁氧体等。在磁电式仪表、电声器材、永磁发电机等设备中所用的磁铁就是用硬磁材料制作的。软磁材料的特点是磁导率高，磁滞回线狭长，磁滞损耗小。软磁材料又分为低频和高频两种。用于高频的软磁材料要求具有较大的电阻率，以减小高频涡流损失。常用的高频软磁材料有铁氧体等，如收音机中的磁棒、无线电设备中的中周变压器的磁芯，都是用铁氧体制成的。用于低频的软磁材料有铸钢、硅钢、坡莫合金等，如电机、变压器等设备中的铁芯多为硅钢片，录音机中磁头铁芯多用坡莫合金。由于软磁材料的磁滞回线狭长，一般用基本磁化曲线代表其磁化特性，图 6 - 4 是软磁和硬磁材料的磁滞回线。

图 6 - 5 是几种常用铁磁性材料的基本磁化曲线，电气工程中常用它来进行磁路计算。

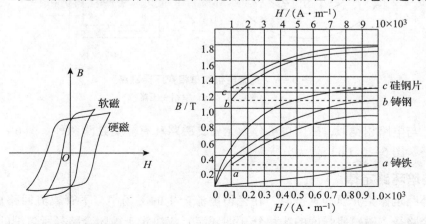

图 6 - 4　软磁和硬磁材料的磁滞回线　　**图 6 - 5　几种常用铁磁性材料的基本磁化曲线**

1. 描述磁场的物理量有哪些？
2. 如何理解磁化曲线？矫顽力和剩磁对磁化曲线有何影响？

6.2 磁路及其基本定律

电路中的电压和电流有一定规律，那么磁路中的磁通、磁势遵从哪些规律？与哪些量有关？如何计算？

6.2.1 磁路

线圈中通过电流就会产生磁场，磁感应线会分布在线圈周围的整个空间。如果把线圈绕在铁芯上，由于铁磁性物质的优良导磁性能，电流所产生的磁感应线基本上都局限在铁芯内。如前所述，有铁芯的线圈在同样大小电流的作用下，所产生的磁通将大大增加。这就是电磁器件中经常采用铁芯线

磁路

圈的原因。由于铁磁性材料的导磁率很高，磁通几乎全部集中在铁芯中，这个磁通称为主磁通。但还会有少量磁力线不经过铁芯而经过空气形成磁回路，这种磁通称为漏磁通。漏磁通相对于主磁通来说，所占的比例很小，所以一般可忽略不计。主磁通通过铁芯所形成的闭合路径叫磁路。图 6-6 给出了直流电机和单相变压器的结构简图，虚线表示磁通通路。

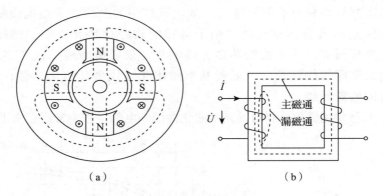

（a）   （b）

图 6-6　直流电机和单相变压器磁路
（a）直流电机　（b）单相变压器

另外，与电路相类似，磁路也可分为无分支磁路和有分支磁路两种。图 6-6（a）为有分支磁路，图 6-6（b）为无分支磁路。

6.2.2 安培环路定律

安培环路定律指介质为真空时，在稳恒电流产生的磁场中，不管载流回路形状如何，对任意闭合路径，磁感应强度的线积分（即环流）仅决定于被闭合路径所包围的电流的代数和，即

$$\oint B_1 \mathrm{d}l = \mu_0 \sum I \qquad (6-6)$$

式中，电流 I 的正负是这样规定的，当穿过回路的电流的参考方向与环路的绕行方向符合右手螺旋关系时，I 前面取正号，反之取负号。

如果磁场的介质不是真空，所取闭合环路上各处的介质相同，且其磁导率为 μ，则有

$$\sum B_1 \Delta l = \mu \sum I \qquad (6-7)$$

如果 I 不穿过回路 l，则对磁感应强度矢量环流无贡献，但是决不能误认为沿回路 l 上各点的磁感应强度仅由 l 内所包围的那部分电流所产生，它是由空间中所有电流产生的。

根据安培环路定律，可以求某些电流所产生的规则分布的磁场的磁感应强度。

根据 B 和 H 的关系，在均匀磁介质的磁场中，由式（6-7）所表示的安培环路定律

$\sum B_1 \Delta l = \mu \sum I$ 可得 $\sum \dfrac{B_1}{\mu} \Delta l = \sum I$，因为 $H = \dfrac{B}{\mu}$，所以

$$\sum H_1 \Delta l = \sum I \qquad (6-8)$$

式（6-8）就是磁介质中的安培环路定律（全电流定律）。它适用于均匀磁介质中的磁场，也适用于非均匀磁介质的情况，所以此式具有普遍性。它表明在有磁介质存在的磁场中，任一闭合环路上各段线元的磁场强度向量的切线分量与该线元的乘积的总和等于闭合环路所包围电流（导体中的传导电流）的代数和，而与磁场中磁介质的分布无关。电流正负的规定与前述相同。

式（6-8）说明在均匀磁介质的磁场中，磁场强度的大小与载流导体的形状、尺寸、匝数、电流的大小以及所求点在磁场中的位置有关，而与磁介质的磁性无关。也就是说，在均匀磁介质中，同样的导线，同样的电流，对同一位置的某一点来说，如果磁介质不同，就有不同的磁感应强度，但具有相同的磁场强度。

根据全电流定律，在某些情况下，能简便地求出电流所产生的磁场的磁场强度，因为磁场强度与磁介质无关。再利用已知的磁介质的磁导率与磁场强度、磁感应强度的关系，便可求出磁感应强度。这就比较方便地解决了不同磁介质的磁场的分析计算问题。

6.2.3　磁路定律

与电路类似，磁路也存在着固定的规律，推广电路的基尔霍夫定律可以得到有关磁路的定律。

磁路定理

1. 磁路的基尔霍夫第一定律

根据磁通的连续性，在忽略了漏磁通以后，在磁路的一条支路中，处处都有相同的磁通，进入包围磁路分支点闭合曲面的磁通与穿出该曲面的磁通是相等的。因此，磁路分支点（节点）所连各支路磁通的代数和为零，即

$$\sum \Phi = 0 \qquad (6-9)$$

这就是磁路基尔霍夫第一定律的表达式。如图 6-7 所示，对于节点 A，若把进入节点的磁通取正号，离开节点的磁通取负号，则

$$\Phi_1 + \Phi_2 - \Phi_3 = 0$$

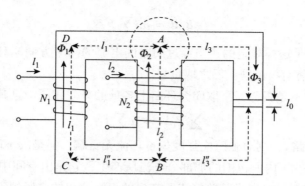

图 6-7　磁路示意图

2. 磁路的基尔霍夫第二定律

在磁路计算中，为了找出磁通和励磁电流之间的关系，必须应用安培环路定律。为此把磁路中的每一支路，按各处材料和截面不同分成若干段。在每一段中因其材料和截面积是相同的，所以 B 和 H 处处相等。应用安培环路定律表达式的积分 $\oint H\mathrm{d}i$，对任一闭合回路可得到

$$\sum (Hl) = \sum (IN) \tag{6-10}$$

式（6-10）是磁路的基尔霍夫第二定律。对于图 6-7 所示的 $ABCDA$ 回路，有

$$H_1 l_1 + H_1' l_1' + H_1'' l_1'' - H_2 l_2 = I_1 N_1 - I_2 N_2$$

上式中的符号规定如下：当某段磁通的参考方向（即 H 的方向）与回路的参考方向一致时，该段的 Hl 取正号，否则取负号；励磁电流的参考方向与回路的绕行方向符合右手螺旋法则时，对应的 IN 取正号，否则取负号。

为了和电路相对应，把公式（6-10）右边的 IN 称为磁通势，简称磁势。它是磁路产生磁通的原因，用 F_{m} 表示，单位是安（匝）；等式左边的 Hl 可看成是磁路在每一段上的磁位差（磁压降），表 U_{m} 表示。所以磁路的基尔霍夫第二定律可以叙述为：磁路沿着闭合回路的磁位差 U_{m} 的代数和等于磁通势 F_{m} 的代数和，记作

$$\sum U_{\mathrm{m}} = \sum F_{\mathrm{m}}$$

3. 磁路欧姆定律

在上述的每一分段中均有 $B = \mu H$，即 $\Phi/S = \mu H$，所以

$$\Phi = \mu HS = \frac{Hl}{l/\mu S} = \frac{U_{\mathrm{m}}}{l/\mu S} = \frac{U_{\mathrm{m}}}{R_{\mathrm{m}}} \tag{6-11}$$

式（6-11）叫作磁路的欧姆定律。式中，$U_{\mathrm{m}} = Hl$ 是磁压降，在国际单位制中，U_{m} 的单位为 A；$R_{\mathrm{m}} = l/\mu S$ 的单位为 $1/H$；Φ 的单位为 Wb。

由上述分析可知，磁路与电路有许多相似之处，磁路定律是电路定律的推广。但应注意，磁路和电路具有本质的区别，绝不能混为一谈。主要表现在，磁通并不像电流那样代表某种质点的运动；磁通通过磁阻时，并不像电流通过电阻那样要消耗能量，因此维持恒定磁通也并不需要消耗任何能量，即不存在与电路中的焦尔定律类似的磁路定律。

4. 恒定磁通磁路的计算

励磁电流大小和方向都不变、具有恒定磁通的磁路，称为恒定磁通磁路，也称直流磁路。在计算磁路时有两种情况：第一种是先给定磁通，再按照给定的磁通及磁路尺寸、材料求出磁通势，即已知 Φ 求 NI；另一种是给定 NI，求各处磁通，即已知 NI 求 Φ。本节只讨论第一种情况。

已知磁通求磁通势时，对于无分支磁路，在忽略了漏磁通的条件下穿过磁路各截面的磁通是相同的，而磁路各部分的尺寸和材料可能不尽相同，所以各部分截面积和磁感应强度就不同，于是各部分的磁场强度也不同。在计算时一般应按下列步骤进行。

① 按照磁路的材料和截面不同进行分段，把材料和截面相同的算作一段。

② 根据磁路尺寸计算出各段截面积 S 和平均长度 l。

注意：在磁路存在空气隙时，磁路经过空气隙会产生边缘效应，截面积会加大。一般情况下，空气隙的长度 δ 很小，空气隙截面积可由经验公式近似计算，如图 6-8 所示。

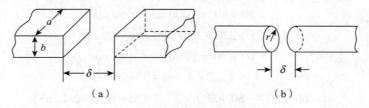

图 6-8　空气隙有效面积计算

（a）矩形截面　（b）圆形截面

对于矩形截面，有

$$S = (a+\delta)(b+\delta) \approx ab + (a+b)\delta$$

对于圆形截面，有

$$S = \pi\left(r+\frac{\delta}{2}\right)^2 \approx \pi r^2 + \pi r\delta$$

③ 由已知磁通 Φ 算出各段磁路的磁感应强度 $B = \Phi/S$。

④ 根据每一段的磁感应强度求磁场强度，对于铁磁性材料可查基本磁化曲线（见图 6-5）。

对于空气隙可用以下公式计算：

$$H_0 = \frac{B_0}{\mu_0} = \frac{B_0}{4\pi \times 10^{-7}} \approx 0.8 \times 10^6 B_0(\text{A/m}) = 8 \times 10^3 B_0(\text{A/cm})$$

⑤ 根据每一段的磁场强度和平均长度求出 $H_1 l_1$，$H_2 l_2$，…。

⑥ 根据基尔霍夫磁路第二定律，求出所需的磁通势，即

$$NI = H_1 l_1 + H_2 l_2 + \cdots$$

例 6.1　已知磁路如图 6-9 所示，上段材料为硅钢片，下段材料是铸钢，求在该磁路中获得磁通 $\Phi = 2.0 \times 10^{-3}$ Wb 时，所需要的磁通势。若线圈的匝数为 1 000 匝，求激磁电流应为多大？

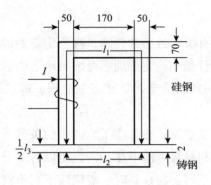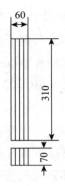

图 6 – 9 例 6.1 图

解：① 按照截面和材料不同，将磁路分为三段 l_1，l_2，l_3。

② 按已知磁路尺寸求出：

$$l_1 = 275 + 220 + 275 = 770 \text{ mm} = 77 \text{ cm}$$

$$S_1 = 50 \times 60 = 3\ 000 \text{ mm}^2 = 30 \text{ cm}^2$$

$$l_2 = 35 + 220 + 35 = 290 \text{ mm} = 29 \text{ cm}$$

$$S_2 = 60 \times 70 = 4\ 200 \text{ mm}^2 = 42 \text{ cm}^2$$

$$l_3 = 2 \times 2 = 4 \text{ mm} = 0.4 \text{ cm}$$

$$S_3 \approx 60 \times 50 + (60 + 50) \times 2 = 3\ 220 \text{ mm}^2 = 32.2 \text{ cm}^2$$

③ 各段磁感应强度为

$$B_1 = \frac{\Phi}{S_1} = \frac{2.0 \times 10^{-3}}{30} = 0.667 \times 10^{-4} \text{ Wb/cm}^2 = 0.667 \text{ T}$$

$$B_2 = \frac{\Phi}{S_2} = \frac{2.0 \times 10^{-3}}{42} = 0.476 \times 10^{-4} \text{ Wb/cm}^2 = 0.476 \text{ T}$$

$$B_3 = \frac{\Phi}{S_3} = \frac{2.0 \times 10^{-3}}{32.2} = 0.621 \times 10^{-4} \text{ Wb/cm}^2 = 0.621 \text{ T}$$

④ 由图 6 – 5 所示硅钢片和铸钢的基本磁化曲线得

$$H_1 = 1.4 \text{ A/cm}$$

$$H_2 = 1.5 \text{ A/cm}$$

空气中的磁场强度

$$H_3 = \frac{B_3}{\mu_0} = \frac{0.621}{4\pi \times 10^{-7}} = 4\ 942 \text{ A/cm}$$

⑤ 每段的磁位差

$$H_1 l_1 = 1.4 \times 77 = 107.8 \text{ A}$$

$$H_2 l_2 = 1.5 \times 29 = 43.5 \text{ A}$$

$$H_3 l_3 = 4\ 942 \times 0.4 = 1\ 976.8 \text{ A}$$

⑥ 所需的磁通势

$$NI = H_1 l_1 + H_2 l_2 + H_3 l_3 = 107.8 + 43.5 + 1\ 976.8 = 2\ 128.1 \text{ A}$$

激磁电流

$$I = \frac{NI}{N} = \frac{2\ 128.1}{1\ 000} \approx 2.1\ \text{A}$$

从以上计算可知，空气间隙虽很小，但空气隙的磁位差 $H_3 l_3$ 却占总磁势差 93%，这是由于空气隙的磁导率比硅钢片和铸钢的磁导率小很多的缘故。

思考讨论 >>>

1. 磁路由哪些部分组成？
2. 磁路基尔霍夫定律与电路基尔霍夫定律有何对应关系？

6.3　认识电磁铁

线圈中通入电流产生磁场，磁场对铁磁物质有作用力，人们利用电磁关系设计制作了多个电磁元件为生产和生活服务，如电机、电磁铁等。本节主要研究交流电磁铁的相关参数及其计算。

认识电磁铁

6.3.1　铁芯线圈的电压、电流和磁通

所谓铁芯线圈，是指线圈中加入铁芯。交流铁芯线圈是用交流电来励磁的，其电磁关系与直流铁芯线圈有很大不同。在直流铁芯线圈中，因为励磁电流是直流，其磁通是恒定的，在铁芯和线圈中不会产生感应电动势；而交流铁芯线圈的电流是变化的，变化的电流会产生变化的磁通，于是会产生感应电动势，电路中电压电流关系也与磁路情况有关。影响交流铁芯线圈工作的因素有铁芯的磁饱和、磁滞和涡流、漏磁通、线圈电阻等，其中磁饱和、磁滞和涡流的影响最大。

认识交流
铁芯线圈

1. 电压为正弦量

在忽略线圈电阻及漏磁通时，选择线圈电压 u、电流 i、磁通 Φ 及感应电动势 e 的参考方向如图 6-10 所示，则有

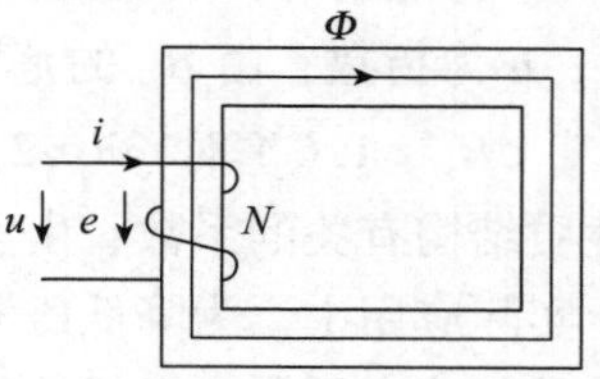

$$u(t) = -e(t) = \frac{\mathrm{d}\psi(t)}{\mathrm{d}t} = N\frac{\mathrm{d}\Phi(t)}{\mathrm{d}t}$$

式中，N 为线圈匝数。上式中，若电压为正弦量时，磁通也为正弦量。设 $\Phi(t) = \Phi_\text{m}\sin \omega t$，则有

**图 6-10　交流铁芯线圈
各电磁量参考方向**

$$u(t) = -e(t) = N\frac{\mathrm{d}\Phi(t)}{\mathrm{d}t} = N\frac{\mathrm{d}(\Phi_\text{m}\sin \omega t)}{\mathrm{d}t}$$

$$= \omega N\Phi_\text{m}\sin\left(\omega t + \frac{\pi}{2}\right)$$

可见，电压的相位比磁通的相位超前 $90°$，并且电压及感应电动势的有效值与主磁通的最大值关系为

$$U = E = \frac{\omega N\Phi_\text{m}}{\sqrt{2}} = \frac{2\pi f N\Phi_\text{m}}{\sqrt{2}} = 4.44 f N\Phi_\text{m} \tag{6-12}$$

式（6-12）是一个重要的公式。它表明：当电源的频率及线圈匝数一定时，若线圈电压的有效值不变，则主磁通的最大值 Φ_m（或磁感应强度的最大值 B_m）不变；线圈电压的有效值改变时，Φ_m 与 U 成正比变化，而与磁路情况（如铁芯材料的导磁率、气隙的大小等）无关。这与直流铁芯线圈不同，因为直流铁芯线圈若电压不变，电流就不变，因而磁势不变，磁路情况变化时，磁通随之改变。

2. 电流为正弦量

设线圈电流 $i(t) = I_m \sin \omega t$，线圈的磁通 $\Phi(t)$ 的波形也可用逐点描绘的方法作出，如图 6-11 所示。铁芯线圈的电流为正弦量时，由于磁饱和的影响，磁通和电压都是非正弦量，$\Phi(t)$ 为平顶波，$u(t)$ 为尖顶波，都含有明显的三次谐波分量。像电流互感器这样的电气设备，会有电流为正弦波的情况，但大多数情况下铁芯线圈电压为正弦量。所以这里只讨论电压为正弦量的情况。

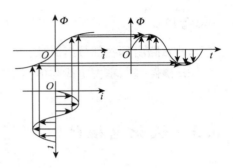

图 6-11 线圈磁通的波形

6.3.2 磁滞和涡流

交流铁芯线圈在考虑了磁滞和涡流时，除了电流的波形畸变严重外，还要引起能量的损耗，分别叫作磁滞损耗和涡流损耗。产生磁滞损耗的原因是由于磁畴在交流磁场的作用下反复转向，引起铁磁性物质内部的摩擦，这种摩擦会使铁芯发热。产生涡流损耗是由于交变磁通穿过块状导体时，在导体内部会产生感应电动势，并形成旋涡状的感应电流（涡流），这个电流通过导体自身电阻时会消耗能量，结果也使铁芯发热。

理论和实践证明，铁芯的磁滞损耗 P_Z 和涡流损耗 P_W（单位为 W）可分别用下式计算：

$$P_Z = K_Z f B_m^n V \, (\text{W}) \tag{6-13}$$

$$P_W = K_W f^2 B_m^2 V \, (\text{W}) \tag{6-14}$$

式中：f 为磁场每秒交变的次数（即频率），单位为 Hz；B_m 为磁感应强度的最大值，单位为 T；n 为指数，由 B_m 的范围决定，当 $0.1\text{ T} < B_m < 1.0\text{ T}$ 时，$n \approx 1.6$，当 $0 < B_m < 0.1\text{ T}$ 和 $1\text{ T} < B_m < 1.6\text{ T}$ 时，$n \approx 2$；V 为铁磁性物质的体积，单位为 m^3；K_Z、K_W 为与铁磁性物质性质结构有关的系数，由实验确定。

实际应用中，为降低磁滞损耗，常先用磁滞回线较狭长的铁磁性材料制造铁芯，如硅钢就是制造变压器、电机的常用铁芯材料，其磁滞损耗较小。为了降低涡流损耗，常用的方法有两种：一种是选用电阻率大的铁磁性材料，如无线电设备就选择电阻率很大的铁氧体，而电机、变压器则选用导磁性好、电阻率较大的硅钢；另一种方法是设法提高涡流路径上的电阻值，如电机、变压器使用片状硅钢片且两面涂绝缘漆。

交流铁芯线圈的铁芯既存在磁滞损耗，又存在涡流损耗，在电机、变压器的设计中，常将这两种损耗合称为铁损（铁耗）P_{Fe}，单位为 W，即

$$P_{Fe} = P_Z + P_W$$

在工程手册上，一般给出"比铁损"（P_{Fe0}，单位为 W/kg），它表示每千克铁芯的铁损瓦值。例如，设计一个交流铁芯线圈的铁芯，使用了 G 千克的某种铁磁性材料，如从手册上查出某种铁磁性材料的比铁损 P_{Fe0} 值，则该铁芯的总铁耗为 $P_{Fe0} \cdot G$。

6.3.3　电磁铁

电磁铁是利用通有电流的铁芯线圈对铁磁性物质产生电磁吸力的装置。它的应用很广泛，如继电器、接触器、电磁阀等。

图 6 - 12 是电磁铁的几种常见结构形式，都是由线圈、铁芯和衔铁三个基本部分组成的。工作时线圈通入励磁电流，在铁芯气隙中产生磁场，吸引衔铁，断电时磁场消失，衔铁即被释放。

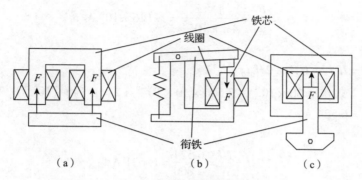

图 6 - 12　电磁铁的几种结构形式
（a）马蹄式　（b）拍合式　（c）螺管式

从图 6 - 12 中的几种结构可知，电磁铁工作时，磁路气隙是变化的。电磁铁按励磁电流不同，可分为直流和交流两种。

1. 直流电磁铁

直流电磁铁的励磁电流为直流。可以证明，直流电磁铁的衔铁所受到的吸力（起重力）由下式决定：

$$F = \frac{B_0^2}{2\mu_0}S = \frac{B_0^2}{2 \times 4\pi \times 10^{-7}}S \approx 4B_0^2 S \times 10^5 \tag{6-15}$$

式中：B_0 为气隙的磁感应强度，单位为 T；S 为气隙磁场的截面积，单位为 m^2；F 的单位为 N。

由于是直流励磁，在线圈的电阻和电源电压一定时，励磁电流一定，磁通势也一定。在衔铁吸引过程中，气隙逐渐减小（磁阻减小），磁通加大，吸力随之加大，衔铁吸合后的吸引力要比吸引前大得多。

例6.2　如图 6 - 13 所示的直流电磁铁，已知线圈匝数为 4 000 匝，铁芯和衔铁的材料均为铸钢，由于存在漏磁，衔铁中的磁通只有铁芯中磁通的 90%，如果衔铁处在图示位置时铁芯中的磁感应强度为 1.6 T，试求线圈中电流和电磁吸力。

解：查图 6 - 5，铁芯中磁感应强度 $B = 1.6$ T 时，磁场强度 $H_1 = 5\,300$ A/m。

铁芯中的磁通

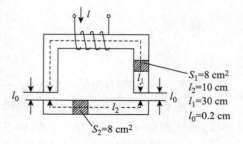

S_1=8 cm²
l_2=10 cm
l_1=30 cm
l_0=0.2 cm

S_2=8 cm²

图 6 - 13　例 6.2 图

$$\varPhi_1 = B_1 S_1 = 1.6 \times 8 \times 10^{-4} = 1.28 \times 10^{-3} \text{ Wb}$$

气隙和衔铁中的磁通

$$\Phi_2 = 0.9\Phi_1 = 0.9 \times 1.28 \times 10^{-3} = 1.152 \times 10^{-3} \text{ Wb}$$

不考虑气隙的边缘效应时,气隙和衔铁中的磁感应强度

$$B_0 = B_2 = \frac{1.152 \times 10^{-3}}{8 \times 10^{-4}} = 1.44 \text{ T}$$

查图 6-5,衔铁中的磁场强度 $H_1 = H_2 = 3\,500$ A/m。

气隙中的磁场强度

$$H_0 = \frac{B_0}{\mu_0} = \frac{1.44}{4\pi \times 10^{-7}} = 1.146 \times 10^6 \text{ A/m}$$

线圈的磁势

$$\begin{aligned}
NI &= H_1 l_1 + H_2 l_2 + 2H_0 l_0 \\
&= 5\,300 \times 30 \times 10^{-2} + 3\,500 \times 10 \times 10^{-2} + 2 \times 1.146 \times 10^6 \times 0.2 \times 10^{-2} \\
&= 6\,524 \text{ A}
\end{aligned}$$

线圈电流

$$I = \frac{NI}{N} = \frac{6\,524}{4\,000} = 1.631 \text{ A}$$

电磁铁的吸力

$$F = 4B_0^2 S \times 10^5 = 4 \times 1.44^2 \times 2 \times 8 \times 10^{-4} \times 10^5 = 1\,327 \text{ N}$$

2. 交流电磁铁

交流电磁铁由交流电励磁,设气隙中的磁感应强度

$$B_0(t) = B_m \sin \omega t$$

电磁铁吸力

$$f(t) = \frac{B_0^2(t)}{2\mu_0} S = \frac{B_m^2 S}{2\mu_0} \sin^2 \omega t = \frac{B_m^2 S}{2\mu_0}(1 - \cos 2\omega t)$$

作出 $f(t)$ 的曲线,如图 6-14 所示,$f(t)$ 的变化频率为 $B_0(t)$ 变化频率的 2 倍,在一个 $B_0(t)$ 周期中,$f(t)$ 两次为零。为衡量吸力的平均大小,计算其平均吸力 F_{av},即

$$\begin{aligned}
F_{av} &= \frac{1}{T}\int_0^T f(t)\,dt = \frac{1}{T}\int_0^T \frac{B_m^2 S}{2\mu_0}(1 - \cos 2\omega t)\,dt \\
&= \frac{B_m^2 S}{4\mu_0} \approx 2B_m^2 S \times 10^5
\end{aligned} \tag{6-16}$$

最大吸力

$$F_{max} = \frac{B_m^2 S}{2\mu_0} \tag{6-17}$$

可见,平均吸力为最大吸力的一半。

由图 6-14 可知,交流电磁铁吸力的大小是随时间不断变化的。这种吸力的变化会引起衔铁的振动,产生噪声和机械冲击。例如电源为 50 Hz 时,交流电磁铁的吸力在一秒内有 100 次为零,会产生强烈的噪声干扰和冲击。为了消除这种现象,在铁芯端面的部分面积上嵌装一个封闭的铜环,称做短路环,如图 6-15 所示。装了短路环后,磁通分为穿过短路环的 Φ' 和不穿过短路环的 Φ'' 两个部分。由于磁通变化时,短路环内感应电流产生的磁通阻碍原磁通的变化,结果使 Φ' 的相位比 Φ'' 的相位滞后 90°,这两个磁

通不是同时到达零值，因而电磁吸力也不会同时为零，从而减弱了衔铁的振动，降低了噪声。

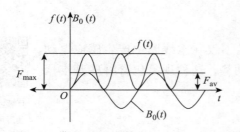

图 6－14　交流电磁铁吸力变化曲线

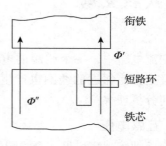

图 6－15　有短路环时的磁通

　　交流电磁铁安装短路环后，把交变磁通分解成两个相位不同的部分，这种方法叫作磁通裂相。短路环裂相是一种常用的方法，如电度表、继电器、单相电动机等电气设备中都有应用。交流电磁铁不安装短路环，会引起衔铁振动，产生冲击，如电铃、电推剪、电振动器就是利用这种振动制成的。

　　如前所述，交流铁芯线圈与直流铁芯线圈有很大不同。主要是直流铁芯线圈的励磁电流由供电电压和线圈本身的电阻决定，与磁路的结构、材料、空气隙 δ 大小无关，磁通势 NI 不变，磁通 Φ 与磁阻大小成反比。而交流铁芯线圈在外加的交流电压有效值一定时，就迫使主磁通的最大值 Φ_m 不变，励磁电流与磁路的结构、材料、空气隙 δ 大小有关，磁路的空气隙 δ 加大，磁阻 R_m 加大，势必会引起磁通势 NI 加大，也就是励磁电流 I 加大。所以交流电磁场铁在衔铁未吸合时，磁路空气隙很大，励磁电流很大；衔铁吸合后，气隙减小到接近于零，电流很快减小到额定值。如果衔铁因为机械原因卡滞而不能吸合，线圈中就会长期通过很大的电流，会使线圈过热烧坏，在使用中尤其注意。

　　直流电磁铁与交流电磁铁在各方面的异同如表 6－1 所示。

表 6－1　直流电磁铁与交流电磁铁比较

内　容	直流电磁铁	交流电磁铁
铁芯结构	由整块软钢制成，无短路环	由硅钢片制成，有短路环
吸合过程	电流不变，吸力逐渐加大	吸力基本不变，电流减小
吸合后	无振动	有轻微振动
吸合不好时	线圈不会过热	线圈会过热，可能烧坏

思考讨论 >>>

　　1. 磁滞损耗和涡流损耗的含义是什么？

　　2. 电磁铁有哪些基本组成部分？

6.4 认识互感

在交流电路中，一个线圈的电流变化，不仅在本线圈中产生感应电动势，而且还会使邻近的线圈也产生感应电动势，这种现象包含哪些基本概念？如何分析理解？

互感线圈的
连接与等效
变换同名端

6.4.1 互感电压

由前面训练观察可见一个线圈的电流变化，不仅在自身线圈中产生感应电动势，而且还会使邻近的线圈也产生感应电动势，这是因为线圈中因电流的变化而引起的变化磁通不仅穿过自身线圈，而且这个变化的磁通还穿过相邻的另一线圈，在另一个线圈中也会产生感应电压。这种由于一个线圈的电流变化在另一个线圈中产生感应电压的物理现象称为互感现象，产生的感应电压叫互感电压，有互感现象的线圈叫作互感线圈。

图 6-16 是两个相邻放置的线圈 1 和 2，它们的匝数分别为 N_1 和 N_2。如图 6-16（a）所示，当线圈 1 中流入交流电流 i_1，在线圈 1 中就会产生自感磁通 Φ_{11}，同时另一部分磁通 Φ_{21} 不仅穿过线圈 1，同时也穿过线圈 2，把 Φ_{21} 叫作互感磁通。定义磁通与线圈匝数的乘积叫作磁链，则自感磁通与自身线圈匝数的乘积叫作自感磁链，互感磁通与互感线圈匝数的乘积叫作互感磁链。同样，在图 6-16（b）中，当线圈 2 中流入电流 i_2 时，不仅在线圈 2 中产生自感磁通 Φ_{22}，而且还在线圈 1 中产生互感磁通 Φ_{21}，在线圈 1 中产生互感磁链 ψ_{21}。以上的自感磁链与自感磁通、互感磁链与互感磁通之间的关系如下：

$$\left.\begin{array}{l} \psi_{11} = N_1 \Phi_{11}, \ \psi_{22} = N_2 \Phi_{22} \\ \psi_{12} = N_1 \Phi_{12}, \ \psi_{21} = N_2 \Phi_{21} \end{array}\right\} \tag{6-18}$$

根据电磁感应定律，因互感磁链的变化而产生的互感电压

$$\left.\begin{array}{l} u_{12} \propto \left| \dfrac{\mathrm{d}\psi_{12}}{\mathrm{d}t} \right| \\[2mm] u_{21} \propto \left| \dfrac{\mathrm{d}\psi_{21}}{\mathrm{d}t} \right| \end{array}\right\} \tag{6-19}$$

即两线圈中互感电压的大小分别与互感磁链的变化率成正比。

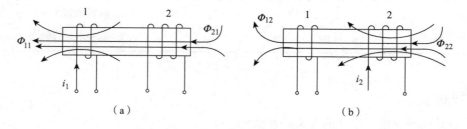

图 6-16 两个具有互感的线圈

（a）线圈 1 流入交流电流 （b）线圈 2 流入交流电流

6.4.2 互感

图 6-16 所示彼此间具有互感应的线圈称为互感耦合线圈，简称耦合线圈。耦合线圈中，选择互感磁链与彼此产生的电流方向符合右手螺旋定则，它们的比值称为耦合线圈的互感系数，简称互感，用 M 表示，则有

$$\left.\begin{array}{l} M_{21} = \dfrac{\psi_{21}}{i_1} \\[2mm] M_{12} = \dfrac{\psi_{12}}{i_2} \end{array}\right\} \qquad\qquad (6-20)$$

式中，M_{21} 是线圈 1 对线圈 2 的互感，M_{12} 是线圈 2 对线圈 1 的互感，而且可以证明

$$M_{21} = M_{12} = M \qquad\qquad (6-21)$$

即有

$$M = \frac{\psi_{12}}{i_2} = \frac{\psi_{12}}{i_1} \qquad\qquad (6-22)$$

互感 M 是个正实数，它和自感 L 有相同的单位，常用单位为亨（H）、毫亨（mH）或微亨（μH）。互感的大小反映一个线圈的电流在另一个线圈中产生磁链的能力，它不仅与两线圈的几何形状、匝数有关，而且还与它们之间的相对位置有关。一般情况下，两个耦合线圈中的电流所产生的磁通只有一部分与另一线圈有相交链；而有一部分与另一线圈没有交链的磁通，称为漏磁通，简称漏磁。线圈间的相对位置直接影响漏磁通的大小，即影响互感 M 的大小。通常用耦合系数 k 来衡量线圈的耦合程度，并定义

$$k = \frac{M}{\sqrt{L_1 L_2}} = \sqrt{\frac{\varPhi_{21}\varPhi_{12}}{\varPhi_{11}\varPhi_{22}}} \qquad\qquad (6-23)$$

式中，L_1、L_2 分别是线圈 1 和 2 的自感。由于漏磁的存在，k 值总是小于 1 的。改变两线圈的相对位置可以改变 k 值的大小。若两个线圈紧密地缠绕在一起，如图 6-17（a）所示，k 接近于 1，此时互感最大，称为两个线圈全耦合，这时无漏磁通。若两线圈相距较远且线圈沿轴线相互垂直放置，磁通不发生交链，如图 6-17（b）所示，则 k 值就很小，甚至可能接近于零，即两线圈无耦合。

例如半导体收音机的磁性天线，要求适当的、比较宽松的磁耦合，就需要调节两个线圈的相对位置；有些地方还要尽量避免耦合，就应该合理选择两线圈的位置，使它们尽可能远离，或放在轴线垂直的位置，必要时则采取磁屏蔽的方法。

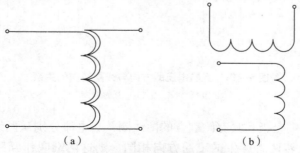

图 6-17 耦合系数与线圈相互位置的关系
（a）线圈全耦合 （b）线圈无耦合

思考讨论 >>>

1. 一个线圈两端的电压是否仅由流过线圈的电流决定？

2. 因为互感磁通小于自感磁通，所以两线圈间的互感 M 一定小于各线圈的自感 L_1 和 L_2，这个结论对吗？

3. 当图 6-17 所示两线圈中流过的是直流电时，两线圈相互间还有互感作用吗？

6.5 认识互感线圈的同名端

在交流电路中，互感线圈的感应电动势极性如何？怎样测定？

6.5.1 同名端

对于自感现象，由于线圈的自感磁链是由流过线圈本身的电流产生的，只要选择自感电压 u_1 与电流 i_1 为关联参考方向，则有 $u_1 = L\dfrac{di_L}{dt}$，不必考虑线圈的绕向问题。

对于互感电压，在引入互感 M 之后，式（6-19）可表示为

$$\left.\begin{array}{l} u_{12} = M\left|\dfrac{di_2}{dt}\right| \\[3mm] u_{21} = M\left|\dfrac{di_1}{dt}\right| \end{array}\right\} \tag{6-24}$$

上式表明，互感电压的大小与产生该电压的另一线圈的电流变化率成正比。

由于互感磁链是由另一线圈的交变电流产生的，由此而产生的互感电压在方向上会与两耦合线圈的实际绕向有关。分析图 6-18 所示的两耦合线圈，它们的区别仅在于线圈的绕向不同，根据楞次定律可以知道，图（a）的线圈 2 中产生的互感电压 u_{21} 的实际方向是由 B 指向 Y，而图（b）的线圈 2 中产生的互感电压 u_{21} 的实际方向是由 Y 指向 B。可见，要正确写出互感电压的表达式，必须考虑耦合线圈的绕向和相对位置。但工程实际中的线圈绕向一般不易从外部看出，而且在电路图中也不可能画出每个线圈的具体绕向来。为此，采用了标记同名端的方法。

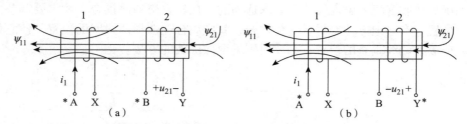

图 6-18 互感电压的方向与线圈绕向的关系

（a）互感线圈一 （b）互感线圈二

互感线圈的同名端是指：具有磁耦合的两线圈，当电流分别从两线圈各自的某端同时流入（或流出）时，若两者产生的磁通方向相同，则这两端叫作互感线圈的同名端，用"·"或"*"做标记。

如在图 6 - 18（a）所示的耦合线圈中，设电流分别从线圈 1 的端钮 A 和线圈 2 的端钮 B 流入，根据右手螺旋定则可知，两线圈中由电流产生的磁通是互相增强的，那么就称 A 和 B 是一对同名端，用相同的的号"＊"标出；其他两端钮 X 和 Y 也是同名端，这里就不必再做标记，而 A 和 Y、B 和 X 均为异名端。在图 6 - 18（b）中，当电流分别从 A、B 两端钮流入时，它们产生的磁通是互相减弱的，则 A 和 B、Y 和 X 均为两对异名端，而 A 和 Y、B 和 X 分别为两对同名端，图中用符号"＊"标出了 A 和 Y 这对同名端。

图 6 - 19 中，标出了一种不同位置和绕向的互感线圈的同名端。应看到，同名端总是成对出现的，如果有两个以上的线圈彼此间都存在磁耦合时，同名端应当一对一地加以标记，每一对同名端需用不同于其他端钮的符号标出。

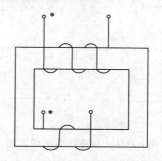

图 6 - 19　另一种互感线圈的同名端

采用标记同名端的方法后，图 6 - 18 所示的两组线圈在电路图中就可以分别用图 6 - 20 所示的电路符号来表示。

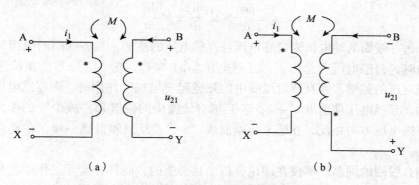

（a）　　　　　　　　　　（b）

图 6 - 20　图 6 - 18 中互感线圈的电路符号
（a）互感线圈一　（b）互感线圈二

6.5.2　同名端的作用

同名端确定后，在讨论互感电压时，就不必去考虑线圈的实际绕向如何，而只要根据同名端和电流的参考方向，就可以方便地确定出这个电流在另一线圈中产生的互感电压的方向。分析图 6 - 21（a）所示电路，若设电流 i_1 和 i_2 分别从 a 端、c 端流入，就认为磁通同向，若再设线圈上的电压、电流参考方向关联，那么两线圈上的电压分别为

$$u_1 = L_1 \frac{\mathrm{d}i_1}{\mathrm{d}t} + M \frac{\mathrm{d}i_2}{\mathrm{d}t}$$

$$u_2 = L_2 \frac{\mathrm{d}i_2}{\mathrm{d}t} + M \frac{\mathrm{d}i_1}{\mathrm{d}t}$$

如图 6-21 (b) 所示，设电流 i_1 还从 a 端流入，i_2 不是从 c 端流入，而是从 c 端流出，就认为磁通方向相反，且两互感线圈上电压与其上电流参考方向关联，所以

$$u_1 = L_1 \frac{\mathrm{d}i_1}{\mathrm{d}t} - M \frac{\mathrm{d}i_2}{\mathrm{d}t}$$

$$u_2 = L_2 \frac{\mathrm{d}i_2}{\mathrm{d}t} - M \frac{\mathrm{d}i_1}{\mathrm{d}t}$$

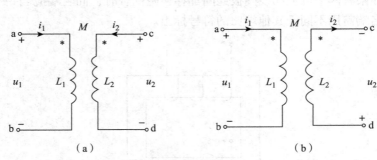

（a）　　　　　　　　　　　　　（b）

图 6-21　互感线圈的同名端

可以得出结论

$$u_1 = \frac{\mathrm{d}\psi_1}{\mathrm{d}t} = L_1 \frac{\mathrm{d}i_1}{\mathrm{d}t} \pm M \frac{\mathrm{d}i_2}{\mathrm{d}t}$$

$$u_2 = \frac{\mathrm{d}\psi_2}{\mathrm{d}t} = L_2 \frac{\mathrm{d}i_2}{\mathrm{d}t} \pm M \frac{\mathrm{d}i_1}{\mathrm{d}t}$$

说明：每一线圈的端电压为自感电压与互感电压的叠加。当各线圈的电压和电流取关联参考方向时，自感电压项总为正；互感电压前的"＋"或"－"号的正确选取是写出耦合电感端电压的关键。当互感对线圈中的磁链起"增加"作用时，则互感电压与自感电压方向相同，互感电压项前取"＋"；若互感对线圈中的磁链起"减少"的作用，这时互感电压与自感电压方向相反，互感电压项前取"－"。互感和自感一样，在直流情况下是不起作用的。

确定耦合线圈的同名端不仅在理论分析中是必要的，而且在实际工作中也是十分重要的，如果同名端搞错了，电路将得不到预期效果，甚至会造成严重后果。

6.5.3　同名端的测定

对于已知绕向和相对位置的耦合线圈可以用磁通相互增强的原则来确定同名端，而对于难以知道实际绕向的两线圈，可以通过直流法和交流法来测定。

图 6-22 所示的电路就是用来确定同名端的。图 6-22 （a） 中，当开关 S 闭合瞬间，线圈 1 中的电流 i_1 在图示方向下增大，即 $\frac{\mathrm{d}i_1}{\mathrm{d}t} > 0$；在线圈 2 的 B、Y 两端钮之间接入一个直流毫伏表，其极性如图所示；若此瞬间电压表正偏，说明 B 端相对于 Y 端是高电位，这时就说明两线圈的 A 和 B 为同名端。其原理是：当随时间增大的电流从互感线圈的任一端钮流入时，就会在另一线圈中产生一个相应同名端为正极性的互感电压。这种通入直流

电以确定同名端的方法叫直流法。

图 6－22（b）中，当接入交流电压时，如果 V_3 表的读数比 V_1、V_2 表的读数大，说明 A 和 Y 为同名端；如果 V_3 表的读数不比 V_1、V_2 表的读数大，说明 A 和 B 为同名端。原理同上，这种通入交流电以确定同名端的方法叫交流法。

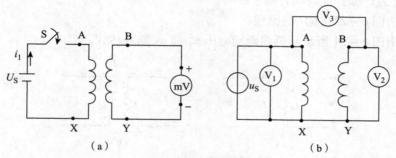

（a）　　　　　　　　　　　　　　　（b）

图 6－22　测定同名端

（a）直流法　（b）交流法

例 6.3　在图 6－23（a）所示电路中，已知两线圈的互感 $M = 0.1$ H，电流源 i_S 的波形如图 6－23（b）所示，试求线圈 2 中的互感电压 u_{21} 及其波形。

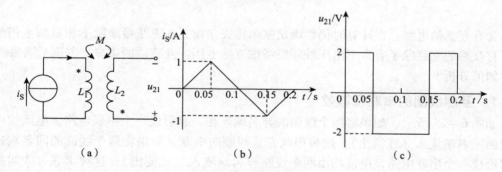

（a）　　　　　　　　　（b）　　　　　　　　　（c）

图 6－23　例 6.3 图

（a）电路图　（b）电流波形图　（c）电压波形图

解：互感电压 u_{21} 的参考方向如图 6－23（a）所示，由图 6－23（b）可知 $0 \leqslant t \leqslant 0.05$ s 时，$i_S = 20t$，则

$$u_{21} = M \frac{\mathrm{d}(20t)}{\mathrm{d}t} = 0.1 \times 20 = 2 \text{ V}$$

$0.05 \leqslant t \leqslant 0.15$ s 时，$i_S = (2 - 20t)$，则

$$u_{21} = M \frac{\mathrm{d}(2 - 20t)}{\mathrm{d}t} = 0.1 \times (-20) = -2 \text{ V}$$

$0.15 \leqslant t \leqslant 0.2$ s 时，$i_S = (-4 + 20t)$，则

$$u_{21} = M \frac{\mathrm{d}(-4 + 20t)}{\mathrm{d}t} = 0.1 \times 20 = 2 \text{ V}$$

互感电压 u_{21} 的波形如图 6－22（c）所示。

思考讨论 >>>

1. 自感磁链、互感磁链的方向由什么确定？

2. 在图 6 – 22 中，若已知 A 与 B 是同名端，开关 S 原已闭合，现瞬时断开 S，毫伏表该如何偏转？为什么？这与同名端矛盾吗？

3. 试分析图 6 – 22（b）的原理。

4. 试写出图 6 – 24 所示互感线圈端电压 u_1 和 u_2 的表达式。

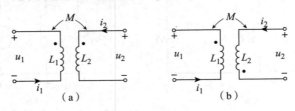

图 6 – 24　题 4 图

（a）互感线圈一　（b）互感线圈二

6.6　互感线圈的连接及等效电路

含有互感的电路，在计算时仍然满足基尔霍夫定律，在正弦量激励下相量法也仍然适用，有互感的支路除了有自感电压外还要考虑互感电压。互感线圈串联、并联后有哪些效果？如何分析？

6.6.1　互感线圈的串联及等效

如图 6 – 25 所示，如果将两个线圈的异名端连在一起形成一个串联电路，电流均由两个线圈同名端流入（或流出），这种串联方式叫顺向串联；如果将两个线圈的同名端连在一起形成一个串联电路，电流均由两个线圈异名端流入（或流出），这种串联方式叫反向串联。

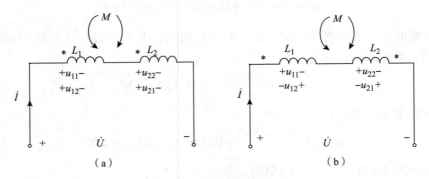

图 6 – 25　互感线圈的串联

（a）顺向串联　（b）反向串联

按关联参考方向标出的自感电压、互感电压的方向如图 6 – 25 所示，根据 KVL 有

$$u = u_{11} \pm u_{12} + u_{22} \pm u_{21} \qquad (6 – 25)$$

将电流与自感电压、互感电压的关系式代入式（6-25）得

$$u = L_1 \frac{\mathrm{d}i}{\mathrm{d}t} \pm M \frac{\mathrm{d}i}{\mathrm{d}t} + L_2 \frac{\mathrm{d}i}{\mathrm{d}t} \pm M \frac{\mathrm{d}i}{\mathrm{d}t} = (L_1 + L_2 \pm 2M) \frac{\mathrm{d}i}{\mathrm{d}t}$$

在正弦电路中，上式可写成相量形式

$$\dot{U} = \mathrm{j}\omega(L_1 + L_2 \pm 2M)\,\dot{I} = \mathrm{j}\omega L\dot{I} \qquad (6-26)$$

式中，$L = L_1 + L_2 \pm 2M$，称为串联等效电感。

图 6-25 所示电路可以分别用一个等效电感 L 来替代。

顺向串联等效电感 L_s 大于两线圈的自感之和，其值为

$$L_s = L_1 + L_2 + 2M$$

反向串联等效电感 L_f 小于两线圈的自感之和，其值为

$$L_f = L_1 + L_2 - 2M$$

L_s 大于 L_f 从物理本质上说明：顺向串联时，电流从同名端流入，两磁通相互增强，总磁链增加，等效电感增大；而反向串联时情况则相反，总磁链减小，等效电感减小。

根据 L_s 和 L_f 可以求出两线圈的互感

$$M = \frac{L_s - L_f}{4} \qquad (6-27)$$

例 6.4　将两个线圈串连接到 50 Hz、60 V 的正弦电源上，顺向串联时的电流为 2 A，功率为 96 W，反向串联时的电流为 2.4 A，求互感 M。

解：顺向串联时

$$R = \frac{P}{I_s^2} = \frac{96}{2^2} = 24\ \Omega$$

$$\omega L_s = \sqrt{\left(\frac{U}{I_s}\right)^2 - R^2} = \sqrt{\left(\frac{60}{2}\right)^2 - 24^2} = 18\ \Omega$$

$$L_s = \frac{18}{2\pi \times 50} = 0.057\ \mathrm{H}$$

反向串联时

$$\omega L_f = \sqrt{\left(\frac{U}{I_f}\right)^2 - R^2} = \sqrt{\left(\frac{60}{2.4}\right)^2 - 24^2} = 7\ \Omega$$

$$L_f = \frac{7}{2\pi \times 50} = 0.022\ \mathrm{H}$$

$$M = \frac{L_s - L_f}{4} = \frac{0.057 - 0.022}{4} = 8.75\ \mathrm{mH}$$

6.6.2　互感线圈的并联及等效

如图 6-26 所示，互感线圈的并联也有两种形式：一种是两个互感线圈的同名端在一侧，称为同侧并联；另一种是两个互感线圈的同名端在两侧，称为异侧并联。

在图 6-26 所示电压、电流参考方向下，可列出如下方程

$$\left.\begin{array}{l} \dot{I} = \dot{I}_1 + \dot{I}_2 \\[4pt] \dot{U} = \mathrm{j}\omega L_1 \dot{I}_1 \pm \mathrm{j}\omega M \dot{I}_2 \\[4pt] \dot{U} = \mathrm{j}\omega L_2 \dot{I}_2 \pm \mathrm{j}\omega M \dot{I}_1 \end{array}\right\} \qquad (6-28)$$

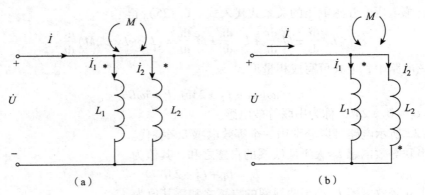

图 6 – 26　互感线圈的并联

（a）同侧并联　（b）异侧并联

式中，互感电压前的正号对应于同侧并联，负号对应于异侧并联，则

$$\frac{\dot{U}}{\dot{I}} = \frac{j\omega(L_1 L_2 - M^2)}{L_1 + L_2 \mp 2M} \tag{6 – 29}$$

上式表明，两个互感线圈并联以后的等效电感

$$L = \frac{L_1 L_2 - M^2}{L_1 + L_2 \mp 2M} \tag{6 – 30}$$

式中，互感前的正号对应于异侧并联，负号对应于同侧并联。

按式（6 – 28）进行变换、整理，可得方程

$$\left.\begin{array}{l} \dot{U} = j\omega L_1 \dot{I}_1 \pm j\omega M(\dot{I} - \dot{I}_1) = j\omega(L_1 \mp M)\dot{I}_1 \pm j\omega M \dot{I} \\[2mm] \dot{U} = j\omega L_2 \dot{I}_2 \pm j\omega M(\dot{I} - \dot{I}_2) = j\omega(L_2 \mp M)\dot{I}_2 \pm j\omega M \dot{I} \end{array}\right\} \tag{6 – 31}$$

式（6 – 31）与图 6 – 26 所示电路的方程是一致的，也就是说，图 6 – 26 可以用图 6 – 27 的无感电路来等效。

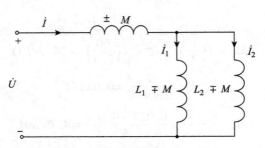

图 6 – 27　并联互感线圈的去耦等效电路

应当注意：这种等效只是对外电路而言，电路的内部结构明显发生了变化。

有时还能遇到如图 6 – 28 所示的电路，它们有一端连在一起，通过三个端钮与外部相连接的 T 型连接，其中图（a）称同侧 T 型连接，图（b）称异侧 T 型连接。在图 6 – 28 所示参考方向下，可列出其端钮的电压方程为

$$\left.\begin{array}{l} \dot{U}_{13} = j\omega L_1 \dot{I}_1 \pm j\omega M \dot{I}_2 \\[2mm] \dot{U}_{23} = j\omega L_2 \dot{I}_2 \pm j\omega M \dot{I}_1 \end{array}\right\} \tag{6 – 32}$$

式中，M 项前的正号对应于同侧相连，负号对应于异侧相连。利用电流 $\dot{I}=\dot{I}_1+\dot{I}_2$ 关系式可将式（6-32）变换为

$$\left.\begin{aligned}\dot{U}_{13} &= \mathrm{j}\omega(L_1\mp M)\dot{I}_1 \pm \mathrm{j}\omega M\dot{I} \\ \dot{U}_{23} &= \mathrm{j}\omega(L_2\mp M)\dot{I}_2 \pm \mathrm{j}\omega M\dot{I}\end{aligned}\right\} \tag{6-33}$$

同样可以画出式（6-33）对应的去耦等效电路模型，如图 6-28（c）所示，图中 M 前的正号对应用同侧相连，负号对应于异侧相连。

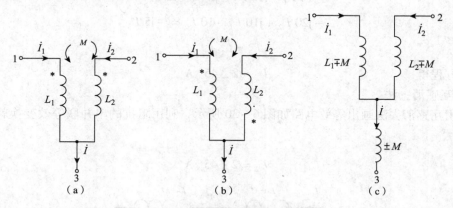

图 6-28　T 型互感线圈的去耦等效电路

（a）同侧 T 型连接　（b）异侧 T 型连接　（c）去耦等效电路

6.6.3　互感电路的计算

计算互感电路的最基本方法是：根据标出的同名端，考虑互感电压，再根据基尔霍夫定律列出 KCL、KVL 方程求解，之前电路的分析方法都可以用来分析含互感的电路。另外，利用上一节讨论的去耦等效电路也可以计算含互感的电路，这种方法叫互感消去法（也叫去耦等效法）。

本节通过例题来说明含互感电路的计算。

例 6.5　图 6-29 所示具有互感的正弦电路中，已知 $X_{L1}=10\ \Omega$，$X_{L2}=20\ \Omega$，$X_C=5\ \Omega$，耦合线圈的互感抗 $X_M=10\ \Omega$，电源电压 $\dot{U}_S=20\angle 0°\ \text{V}$，$R_L=10\ \Omega$，分别用支路法、互感消去法及戴维南定理求 $\dot{I}_2$。

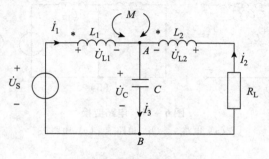

图 6-29　例 6.5 图

解: ① 支路法。

如图 6 – 29 所示,由 KVL 得

$$\begin{cases} \dot{U}_S = \dot{U}_{L1} + \dot{U}_C \\ \dot{U}_C = -\dot{U}_{L2} - R_L \dot{I}_2 \end{cases}$$

其中, $\dot{U}_{L1} = jX_{L1}\dot{I}_1 - jX_M\dot{I}_2$, $\dot{U}_{L2} = jX_{L2}\dot{I}_2 - jX_M\dot{I}_1$,将数据代入方程中得

$$j10\dot{I}_1 - j10\dot{I}_2 - j5\dot{I}_3 = 20\angle 0°$$

$$-j20\dot{I}_2 + j10\dot{I}_1 - 10\dot{I}_2 = -j5\dot{I}_3$$

且

$$\dot{I}_3 = \dot{I}_1 + \dot{I}_2$$

解方程得

$$\dot{I}_2 = \sqrt{2}\angle 45° \text{ A}$$

② 互感消去法。

利用互感消去法画出等效电路如图 6 – 30 所示,利用阻抗的串并联等效变换就可以计算出 $\dot{I}_2$ 。

$$\dot{I}_2 = \sqrt{2}\angle 45° \text{ A}$$

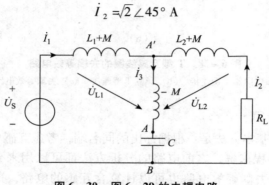

图 6 – 30　图 6 – 29 的去耦电路

③ 用戴维南定理求解。

把 R_L 支路移去,对剩下的电路进行变换,分别求开路电压 $\dot{U}_{oc}$ 和等效阻抗 Z ,如图 6 – 31 所示。

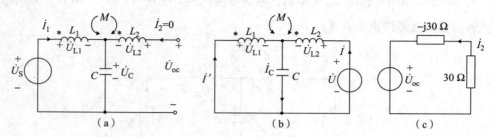

图 6 – 31　电路变换

(a) 电路一　(b) 电路二　(c) 电路三

$$\dot{U}_{oc} = \dot{U}_C + \dot{U}_{L2}$$

式中, $\dot{U}_C = -j5\dot{I}_1$, $\dot{U}_{L2} = -j10\dot{I}_1$ (仅有互感,自感电压为 0),则

$$\dot{U}_{oc} = -j5\dot{I}_1 - j10\dot{I}_1 = -j15\dot{I}_1$$

由图 6 – 31（a）左边网孔 KVL 方程得

$$\dot{U}_S = \dot{U}_{L1} + \dot{U}_C = j10\dot{I}_1 - j5\dot{I}_1$$

将值代入得

$$\dot{I}_1 = -4j\angle 0° \text{ A}$$

$$\dot{U}_{oc} = -j15\dot{I}_1 = -60 \text{ V}$$

用外加电源法求 Z，如图 6 – 31（b）所示，得

$$\begin{cases} \dot{I} = \dot{I}' + \dot{I}_C \\ j20\dot{I} + j10\dot{I}' - 5\dot{I}_C = \dot{U} \\ j10\dot{I}' + j20\dot{I} + 5\dot{I}_C = 0 \end{cases}$$

解方程得

$$Z = -j30 \text{ } \Omega$$

最后得等效电路如图（c）所示，则

$$\dot{I}_2 = -\frac{\dot{U}_{oc}}{Z + R_L} = \frac{60}{-j30 + 30} = \sqrt{2}\angle 45° \text{ A}$$

不管采用哪种方法，计算结果都相同，所以在分析含互感的电路时，到底采用哪种方法，要根据电路的特点来选择。

思考讨论 >>>

1. 能否将两个具有互感的线圈随意串联连接起来？为什么？
2. 两个具有互感的线圈反向串联，其等效电感是否会小于零？
3. 求图 6 – 32 所示电路 ab 端钮的输入阻抗。
4. 某变压器的一次线圈和二次线圈通过一定的方式连接起来，如图 6 – 33 所示。已知两线圈的额定电压都为 110 V，问：① 在电源电压为 220 V 和 110 V 两种情况下，该线圈的四个端钮应如何连接？② 当电源电压为 220 V 时，将端钮 1 和 3 连接起来，而将 2 和 4 端钮连接到电源上，将会出现什么情况？

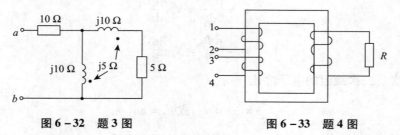

图 6 – 32 题 3 图   图 6 – 33 题 4 图

5. 电路设计，要求实现含负电感的电路，如图 6 – 34 所示，问此电路能否实现？如何实现？

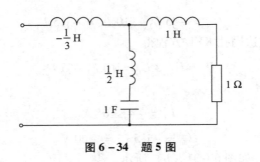

图 6-34　题 5 图

变压器的结
构与分类

6.7　理想变压器

在电力供电系统中，各种电气设备电源部分的电路中以及其他一些较低频率的电子电路中使用的变压器大多是铁芯变压器。铁芯变压器的理想化模型是理想变压器，其两个端口电压、电流关系如何？有何作用？

理想单相
变压器

6.7.1　理想变压器两个端口电压、电流关系

理想变压器满足以下三个条件：

① 耦合系数 $k=1$，即为全耦合；

② 自感系数 L_1、L_2 为无穷大，但 L_1/L_2 为常数；

③ 变压器无任何损耗，铁芯材料的磁导率 μ 为无穷大。

理想变压器的电路模型如图 6-35 所示，设一次绕组和二次绕组的匝数分别为 N_1、N_2，同名端以及电压、电流参考方向如图中所示。由于为全耦合，故绕组的互感磁通必等于自感磁通，穿过一次、二次绕组的磁通相同，用 Φ 表示。与初、次级绕组交链分别为

$$\Psi_1 = N_1 \Phi$$

$$\Psi_2 = N_2 \Phi$$

图 6-35　理想变压器电路模型

一次、二次绕组的电压分别为

$$u_1 = \frac{\mathrm{d}\Psi_1}{\mathrm{d}t} = N_1 \frac{\mathrm{d}\Phi}{\mathrm{d}t}$$

$$u_2 = \frac{\mathrm{d}\Psi_2}{\mathrm{d}t} = N_2 \frac{\mathrm{d}\Phi}{\mathrm{d}t}$$

由上式得一次、二次绕组的电压之比

$$\frac{u_1}{u_2} = \frac{N_1}{N_2} = n \quad \text{或 } u_1 = nu_2 \tag{6-34}$$

式中 n 为变压器的变比，它等于一次、二次绕组的匝数之比。

由于理想变压器无能量损耗，因而理想变压器在任何时刻从两边吸收的功率都等于零，即

$$u_1 i_1 + u_2 i_2 = 0$$

由上式得

$$\frac{i_1}{i_2} = -\frac{u_2}{u_1} = -\frac{1}{n} \quad \text{或} \quad i_1 = -\frac{1}{n}i_2 \qquad (6-35)$$

在正弦稳态电路中，式（6-35）和式（6-34）对应的电压、电流关系的相量形式为

$$\left.\begin{array}{l} \dot{U}_1 = n\dot{U}_2 \\ \dot{I}_1 = -\dfrac{1}{n}\dot{I}_2 \end{array}\right\} \qquad (6-36)$$

这里需说明，式（6-34）和式（6-35）是与图6-36所示的电压、电流参考方向及同名端位置相对应的，如果改变电压、电流参考方向或同名端位置，其表达式中的符号应作相应改变。如图6-36所示的理想变压器，其电压、电流关系式为

$$\begin{cases} u_1 = -nu_2 \\ i_1 = \dfrac{1}{n}i_2 \end{cases}$$

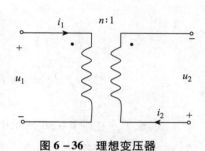

图 6-36 理想变压器

总之，在变压关系式中，前面的正负号取决于电压的参考方向与同名端的位置，当电压参考极性与同名端的位置一致时，例如两电压的正极性端（或同极性端）同在两线圈的"·"端，变压关系式前取正号；反之当电压的参考极性与两线圈同名端的位置不一致时，取负号。在电流关系式中，前面的正负号取决于一、二次线圈电流的参考方向与同名端的位置，当电流从两绕组的同名端流入时，变流关系式前取负号；当电流从两绕组的异名端流入时，取正号。

6.7.2 理想变压器变换阻抗的作用

理想变压器还具有变换阻抗的作用，如果在变压器的二次侧接上阻抗 Z_L，如图6-37所示，则从一次绕组输入的阻抗

$$Z_i = \frac{\dot{U}_1}{\dot{I}_1} = \frac{n\dot{U}_2}{-\frac{1}{n}\dot{I}_2} = n^2\left[-\frac{\dot{U}_2}{\dot{I}_2}\right]$$

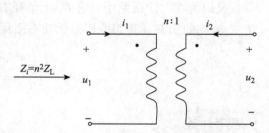

图 6-37 理想变压器变换阻抗作用

式中，因负载 Z_L 上电压、电流为非关联参考方向，故 $Z_L = -\dfrac{\dot{U}_2}{\dot{I}_2}$，代入上式得

$$Z_i = n^2 Z_L \qquad (6-37)$$

由式（6-37）可知，当二次侧接阻抗 Z_L 时，相当于在一次接一个值为 $n^2 Z_L$ 的阻抗，即变压器具有变换阻抗的作用。因此可以通过改变变压器的变比来改变输入电阻，实现与电源的匹配，使负载获得最大功率。

例 6.6 如图6-38所示电路中，$\dot{U}_S = 100\angle 0° \text{ V}$，$R_S = 50 \ \Omega$，$R_L = 1 \ \Omega$，$n = 4$。求 $\dot{I}_1$、$\dot{I}_2$ 及负载吸收的功率 P_L。

解：在输入回路列 KVL 方程

$$\dot{U}_S = R_S \dot{I}_1 + \dot{U}_1 \qquad ①$$

理想变压器具有变换阻抗的作用，其输入电阻

$$R_i = n^2 R_L$$

因而得

$$\dot{U}_1 = R_i \dot{I}_1 = n^2 R_L \dot{I}_1$$

代入①式得

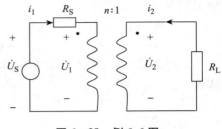

图 6-38　例 6.6 图

$$\dot{U}_S = R_S \dot{I}_1 + n^2 R_L \dot{I}_1$$

$$\dot{I}_1 = \frac{\dot{U}_S}{R_S + n^2 R_L} = \frac{100 \angle 0°}{50 + 4^2 \times 1} = 1.52 \angle 0° \text{ A}$$

$$\dot{I}_2 = -n \dot{I}_1 = -4 \times 1.52 \angle 0° \text{ A} = 6.08 \angle 180° \text{ A}$$

$$P_L = I_2^2 R_L = 6.08^2 \times 1 = 36.97 \text{ W}$$

例 6.7　在图 6-38 所示电路中，若负载 R_L 可调，其余电路参数同例 6.6。问负载 R_L 多大时，可获得最大功率，并求此最大功率。

解：因为变压器具有变换阻抗的作用，即

$$R_i = n^2 R_L$$

一次电路中，当 $R_i = R_S$ 时，负载上获得最大功率，因而可得

$$R_i = n^2 R_L = R_S$$

$$4^2 R_L = 50$$

$$R_L = 3.125 \ \Omega$$

当负载 $R_L = 3.125 \ \Omega$ 时，可获得最大功率。

又因为在二次回路中只有 R_L 上消耗有功功率，所以一次回路中 R_i 上消耗的功率就是 R_L 上消耗的功率（理想变压器无功率损耗），因而负载上获得的最大功率

$$P_L = \frac{\left(\dfrac{U_S}{2}\right)^2}{R_i} = \frac{U_S^2}{4 R_i} = \frac{100^2}{4 \times 50} = 50 \text{ W}$$

思考讨论 >>>

1. 何谓理想变压器？
2. 理想变压器满足哪些条件？
3. 理想变压器有何作用？

6.8　三相变压器

若变换三相电压可采用三相变压器。因为现代电力系统均采用三相制，所以三相变压器应用也比较广泛。三相变压器可分为组式变压器和芯式变压

三相变压器
的基本知识

器。用三个单相变压器组成的三相变压器称为组式变压器；由铁扼将三个铁芯柱连接在一起的三相变压器称为芯式变压器。

6.8.1　三相组式变压器

三相组式变压器是把三个同容量的变压器根据需要将其一次、二次绕组分别接成星形或三角形联结。一般三相变压器组的一次、二次绕组均采用星形联结，如图 6 – 39 所示。

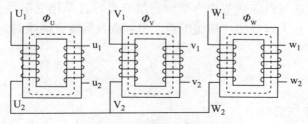

图 6 – 39　三相组式变压器

三相组式变压器的特点是各磁路相互独立，当三相变压器组一次侧接三相对称三相电压时，则三相的主磁通对称，三相空载电路对称。

6.8.2　三相芯式变压器

由铁扼将三个铁芯柱连接在一起的三相变压器称为芯式变压器。如图 6 – 40 所示，为三相芯式变压器的结构图。三相芯式变压器可以看成是由三相组式变压器演变而来。三相芯式变压器节省材料、效率高、占地少、成本低、运行维护方便，所以应用较为广泛。

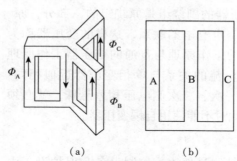

图 6 – 40　三相芯式变压器结构
（a）立体图　　（b）平面图

三相芯式变压器的特点是三相磁路有共同的磁轭且彼此关联。当三相变压器组一次侧接对称三相电压时，则三相的主磁通对称；三相空载电流近似对称。

如图 6 – 41 所示，为三相芯式变压器线圈绕制图，高压绕组为 A – X、B – Y、C – Z，低压绕组为 a – x、b – y、c – z。三相变压器的连接方式有 Y/y_{N0}、Y_N/y_0、Y/y_0、$Y/\triangle$、$Y_N/\triangle$ 五种接法。其中大写字母 Y 表示高压绕组为星形连接方式，后面加 N 表示带有中线；小写字母 y 或 $\triangle$，表示低压绕组连接为星形或三角形，星形有中线引出时，后面加字母 N（0 表示 0 点）。Y/y_0 连接方式的三相变压器常用在负载和照明负载，通常称为三相配电变压器；$Y/\triangle$ 连接方式的三相变压器常用在动力供电

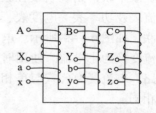

图 6 – 41　三相芯式变压器
线圈绕制图

系统；Y_N/Δ 连接方式的三相变压器常用在高压、超高压供电系统。

6.8.3　两种三相变压器比较

在相同的额定容量下，三相芯式变压器相比三相组式变压器组具有节省材料、效率高、价格便宜、维护方便、安装占地少等优点，因而得到广泛应用。但是对于大容量变压器来说，三相组式变压器组是由三个独立的单相变压器组成，所以在起重、运输、安装时可以分开处理，同时还可以降低备用容量，每组只要一台单相变压器作为备用就可以了。所以对一些超高压、特大容量的三相变压器，当制造及运输有困难时，有时就采用三相组式变压器。

思考讨论 >>>

1. 什么是三相变压器？
2. 三相变压器的结构是什么？

6.9　特殊变压器

在电力系统中，除大量采用双绕组变压器外，还常采用多种特殊用途的变压器，涉及面广，种类繁多，其中较为常用的有自耦变压器、仪用互感变压器等。

6.9.1　自耦变压器

如图 6 – 42 所示，变压器的副绕组是原绕组的一部分，原、副压绕组不但有磁的联系，也有电的联系，这样的变压器称为自耦变压器。自耦变压器的工作原理与普通的变压器工作原理相同，所以其变换电压、电流的关系与单相变压器近似相同。如果变压器的变比很大，一次、二次侧电压相差悬殊，就必须从电路上予以隔离，所以此时不能使用自耦变压器。

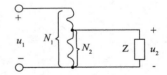

图 6 – 42　自耦变压器

6.9.2　仪用互感器

仪用互感器是一种专供测量仪表、控制设备和保护设备中使用的变压器，分为电流互感器和电压互感器两种。

1. 电流互感器

原绕组线径较粗，匝数很少，与被测电路负载串联；副绕组线径较细，匝数很多，与电流表及功率表、电度表、继电器的电流线圈串联，如图 6 – 43 所示。电流互感器用于将大电流变换为小电流。使用时副绕组电路不允许开路。电流变换公式与单相变压器电流变换关系相同。

2. 电压互感器

电压互感器的原绕组匝数很多，并联于待

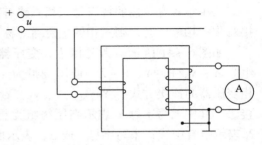

图 6 – 43　电流互感器

测电路两端；副绕组匝数较少，与电压表及电度表、功率表、继电器的电压线圈并联，如图 6-44 所示。电压互感器用于将高电压变换成低电压。使用时副绕组不允许短路。电压变换公式与单相变压器电压变换关系相同。

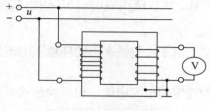

图 6-44　电压互感器

思考讨论 >>>

1. 自耦变压器的工作原理是什么？
2. 仪用互感器的工作原理是什么？

6.10　小型变压器的规划和制作

6.10.1　小型变压器的规划

小型变压器一般指 2 kW 以下的电源变压器及音频变压器，小型变压器设计原则一般有以下几个方面。

1. 变压器截面积的确定

铁芯截面积 S 是根据变压器总功率 P 确定的。铁芯截面积

$$S = k\sqrt{P_2}　（\text{cm}^2）$$

式中，S 为铁芯截面积，k 为经验系数。k 的取值根据所用的硅钢片的好坏而定，一般型号为 D42、D43 的硅钢片的磁感应强度 B 为 10 000 ~ 12 000 Gs，系数取 1.25；若硅钢片的质量较好，如 D310 的硅钢片的 B 为 12 000 ~ 14 000 Gs，则系数可取小一些；差的硅钢片，如 D21、D22 的 B 为 5 000 ~ 7 000 Gs，系数须取 2。

2. 计算绕组的匝数

变压器的匝数主要是根据铁芯截面积和硅钢片的质量确定的。

1）确定每伏匝数 N_0

根据 $U = 4.44 f N \Phi_m$，已知铁芯截面积 S 和磁通密度 B，则 $\Phi_m = B_m S$，式中 B 的单位为 Gs，S 的单位为 cm^2。由此可求得线圈的每伏圈数

$$N_0 = N/U = 1/(4.44 f \Phi_m) = 1/(4.44 f B_m S)$$

$$N_0 = 45\,000/(B_m S)$$

铁芯的 B 值可以这样选取：热轧硅钢片的工作磁通密度 B 一般取 9 000 ~ 12 000 Gs；冷轧硅钢片的导磁性能比热轧好，它的工作磁通密度 B 取值范围为 12 000 ~ 18 000 Gs；一般铁片取 7 000 Gs。

2）初、次级绕组匝数的计算

初级绕组 $\qquad N_1 = N_0 U_1$

次级绕组 $\qquad N_2 = 1.05 N_0 U_2$

考虑到负载时的压降及损耗，次级绕组应增加5%的匝数。

3. 确定漆包线的线径

线径应根据负载电流确定，由于漆包线在不同环境下电流差异较大，因此确定线径的幅度也较大。

根据各绕组的电流大小和选定的电流密度，用经验公式可算出各组绕组的导线直径

$$d = 1.13\sqrt{I/J}$$

式中：d 的单位是 mm，电流强度 I 的单位为 A，电流密度 J 的单位为 A/mm^2。其取值与变压器的使用条件、功率大小有关。一般电源变压器的电流密度可以选用 J 为 2 ~ 3 A/mm^2。再根据导线直径及变压器的绝缘等级选择合适的漆包线。

4. 选用合适的变压器绝缘材料

根据变压器工作环境、温升情况及耐压要求选用合适的绝缘材料，绝缘材料的耐热等级一般分为 Y、A、E、B、F、H、N、C 级，其与最高工作温度的关系如表 6 – 2 所示。

表 6 – 2　绝缘材料的耐热等级表

耐热等级	Y	A	E	B	F	H	N	C
最高工作温度（℃）	90	105	120	130	155	180	200	220

对一般的小型电源变压器，其工作环境、温升情况无特殊要求，工作电压为 220 V，其层间绝缘可用牛皮纸，厚度为 0.05 mm；线圈间的绝缘可采用 2 ~ 3 层牛皮纸或 0.12 mm 的青稞纸。

5. 核算铁芯窗口是否能容纳所有的绕组

下面以盒式收录机用的外接稳压电源的变压器为例，来说明小功率变压器的计算方法。

① 首先，该变压器的功率 $P = 6.2$ W。所需铁芯的截面积 $S = 1.25 = 1.25 = 3.2$ cm^2，选用 0.35 mm 厚的 D42、GEIB – 14 铁芯，外形如图 6 – 45 所示。其舌宽 $a = 14$ mm，叠厚 $b = 24$ mm，窗口宽度 $c = 9$ mm，窗口高度 $h = 25$ mm。

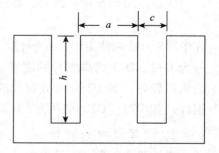

图 6 – 45　铁芯截面

② 其次，求出每伏匝数。

$$N_0 = 45\,000/(B_m S)$$
$$= 4.5 \times (BS)$$
$$= 4.5 \times /(1.2 \times 3.2)$$
$$\approx 12\ 匝\ (B = 12\,000\ \text{Gs})$$

初级绕组 $\qquad N_1 = 12 \times 220 = 2\,640$ 匝

对于次级绕组，由于接入负载后将有 5% ~ 10% 的电压降落，因此次级绕组应乘以 1.05 ~ 1.1 的系数。

次级绕组 $\qquad N_2 = 1.1 \times 12 \times 10 = 132$ 匝

③ 再次，用经验公式计算各绕组导线的直径 d（J 取 2.5 A/mm^2）。

初级绕组 $d_1 = 0.13$ mm，选 QZϕ0.13 漆包线，连同漆层最大外径为 0.16 mm。

次级绕组 $d_2 = 0.49$ mm，选 QZϕ0.49 漆包线，最大外径为 0.55 mm。

④ 最后，核算铁芯窗口能否容纳所有的线圈。

铁芯窗口的有效高度 $h' = 0.9(h-2) = 20.7$ mm。初级绕组每层可绕 129 匝，共 21 层。每层垫 0.05 mm 厚的牛皮纸 1 层，初级线圈总厚度为 4.41 mm。初、次级绝缘与静电屏蔽层共厚 0.35 mm（初级与静电屏蔽层之间垫 0.05 mm 聚脂薄膜 2 层，0.05 mm 牛皮纸 1 层，静电屏蔽用 0.1 mm 厚的薄铜片，静电屏蔽与次级间垫 0.05 mm 的聚脂薄膜和牛皮纸各 1 层）。

次级绕组每层绕 38 匝，共 4 层，每层垫 0.08 mm 的牛皮纸 1 层，共厚 2.52 mm。

骨架用 0.5 mm 厚的弹性纸制作，外包 2 层厚 0.05 mm 的聚脂薄膜和 1 层 0.05 mm 的牛皮纸。加上线包最外层包的厚度为 0.12 mm 的牛皮纸两层，共厚 0.84 mm。共计线包总厚度为 8.12 mm，小平窗口宽度 9 mm，因此该铁芯可以使用。

6.10.2　变压器的制作步骤

1. 绕线

① 选择漆包线和绝缘材料；

② 选择或制作绕组骨架；

③ 制作木芯（木芯是套在绕线机转轴上支撑绕组骨架，以进行绕线）；

④ 绕组层次按一次侧静电屏蔽层、二次侧高压绕组、二次侧低压绕组依次迭绕；

⑤ 做好层间、绕组间及绕组与静电屏蔽层的绝缘；

⑥ 当绕组线径大于 0.2 mm 时，绕组的引出线可利用原线，当绕组线径小于 0.2 mm 时，应采用软线焊接后输出，引出线应用绝缘套管绝缘；

⑦ 绕组的测试，包括不同绕组的绝缘测试、断线及短路测试。

2. 铁芯叠装

① 硅钢片采用交迭方式进行叠装，叠装时要注意避免损伤线包；同时铁芯叠片要求平整且紧牢。

② 半成品测试：包括绝缘电阻测试（用兆欧表测试各组绕组之间及各绕组对铁芯（地）的绝缘电阻）、空载电压的测试（一次侧加额定电压时，二次侧空载电压允许误差 $\leqslant \pm 5\%$）和空载电流的测试（一次侧加额定电压时，其空载电流应小于 $10\% \sim 20\%$ 的额定电流）。

3. 浸漆与烘干

① 绕组或变压器预烘干（去潮作用，温度不能超过变压器材料的耐温）；

② 浸漆（绕组或变压器浸漆）；

③ 烘干（浸漆滴干后的绕组或变压器，再次送入烘箱内干燥，烘到漆膜完全干燥、固化不粘手为止）。

4. 成品测试

① 耐压及绝缘测试（用高压仪、兆欧表测试各组绕组之间及各绕组对铁芯（地）的耐压及绝缘电阻）；

② 空载电压、电流测试（同上）；

③ 负载电压、电流测试（一次侧加额定电压、二次侧加额定负载，测量电压与电流）。

思考讨论 >>>

1. 小型变压器的设计原则什么？
2. 变压器的设计步骤包括那几步？

小 结

1. 磁场的基本物理量和基本定律

1）磁通 Φ

磁场的任一闭合面上，进入的磁通等于穿出的磁通，即总磁通等于零。

$$\oint_S B_n dS = 0$$

2）磁感应强度 B

定义

$$B = \frac{\Delta F}{I \Delta l}$$

其方向即该点小磁针 N 的指向。

3）磁场强度 H

$$H = \frac{B}{\mu}$$

4）磁导率 μ

真空中的磁导率

$$\mu_0 = 4 \times \pi 10^{-7} \text{ H/m}$$

2. 铁磁性物质的磁化

① 铁磁性物质内部存在着大量的磁畴。在没有外加磁场时，磁畴排列是杂乱无章的，各个磁畴的作用相互抵消，因此对外不显磁性。在外磁场作用下，磁畴会沿着外磁场方向偏转，以致在较强的外磁场作用下达到饱和。

② 磁滞回线是铁磁性物质所特有的磁特性。在交变磁场作用时，可获得一个对称于坐标原点的闭合回线，回线与纵轴的交点到原点的距离叫剩磁，与横轴的交点到原点的距离叫矫顽力。

③ 磁滞回线族的正顶点连线叫基本磁化曲线。它表示了铁磁性物质的磁化性能，工程上常用它来作为计算的依据，常用铁磁性材料的基本磁化曲线可在工程手册中查得。

④ 铁磁性材料的 $B-H$ 曲线是非线性的，所以铁芯磁路是非线性的。

3. 磁路与磁路定律

1）磁路

主磁通通过铁芯所形成的闭合路径叫磁路。

2）安培环路定律

安培环路定律指介质为真空时，在稳恒电流产生的磁场中，不管载流回路形状如何，对任意闭合路径，磁感应强度的线积分（即环流）仅决定于被闭合路径所包围的电流的代数和。即

$$\oint_l B \mathrm{d}l = \mu_0 \sum I$$

3）磁路的基尔霍夫定律

磁路的基尔霍夫第一定律：

$$\sum \Phi = 0$$

磁路的基尔霍夫第二定律：

$$\sum (HL) = \sum (NI)$$

4）磁路的欧姆定律

$$\Phi = \mu HS = \frac{Hl}{l/\mu S} = \frac{U_m}{l/\mu S} = \frac{U_m}{R_m}$$

5）恒定磁通磁路的计算

在计算时一般应按下列步骤进行。

① 按照磁路的材料和截面不同进行分段，把材料和截面相同的算作一段。

② 根据磁路尺寸计算出各段截面积 S 和平均长度 l。

6）交流铁芯线圈

① 电压及感应电动势的有效值与主磁通的最大值关系为

$$U = E = \frac{\omega N \Phi_m}{\sqrt{2}} = \frac{2\pi f N \Phi_m}{\sqrt{2}} = 4.44 f N \Phi_m$$

② 磁滞和涡流的影响，铁芯的磁滞损耗 P_Z 和涡流损耗 P_W（单位为 W）可分别由下式计算

$$P_Z = K_Z f B_m^n V \, (\mathrm{W})$$

$$P_W = K_W f^2 B_m^2 V \, (\mathrm{W})$$

7）电磁铁

① 直流电磁铁。

直流电磁铁的励磁电流为直流。可以证明，直流电磁铁的衔铁所受到的吸力（起重力）由下式决定：

$$F = \frac{B_0^2}{2\mu_0} S = \frac{B_0^2}{2 \times 4\pi \times 10^{-7}} S \approx 4 B_0^2 S \times 10^5$$

② 交流电磁铁。

交流电磁铁平均吸力

$$F_{av} = \frac{1}{T} \int_0^T f(t) \, \mathrm{d}t = \frac{1}{T} \int_0^T \frac{B_m^2 S}{2\mu_0} (1 - \cos 2\omega t) \, \mathrm{d}t$$

$$= \frac{B_m^2 S}{4\mu_0} \approx 2 B_m^2 S \times 10^5$$

最大吸力

$$F_{\max} = \frac{B_{\mathrm{m}}^2 S}{2\mu_0}$$

4. 互感电路

1）互感及互感电压的概念

由于一个线圈的电流变化在另一个线圈中产生感应电压的物理现象称互感应，这种感应电压叫互感电压。

$$u_{12} = M \left| \frac{\mathrm{d}i_2}{\mathrm{d}t} \right|$$

$$u_{21} = M \left| \frac{\mathrm{d}i_1}{\mathrm{d}t} \right|$$

2）同名端

两线圈的电流都从同名端流入时，它们产生的磁通是增加的。同名端和两线圈的相对位置和绕向有关。

3）耦合系数

$$k = \frac{M}{\sqrt{L_1 L_2}} = \sqrt{\frac{\Phi_{21} \Phi_{12}}{\Phi_{11} \Phi_{22}}}$$

4）含互感电路的计算

$$u_1 = \frac{\mathrm{d}\psi_1}{\mathrm{d}t} = L_1 \frac{\mathrm{d}i_1}{\mathrm{d}t} \pm M \frac{\mathrm{d}i_2}{\mathrm{d}t}$$

$$u_2 = \frac{\mathrm{d}\psi_2}{\mathrm{d}t} = L_2 \frac{\mathrm{d}i_2}{\mathrm{d}t} \pm M \frac{\mathrm{d}i_1}{\mathrm{d}t}$$

① 直接列方程计算法。

② 去耦法。

5. 理想变压器

1）理想变压器满足的三个条件

① 耦合系数 $k = 1$，即为全耦合；

② 自感系数 L_1、L_2 为无穷大，但 L_1 / L_2 为常数；

③ 变压器无任何损耗，铁芯材料的磁导率 μ 为无穷大。

2）变压器得变比

变压器的变比等于一次、二次绕组的匝数之比。

① 理想变压器，其电压、电流关系式

$$u_1 = -nu_2$$

$$i_1 = \frac{1}{n}i_2$$

② 理想变压器阻抗比

$$Z_{\mathrm{i}} = n^2 Z_{\mathrm{L}}$$

6. 三相变压器

三相变压器可分为组式变压器和芯式变压器。用三个单相变压器组成的三相变压器称为组式变压器；由铁扼将三个铁芯柱连接在一起的三相变压器称为芯式变压器。

三相组式变压器的特点是各磁路相互独立，当三相变压器组一次侧接三相对称三相电压时，则三相的主磁通对称，三相空载电路对称。

三相芯式变压器的特点是三相磁路有共同的磁轭且彼此关联。当三相变压器组一次侧接对称三相电压时，则三相的主磁通对称，三相空载电流近似对称。

7. 特殊变压器

1）自耦变压器

变压器的副绕组是原绕组的一部分，原、副压绕组不但有磁的联系，也有电的联系，这样的变压器称为自耦变压器。

2）仪用互感器

仪用互感器是一种专供测量仪表、控制设备和保护设备中使用的变压器，分为电流互感器和电压互感器两种。

习 题 6

一、选择题

1. 在电机和变压器铁芯材料周围的气隙中（　　）磁场。

　　A. 不存在　　　　　　B. 存在　　　　　　C. 无法确定　　　　　　D. 具有相同的

2. 磁路计算时如果存在多个磁动势，则对（　　）磁路可应用叠加原理。

　　A. 线性　　　　　　B. 非线性　　　　　　C. 所有的　　　　　　D. 多个

3. 两耦合线圈顺向串联时等效电感为 0.7 H，反向串联时等效电感为 0.3 H，则可确定其互感 M 为（　　）H。

　　A. 0.4　　　　　　B. 0.2　　　　　　C. 0.1　　　　　　D. 无法确定

4. 如题 1-4 图所示电路，互感 $M = 1$ H，电源频率 $\omega = 1$ rad/s，a、b 两端的等效阻抗 Z 为（　　）。

　　A. j

　　B. 4j

　　C. 2j

　　D. 0

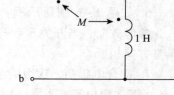

题 1-4 图

5. 变压器的基本工作原理是（　　）。

　　A. 电磁感应　　　　　　B. 电流的磁效应

　　C. 能量平衡　　　　　　D. 电流的热效应

6. 升压变压器，一次绕组的每匝电势（　　）二次绕组的每匝电势。

　　A. 等于　　　　　　B. 大于　　　　　　C. 小于　　　　　　D. 无法确定

7. 有一空载变压器原边额定电压为 380 V，并测得原绕组 $R = 10\ \Omega$，试问原边电流应为（　　）。

　　A. 等于 38 A　　　　　　B. 大于 38 A　　　　　　C. 低于 38 A　　　　　　D. 不能确定

8. 某单相变压器额定电压 380/220 V，额定频率为 50 Hz。如将低压边接到 380 V 交流电源上，将出现（　　）。

　　A. 主磁通增加，空载电流减小　　　　　　B. 主磁通增加，空载电流增加

　　　　C. 主磁通减小，空载电流减小　　　　D. 主磁通增加，空载电流不变

9. 如将 380/220 V 的单相变压器原边接于 380 V 直流电源上，将出现（　　　）。

　　　A. 原边电流为零　　　　　　　　　　B. 副边电压为 220 V

　　　C. 原边电流很大，副边电压为零　　　D. 原边电流变小，副边电压增加

10. 当电源电压的有效值和电源频率不变时，变压器负载运行和空载运行时的主磁通是（　　　）。

　　　A. 完全相同　　　　　　　　　　　　B. 基本不变

　　　C. 负载运行比空载时大　　　　　　　D. 空载运行比负载时大

11. 今有变压器实现阻抗匹配，要求从原边看等效电阻是 50 Ω，今有 2 Ω 电阻一支，则变压器的变比 $K =$（　　　）。

　　　A. 100　　　　　B. 25　　　　　C. 0.25　　　　　D. 5

12. 变压器原边加 220 V 电压，测得副边开路电压为 22 V，副边接负载 $R_2 = 11\ \Omega$，原边等效负载阻抗为（　　　）Ω。

　　　A. 1 100　　　　B. 110　　　　C. 220　　　　D. 1 000

13. 变压器原边加 220 V 电压，测得副边开路电压为 22 V，副边接负载 $R_2 = 11\ \Omega$，副边电流 I_2 与原边电流 I_1 比值为（　　　）。

　　　A. 0.1　　　　　B. 1　　　　　C. 10　　　　　D. 100

二、判断题

1. 电机和变压器常用的铁芯材料为软磁材料。　　　　　　　　　　　　　　（　　　）

2. 铁磁材料的磁导率小于非铁磁材料的磁导率。　　　　　　　　　　　　　（　　　）

3. 恒压交流铁芯磁路，则空气气隙增大时磁路不变。　　　　　　　　　　　（　　　）

4. 互感电压的正负不仅与线圈的同名端有关，还与电流的参考方向有关。　（　　　）

5. 两个耦合电感串联，接至某正弦电压源。这两个电感无论怎么串联都不影响电压源的电流。　　　　　　　　　　　　　　　　　　　　　　　　　　　　　　　　（　　　）

　　6. 如题 2－6 图所示耦合电感电路中，互感电压 u_N 为参考方向，当开关 S 断开瞬间，u_N 的真实方向与参考方向相反。　　　　　　　　　　　（　　　）

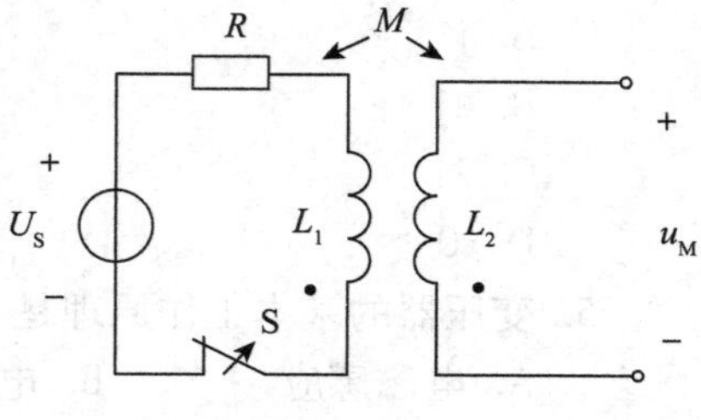

　　7. 耦合电感初、次级的电压、电流分别为 u_1、u_2 和 i_1、i_2。若次级电流 i_2 为零，则次级电压一定为零。

　　　　　　　　　　　　　　　　　　（　　　）

　　8. 当两互感线圈的电流同时流出同名端时，两个电流所产生磁场是互相削弱的。　　　　　　　（　　　）

题 2－6 图

　　9. 互感耦合线圈的同名端仅与两个线圈的绕向及相对位置有关，而与电流的参考方向无关。　　　　　　　　　　　　　　　　　　　　　　　　　　　　　　　（　　　）

　　10. 一台变压器一次侧电压 U_1 不变，二次侧接电阻性负载或接电感性负载，如负载电流相等，则两种情况下，二次电压也相等。　　　　　　　　　　　　　　　　　（　　　）

11. 变压器的损耗越大，其效率就越低。　　　　　　　　　　　　　　　　　（　　　）

12. 变压器无论带何性质的负载，当负载电流增大时，输出电压必降低。　　（　　　）

13. 电流互感器运行中副边不允许开路，否则会感应出高电压而造成事故。　（　　　）

14. 互感器既可用于交流电路又可用于直流电路。　　　　　　　　（　　）
15. 变压器是依据电磁感应原理工作的。　　　　　　　　　　　（　　）
16. 变压器的原绕组就是高压绕组。　　　　　　　　　　　　　（　　）
17. 变压器空载和负载时的损耗是一样的。　　　　　　　　　　（　　）
18. 要使变压器的一、二次绕组匝数不同，就可达到变压的目的。（　　）
19. 变压器空载运行时，电源输入的功率只是无功功率。　　　　（　　）

三、填空题

1. 描述磁场的基本物理量有_____、_____、_____、_____。
2. 铁磁材料的磁导率_____非铁磁材料的磁导率。
3. 电机和变压器常用的铁芯材料为_____。
4. 在磁路中与电路中的电势源作用相同的物理量是_____。
5. 磁路的磁通等于_____与_____之比，这就是磁路的欧姆定律。
6. 磁通恒定的磁路称为_____，磁通随时间变化的磁路称为_____。
7. 当外加电压大小不变而铁芯磁路中的气隙增大时，对直流磁路，则磁通_____，电感_____，电流_____；对交流磁路，则磁通_____，电感_____，电流_____。
8. 对于的耦合电感 $L_1 = 1$ H、$L_2 = 4$ H 的耦合电感，若能实现全耦合，则电感 M 为_____。
9. 耦合电感的同名端与两个线圈的绕线和相对位置有关，与电流的参考方向_____。
10. 耦合电感如题 3 – 10 图所示，若次级开路，则处级开路电压 u_1 为_____。
11. 若耦合电感的两个线圈分别以顺接串联及反接串联形式与同一正弦电压源连接，比较两种情况下的电流的大小，应是_____时的电流大。
12. 如题 3 – 12 图所示，等效电感 $L_{ab} = $ _____。

　　　　　　题 3 – 10 图　　　　　　　　　　　题 3 – 12 图

13. 变压器是由_____和_____组成的。
14. 变压器是具有_____、_____和_____的_____的电气设备。
15. 变压器空载运行时功率因数很低，其原因为_____。
16. 引起变压器电压变化率变化的原因是_____。
17. 变压器副边的额定电压是指_____。
18. 变压器的一次和二次绕组中有一部分是公共绕组的变压器是_____。
19. 压器在电力系统中主要作用是_____，以利于_____的传输。
20. 无论变压器空载或者有载运行时，其匝数比是_____。

四、计算分析题

1. 穿过磁极极面的磁通 $\Phi = 3.84 \times 10^{-3}$Wb，磁极的边长为 8 cm，宽为 4 cm，求磁极间的磁感应强度。

2. 已知电工用硅钢中的 $B = 1.4$ T，$H = 5$ A/cm，求其相对磁导率。

3. 有一线圈的匝数为 1 500 匝，套在铸钢制成的闭合铁芯上，铁芯的截面积为10 cm²，长度为 75 cm，求：

（1）如果要在铁芯中产生 1×10^{-3}Wb 的磁通，线圈中应通入多大的直流电流？

（2）若线圈中通入 2.5 A 的直流电流，则铁芯中的磁通为多大？

4. 有一交流铁芯线圈接到 220 V、50 Hz 的正弦交流电源上，线圈的匝数为 733 匝，铁芯的截面积为 13 cm²，求：

（1）铁芯中的磁通最大值和磁感应强度最大值是多少？

（2）若在此铁芯上再套一个匝数为 60 的线圈，则此线圈的开路电压是多少？

5. 有一交流铁芯线圈，接在频率为 50 Hz 的正弦电源上，在铁芯得到磁通的最大值为 4×10^{-3}，现在此铁芯上绕一个线圈，其匝数为 100，当此线圈开路时，求两端电压的大小。

6. 将一个铁芯线圈接到电压 220 V、频率 50 Hz 的工频电源上，其电流为 5 A，$\cos \varphi_1 = 0.7$，若将此线圈中铁芯抽出，再接于上述电源上，则线圈中电流为 10 A，$\cos \varphi_2 = 0.0.05$，试求此线圈在具有铁芯时的铜损和铁损。

7. 如题 4-7 图所示两互感线圈串联后接到 220 V，50 Hz 的正弦交流电源上，当 b，c 相连，a，b 接电源时，测得电流 $I = 2.5$ A，$P = 62.5$ W。当 b、d 相连，a、c 接电源时，测得 $P = 250$ W，（1）试在图上标出同名端；（2）求两线圈之间的互感 M。

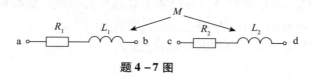

题 4-7 图

8. 一理想变压器，一次、二次绕组的绕组匝数为 3 000 匝和 200 匝，一次电流为 0.22 A，一次侧电阻为 10 Ω，试求一次电压和输入电阻。

9. 某机修车间的单相行灯变压器，一次侧的额定电压为 220 V，额定电流为 4.55 A，二次侧的额定电压为 36 V，试求二次侧可接 36 V \ 60 W 的白炽灯多少盏？

10. 某交流信号源 $u = 80$ V，内阻 $r_0 = 200$，负载电阻 50，求：在信号源与负载之间接入一个输出变压器，要使负载获得最大功率，那么变压器的电压比应取多少？负载获取的最大功率是多少？

11. 有一台单相照明变压器，容量为 10 kVA，电压 3 300/220 V。今欲在副绕组接上 60 W、220 V 的白炽灯，如果要变压器在额定情况下运行，这种白炽灯可接多少个？原、副边绕组的额定电流。

12. 将 R_L 的扬声器接在输出变压器的副绕组，已知 $N_1 = 300$，$N_2 = 100$，信号源电动势 $E = 6$ V，内阻 $R_{S1} = 100$，试求信号源输出的功率。

13. 已知某单相变压器的一次绕组电压为 3 000 V，二次绕组电压为 220 V，负载是一台 220 V，25 kW 的电阻炉，求此变压器的变比是多少，并求一次绕组和二次绕组的电流的大小。

14. 已知信号源的交流电动势 $E = 2.4$ V，内阻 R_0 为 600 Ω，通过变压器使信号源与负载完全匹配，若这时负载电阻的电流 I_L 为 4 mA，则负载电阻应为多少？

15. 如题 6 – 15 图所示，已知信号源的电压 $U_S = 24$ V，内阻 $R_0 = 500$ Ω，负载电阻 $R_L = 10$ Ω，变压器的变化 $K = 10$，求负载上的电压 U_2。

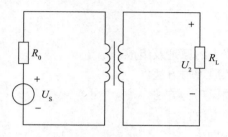

题 6 – 15 图

16. 单相变压器一次绕组为 1 000 匝，二次绕组为 500 匝，现给一次侧加 220 V 的电压，二次侧接电阻性负载，测得二次侧电流为 4 A，忽略变压器的内阻抗及损耗，试求：

（1）一次侧等效阻抗；

（2）负载消耗的功率。

17. 如题 6 – 17 图所示，输出变压器的副绕组有中间抽头，以便接 8 Ω 或者 3.5 Ω 的扬声器，两者都能达到阻抗匹配。试求副绕组两部分匝数之比。

18. 如题 6 – 18 图所示，电源变压器，原绕组有 550 匝，接在 220 V 电压上，副绕组有两个：有个电压 36 V，负载 36 W；一个电压 12 V，负载 24 W。两个都是纯电阻负载时，求原边电流 I_1 和两个副绕组的匝数。

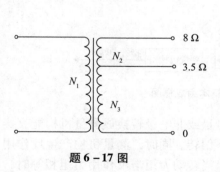

题 6 – 17 图　　　　　　　题 6 – 18 图

第7章 电工仪表与测量

（1）理解电工测量仪表的原理及组成。
（2）掌握测量电流的原理与方法。
（3）掌握测量电压的原理与方法。
（4）掌握测量功率的方法。
（5）掌握测量电能的方法。
（6）掌握测量绝缘电阻的原理与方法。

在我们生产和日常生活中，常常需要用到各种电工测量的仪表，包括测量电流、电压、功率、电能、绝缘电阻的；包括万用表、钳形电流表、兆欧表等。那么如何区分及根据用途分场合使用，本章就来学习电工仪表与测量的相关内容。

7.1 电工测量仪表

前面我们学习了电工线路的理论知识，本节学习用于测量电工物理量的仪器仪表。
测量电流、电压、功率等电量的指示仪表，称为电工测量仪表。

7.1.1 电工仪表的基本组成和工作原理

电工仪表的基本组成框图如图7-1所示。

图7-1 电工指示仪表基本组成框图

电工仪表的基本工作原理：测量线路将被测电量或非电量转换成测量机构能直接测量的电量时，测量机构活动部分在偏转力矩的作用下偏转。同时，测量机构产生反作用力矩的部件所产生的反作用力矩也作用在活动部件上，当转动力矩与反作用力矩相等时，可动部分便停止下来。指出被测量的大小。

7.1.2 常用电工仪表的分类

按仪表的工作原理不同，可分为磁电式、电磁式、电动式、感应式等；按测量对象不同，可分为电流表（安培表）、电压表（伏特表）、功率表（瓦特表）、电度表（千瓦时表）、欧姆表以及多用途的万用表等；按测量电流种类的不同，可分为单相交流表、直流表、交直流两用表、三相交流表等；按使用性质和装置方法的不同，可分为固定式（开关板式）、携带式；按测量准确度不同，可分为0.1、0.2、0.5、1.0、1.5、2.5、5.0共七个等级。

7.1.3 电工仪表的精确度

指在规定条件下使用时，可能产生的基本误差占满刻度的百分数。测量准确度的七个等级中，数字越小，仪表精确度越高，基本误差越小。0.1 级到 0.5 级的仪表，精确度较高，常用于实验室作校检仪表。1.5 级以下的仪表，精确度较低，通常用作工程上的检测与计量。

思考讨论 >>>

1. 电工仪表的工作原理是什么？
2. 简述电工仪表的不同分类方式。

7.2 电流测量

前面我们学习了电工仪表的基础知识，当需要测量电流时，如何测量？又需要哪些仪表呢？

7.2.1 电流表结构与工作原理

电流表又称为安培表，用于测量电路中的电流。按其工作原理的不同，分为磁电式、电磁式、电动式三种类型，其原理与结构分别如图 7-2（a）（b）（c）所示。

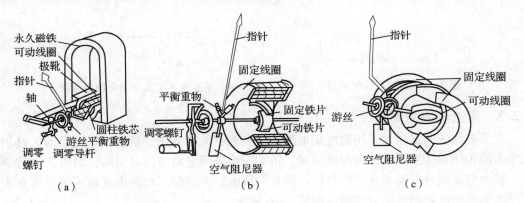

（a）　　　　　　　　　　（b）　　　　　　　　　　（c）

图 7-2　二端网络电流表、电压表的原理与结构

（a）磁电式　（b）电磁式　（c）电动式

1. 磁电式仪表的结构与工作原理

结构：主要由永久磁铁、极靴、铁芯、活动线圈、游丝、指针等组成。

工作原理：当被测电流流过线圈时，线圈受到磁场力的作用产生电磁转矩绕中心轴转动，带动指针偏转，游丝也发生弹性形变。当线圈偏转的电磁力矩与游丝形变的反作用力矩相平衡时，指针便停在相应位置，在面板刻度标尺上指示出被测数据。

2. 电磁式仪表的结构与工作原理

结构：主要由固定部分和可动部分组成。以排斥型结构为例，固定部分包括圆形的固定线圈和固定于线圈内壁的铁片，可动部分包括固定在转轴上的可动铁片、游丝、指针、阻尼片和零位调整装置。

工作原理：当固定线圈中有被测电流通过时，线圈电流的磁场使定铁片和动铁片同时被磁化，且极性相同而互相排斥，产生转动力矩。定铁片推动动铁片运动，动铁片通过传动轴带动指针偏转。当电磁偏转力矩与游丝形变的反作用力矩相等时，指针停转，面板上指示值即为所测数值。

3. 电动式仪表的结构与工作原理

结构：由固定线圈、可动线圈、指针、游丝和空气阻尼器等组成。

工作原理：当被测电流流过固定线圈时，该电流变化的磁通在可动线圈中产生电磁感应，从而产生感应电流。可动线圈受固定线圈磁场力的作用产生电磁转矩而发生转动，通过转轴带动指针偏转，在刻度板上指出被测数值。

测量电流时，电流表必须与被测电路串联。

7.2.2 交流电流的测量

测量电流时，电流表必须与被测电路串联。交流电流的测量通常采用电磁式电流表。在测量量程范围内将电流表串入被测电路即可，如图 7-3 所示。

测量较大电流时，必须扩大电流表的量程。可在表头上并联分流电阻或加接电流互感器，其接法如图 7-4 所示。

图 7-3　交流电流的测量　　　图 7-4　用互感器扩大交流电流表量程

7.2.3 直流电流的测量

直流电流的测量通常采用磁电式电流表。直流电流表有正、负极性，测量时，必须将电流表的正端钮接被测电路的高电位端，负端钮接被测电路的低电位端，如图 7-5 所示。

被测电流超过电流表允许量程时，须采取措施扩大量程。对磁电式电流表，可在表头上并联低阻值电阻制成的分流器，如图 7-6 所示。

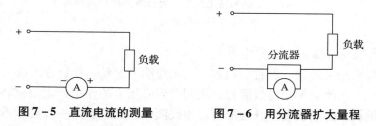

图 7-5　直流电流的测量　　　图 7-6　用分流器扩大量程

对电磁式电流表，可通过加大固定线圈线径来扩大量程。也可将固定线圈接成串、并联形式做成多量程表，如图 7-7 所示。

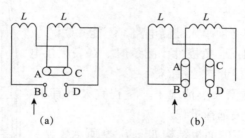

图 7 − 7 电磁式电流表扩大量程
（a）线圈串联　　　　　　（b）线圈并联

7.2.4 万用表测量电流

有时也经常使用万用表进行电流的测量。以 MF30 型指针式万用表和 DT840 型数字式万用表为例，了解其结构和性能，学会使用万用表正确测量电流的方法，熟悉有关使用的注意事项。

1. 指针式万用表的结构

主要由表头、测量线路、转换开关三部分组成。外形结构如图 7 − 8 所示。

使用指针式万用表，主要注意下面几点。

（1）使用前，应将表头指针调零。

（2）测量前，应根据被测电量的项目和大小，将转换开关拨到合适的位置。

（3）测量完毕，应将转换开关拨到最高交流电压挡，有的万用表（如 500 型）应将转换开关拨到标有 "." 的空挡位置。

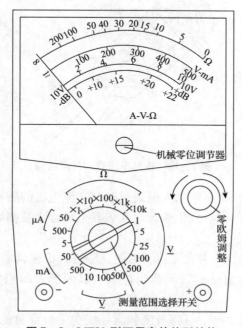

图 7 − 8 MF30 型万用表的外形结构

2. 直流电流的测量

（1）测量时，万用表必须串入被测电路，不能并联。

（2）必须注意表笔的正、负极性。测量时，红表笔接电路断口高电位端，黑表笔接低电位端。

（3）在不清楚被测电流大小情况下，量程宜大不宜小。严禁在测量中拨动转换开关选择量程。

DT840 型数字式万用表的面板结构如图 7-9 所示。

DT840 型数字式万用表测量电流时，先将黑表笔插入 COM 插孔，红表笔需视被测电流的大小而定。如果被测电流最大为 2 A，应将红表笔插入 A 孔；如果被测电流最大为 20 A，应将红表笔插入 20 A 插孔。再将功能开关置于 DCA 或 ACA 量程，将测试表笔串联接入被测电路，显示器即显示被测电流值。

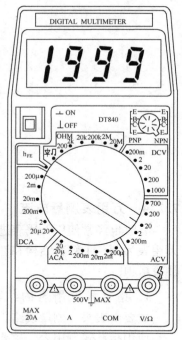

图 7-9　DT840 型数字式万用表的面板结构

7.2.5　钳形电流表测量电流

用钳形电流表可直接测量交流电路的电流，不需断开电路。外形结构如图 7-10 所示。测量部分主要由一只电磁式电流表和穿心式电流互感器组成。穿心式电流互感器铁芯做成活动开口，且成钳形。

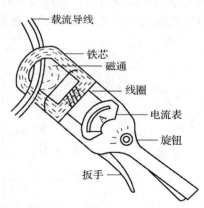

图 7-10　钳形电流表的外形结构

原理：当被测载流导线中有交变电流通过时，交流电流的磁通在互感器副绕组中感应出电流，使电磁式电流表的指针发生偏转，在表盘上可读出被测电流值。

使用方法如下。

① 测量前，应检查指针是否在零位，否则，应进行机械调零。

② 测量时，量程选择旋钮应置于适当位置，以便测量时指针处于刻度盘中间区域，减少测量误差。

③ 如果被测电路电流太小，可将被测载流导线在钳口部分的铁芯上缠绕几圈再测量，然后将读数除以穿入钳口内导线的根数即为实际电流值。

④ 测量时，将被测导线置于钳口内中心位置，可减小测量误差。

⑤ 钳形表用完后，应将量程选择旋钮放至最高挡。

思考讨论 >>>

1. 简述指针式万用表和数字式万用表分别测量电流时的测量步骤。
2. 钳形电流表的测量原理是什么？

7.3 电压测量

前面我们学习了电工仪表电流的测量方法，当需要测量电压时，如何测量？又需要哪些仪表呢？是否相同？

7.3.1 电压表结构与工作原理

电压表又称为伏特表，用于测量电路中的电压。按其工作原理的不同，分为磁电式、电磁式、电动式三种类型，其原理与结构分别如图 7 – 11（a）（b）（c）所示。

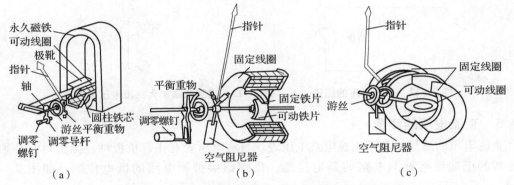

图 7 –11 二端网络电流表、电压表的原理与结构
（a）磁电式　（b）电磁式　（c）电动式

1. 磁电式仪表的结构与工作原理

结构：主要由永久磁铁、极靴、铁芯、活动线圈、游丝、指针等组成。

工作原理：当被测电流流过线圈时，线圈受到磁场力的作用产生电磁转矩绕中心轴转动，带动指针偏转，游丝也发生弹性形变。当线圈偏转的电磁力矩与游丝形变的反作用力矩相平衡时，指针便停在相应位置，在面板刻度标尺上指示出被测数据。

2. 电磁式仪表的结构与工作原理

结构：主要由固定部分和可动部分组成。以排斥型结构为例，固定部分包括圆形的固定线圈和固定于线圈内壁的铁片，可动部分包括固定在转轴上的可动铁片、游丝、指针、阻尼片和零位调整装置。

工作原理：当固定线圈中有被测电流通过时，线圈电流的磁场使定铁片和动铁片同时被磁化，且极性相同而互相排斥，产生转动力矩。定铁片推动动铁片运动，动铁片通过传动轴带动指针偏转。当电磁偏转力矩与游丝形变的反作用力矩相等时，指针停转，面板上指示值即为所测数值。

3. 电动式仪表的结构与工作原理

结构：由固定线圈、可动线圈、指针、游丝和空气阻尼器等组成。

工作原理：当被测电流流过固定线圈时，该电流变化的磁通在可动线圈中产生电磁感应，从而产生感应电流。可动线圈受固定线圈磁场力的作用产生电磁转矩而发生转动，通过转轴带动指针偏转，在刻度板上指出被测数值。

测量电流时，电流表必须与被测电路串联。

7.3.2 交流电压的测量

测量电压时，电压表必须与被测电路并联。测量交流电压通常采用电磁式电压表。在测量量程范围内将电压表直接并入被测电路即可，如图 7 – 12 所示。

用电压互感器来扩大交流电压表的量程，如图 7 – 13 所示。

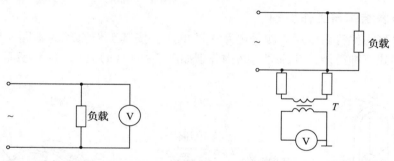

图 7 – 12 交流电压的测量   图 7 – 13 用互感器扩大交流电压表量程

7.3.3 直流电压的测量

直流电压的测量通常采用磁电式电压表。直流电压表有正、负极性，测量时，必须将电压表的正端钮接被测电路的高电位端，负端钮接被测电路的低电位端，如图 7 – 14 所示。

在电压表外串联分压电阻扩大量程，如图 7 – 15 所示。

图 7 – 14 用互感器扩大交流电压表量程   图 7 – 15 用互感器扩大交流电压表量程

7.3.4 万用表测量电压

有时也经常使用万用表进行电压的测量。以 MF30 型指针式万用表和 DT840 型数字式万用表为例，了解其结构和性能，学会使用万用表正确测量电流的方法，熟悉有关使用的注意事项。

1. 指针式万用表的结构

主要由表头、测量线路、转换开关三部分组成。外形结构如图 7 – 16 所示。

使用指针式万用表，主要注意下面几点：

（1）使用前，应将表头指针调零。

（2）测量前，应根据被测电量的项目和大小，将转换开关拨到合适的位置。

（3）测量完毕，应将转换开关拨到最高交流电压挡，有的万用表（如 500 型）应将转换开关拨到标有"."的空挡位置。

2. 交流电压的测量

（1）测量前，将转换开关拨到对应的交流电压量程挡。如果事先不知道被测电压大小，量程宜放在最高挡，以免损坏表头。

（2）测量时，将表笔并联在被测电路或被测元器件两端。严禁在测量中拨动转换开关选择量程。

（3）测电压时，要养成单手操作习惯，且注意力要高度集中。

（4）由于表盘上交流电压刻度是按正弦交流电标定的，如果被测电量不是正弦量，误差会较大。

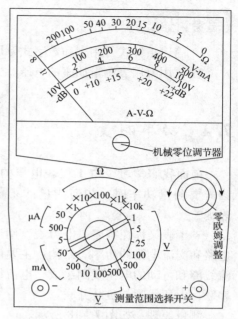

图 7-16 MF30 型万用表的外形结构

（5）可测交流电压的频率范围一般为 45～1 000 Hz，如果超过范围，误差会增大。

3. 直流电压的测量

测量方法与交流电压基本相同，但要注意下面两点。

（1）与测量交流电压一样，测量前要将转换开关拨到直流电压的挡位上，在事先不清楚被测电压高低的情况下，量程宜大不宜小；测量时，表笔要与被测电路并联，测量中不允许拨动转换开关。

（2）测量时，必须注意表笔的正负极性。红表笔接被测电路的高电位端，黑表笔接低电位端。若表笔接反了，表头指针会反打，容易打弯指针。如果不知道被测点电位高低，可将表笔轻轻地试触一下被测点。若指针反偏，说明表笔极性反了，交换表笔即可。

DT840 型数字式万用表的面板结构如图 7-17 所示。

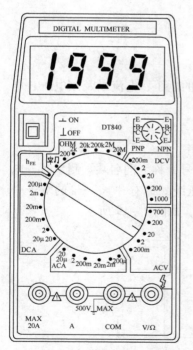

图 7-17 DT840 型数字式万用表的面板结构

DT840 型数字式万用表测量电压时，先将黑表笔插入 COM 插孔，红表笔插入 V/Ω 插孔，然后将功能开关置于 DCV（直流）或 ACV（交流）量程，并将测试表笔连接到被测源两端，显示器将显示被测电压值。如果显示器只显示"1"，表示超量程，应将功能开关置于更高的量程（下同）。

思考讨论 >>>

1. 简述指针式万用表和数字式万用表分别测量电压时的测量步骤。
2. 试用万用表测量插座的电压。

7.4 功率测量

前面我们学习了电工仪表电压的测量方法，
当需要测量功率时，如何测量？又需要哪些仪
表呢？

功率表又称瓦特表、电力表，用于测量直流
电路和交流电路的功率。结构：主要由固定的电
流线圈和可动的电压线圈组成，电流线圈与负载
串联，电压线圈与负载并联。

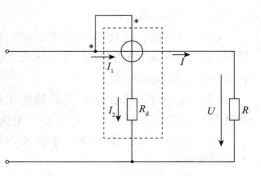

图 7 – 18 功率表测量原理图

测量原理：如图 7 – 18 所示。

1. 直流电路功率的测量

用功率表测量直流电路的功率时，指针偏转
角 α 正比于负载电压和电流的乘积。即

$$\alpha \propto UI = P \qquad (7-1)$$

可见，功率表指针偏转角与直流电路负载的功率成正比。

2. 交流电路功率的测量

在交流电路中，电动式功率表指针的偏转角 α 与所测量的电压、电流以及该电压、电
流之间的相位差 Φ 的余弦成正比，即

$$\alpha \propto UI\cos\varphi = P \qquad (7-2)$$

可见，所测量的交流电路的功率为所测量电路的有功功率。

功率表的电流线圈、电压线圈各有一个端子标有 "＊" 号，称为同名端。测量时，电
流线圈标有 "＊" 号的端子应接电源，另一端接负载；电压线圈标有 "＊" 号的端子一
定要接在电流线圈所接的那条电线上，但有前接和后接之分，如图 7 – 19 所示。

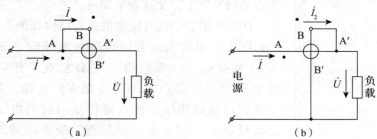

(a)   (b)

图 7 – 19 单相功率表的接线
(a) 电压线圈前接   (b) 电压线圈后接

如果被测电路功率大于功率表量程，则必须加接电流互感器与电压互感器扩大其量程，其电路如图 7-20 所示。电路实际功率为：

$$P = k_1 k_2 P_1 \qquad\qquad (7-3)$$

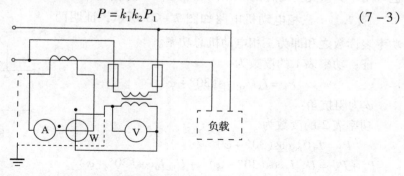

图 7-20　用电流互感器和电压互感器扩大单相功率表量程

3. 三相电路功率的测量

1）用一瓦特表法测对称负载功率

在三相四线制电路中，当电源和负载都对称时，由于各相功率相等，只要用一只功率表测量出任一相负载的功率即可。接法如图 7-21，$P = 3P_A$。若是不对称负载则 $P = P_A + P_B + P_C$ 即可

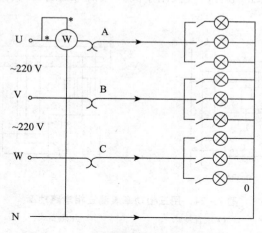

图 7-21　一瓦特表法测对称负载功率

2）用两只单相功率表测三相三线制电路的功率

接线如图 7-22 所示。电路总功率为两只单相功率表读数之和。即

$$P = P_1 + P_2 \qquad\qquad (7-4)$$

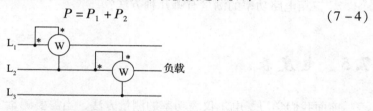

图 7-22　用两只单相功率表测三相三线制电路功率

对于三相三线制电路，不论负载对称与否，两表读数之和等于三相有功功率，此电路也可用于测量完全对称的三相四线制电路的功率。

例7.1 三相电动机电路如图7-23所示，证明两功率表读数之和即为三相电动机总功率。

证：功率表1的读数为

$$P_1 = I_A U_{AC} \cos(30° - \varphi)$$

φ 为阻抗角

功率表2的读数为

$$P_2 = I_B U_{BC} \cos(30° + \varphi)$$

$$
\begin{aligned}
P_1 + P_2 &= U_{AC} I_A \cos(30° - \varphi) + U_{BC} I_B \cos(30° + \varphi) \\
&= U_l I_l \left[\cos(30° - \varphi) + \cos(30° + \varphi) \right] \\
&= U_l I_l \left[\cos 30° \cos \varphi + \sin 30° \sin \varphi + \cos 30° \cos \varphi - \sin 30° \sin \varphi \right] \\
&= \sqrt{3} U_l I_l \cos \varphi
\end{aligned}
$$

式中：V_l、I_l 分别为线电压和线电流。

即两功率表读数之和即为三相电动机总功率。

3）用三相功率表测三相电路的功率

相当两只单相功率表的组合，直接用于测量三相三线制和对称三相四线制电路。测量接线如图7-24所示。

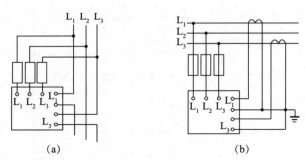

图7-24 用三相功率表测三相电路功率
（a）直接式 （b）互感器式

思考讨论 >>>

1. 为何两只单相功率表能测得三相三线制电路的功率？
2. 三相电路功率的测量有哪几种方法？

7.5 电度表

前面我们学习了电工仪表功率的测量方法，当需要测量电能时，如何测量？又需要哪些仪表呢？

电能表是用来测量电能的仪表，又称电度表，火表，千瓦小时表，指测量各种电学量的仪表。

电能表按结构分,有单相表、三相三线表和三相四线表三种;按用途分,有有功电度表和无功电度表二种。常用规格:3 A、5 A、10 A、25 A、50 A、75 A、100 A 等多种。

电度表的结构和工作原理

结构:以交流感应式电度表为例,主要由励磁、阻尼、走字和基座等部分组成。工作原理:如图 7 – 25(a)所示,铝盘受力情况如图 7 – 25(b)所示。三相三线表、三相四线表的构造及工作原理与单相表基本相同。三相三线表由两组如同单相表的励磁系统集合而成,由一组走字系统构成复合计数;三相四线表则由三组如同单相表的励磁系统集合而成,也由一组走字系统构成复合计数。

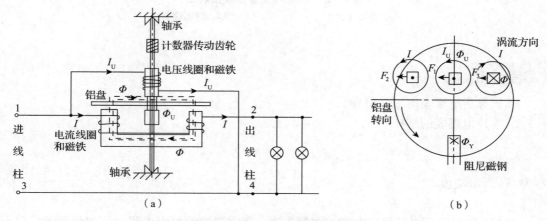

图 7 – 25 交流感应式电度表结构及原理示意图
(a) 构造及电原理示意图　　　　　(b) 铝盘受力情况示意图

在低压小电流线路中,电度表直接接在线路上,如图 7 – 26(a)所示。在低压大电流线路中,必须用电流互感器将电流变小,其接线如图 7 – 26(b)示。

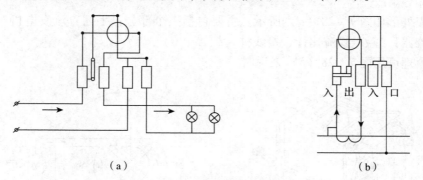

图 7 – 26 单相电度表原理接线图
(a) 直接连线　　　　　(b) 经电流互感器连接

低压三相四线制线路中,常用三元件的三相电度表。若线路上负载电流未超过电度表的量程,可直接接在线路上,其接线如图 7 – 27(a)所示。若负载电流超过电度表量程,须用电流互感器将电流变小。其接线如图 7 – 27(b)所示。

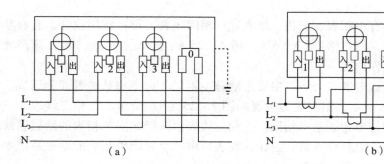

图 7 – 27　三相电度表原理接线图

（a）直接连线　　　　　　（b）经电流互感器连线

思考讨论 >>>

1. 试分析电度表的工作原理。
2. 简述电度表的结构。

7.6　兆欧表

前面我们学习了电工仪表电能的测量方法，当需要测量绝缘电阻时，如何测量？又需要哪些仪表呢？

兆欧表是电工常用的一种测量仪表，主要用来检查电气设备、家用电器或电气线路对地及相间的绝缘电阻，以保证这些设备、电器和线路工作在正常状态，避免发生触电伤亡及设备损坏等事故。

兆欧表外形如图 7 – 28（a）所示。主要包括三个部分：手摇直流发电机（或交流发电机加整流器）、磁电式流比计、接线桩（L、E、G）。

工作原理可用图 7 – 28（b）来说明。

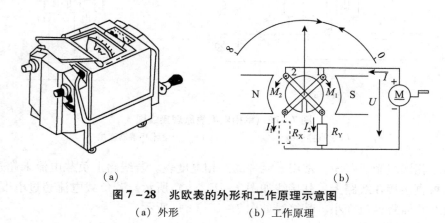

（a）　　　　　　　　　　　　　（b）

图 7 – 28　兆欧表的外形和工作原理示意图

（a）外形　　　　　（b）工作原理

1. 测量前的检查

（1）检查兆欧表是否正常。

（2）检查被测电气设备和电路，看是否已切断电源。

（3）测量前应对设备和线路进行放电，减少测量误差。

2. 使用方法

（1）将兆欧表水平放置在平稳牢固的地方，

（2）正确连接线路。

（3）摇动手柄，转速控制在 120 *r/min* 左右，允许有 ±20% 的变化，但不得超过 25%。摇动一分钟后，待指针稳定下来再读数。

（4）兆欧表未停止转动前，切勿用手触及设备的测量部分或摇表接线桩。

（5）禁止在雷电时或附近有高压导体的设备上测量绝缘。

（6）应定期校验，检查其测量误差是否在允许范围以内。

选用兆欧表主要考虑它的输出电压及测量范围。

表 7-1　兆欧表选择举例

检测对象	被测设备或线路额定电压/V	选用的摇表/V
线圈的绝缘电阻	500 V 以下	500
	500 V 以上	1 000
电机绕组绝缘电阻	500 V 以下	1 000
变压器、电机绕组绝缘电阻	500 V 以上	1 000 ~ 2 500
电器设备和电路绝缘	500 V 以下	500 ~ 1 000
	500 V 以上	2 500 ~ 5 000

接地电阻仪又称接地摇表，主要用于测量电气系统、避雷系统等接地装置的接地电阻和土壤电阻率。以 ZC - 8 型接地电阻测定仪为例介绍其结构、工作原理、使用方法外形及附件如图 7 - 29 所示。

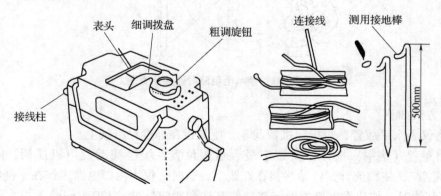

表头　细调拨盘　粗调旋钮　　连接线　测用接地棒

接线柱

500mm

图 7 - 29　ZC - 8 型接地电阻测定仪外形及附件

结构：ZC - 8 型接地电阻测定仪由高灵敏度的检流计 G、交流发电机 M、电流互感器 LH 及调节电位器 RP、测量用接地极 E、电压辅助电极 P、电流辅助电极 C 等组成。原理：

交流发电机 M 以 120 r/min 的速度转动时，产生 90 ~ 98 Hz 的交变电流 i，通过互感器 L_H 的原边、接地极 E、电流辅助电极 C 形成回路。在接地电阻 R_X 上产生电压降 iR_X，其电位分布如图 7 – 30 中 EP 段曲线所示。通过 PC 之间地电阻 R_C 产生的电压降 iR_C 的电位分布如图 7 – 30 中曲线 PC 所示。

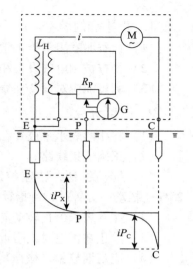

设电流互感器比率为 k，则副绕组中电流为 ki，在调节电位器 R_P 上产生电压 kiR_P。由图 7 – 30 可看出，检流计 G 所测电压实际是 kiR_P 和 iR_x 之间的电位差。调节 R_P，使检流计指示为零，则有

$$kiR_P = iR_X$$
$$R_X = kR_P \qquad (7-5)$$

图 7 – 30　ZC – 8 型接地电阻测定仪原理电路

可见，所测得的接地电阻值，就是互感器比率与调节电位器 R_P 阻值的乘积。

使用方法如下。

ZC – 8 型接地电阻测定仪测量连接如图 7 – 31 所示。

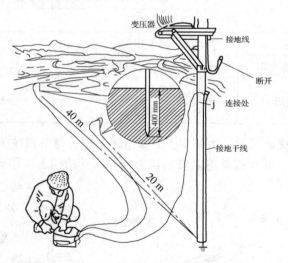

图 7 – 31　接地电阻测量连接示意图

测量方法如下。

① 将仪表水平放置，对指针机械调零，使其指在标度尺红线上。

② 将量程（倍率）选择开关置于最大量程位置，缓慢摇动发电机摇柄，同时调整"测量标度盘"，使检流计指针始终指在红线上，这时，仪表内部电路工作在平衡状态。当指针接近红线时，加快发电机摇柄转速，使其达到额定转速（120 r/min），再次调节"测量标度盘"，使指针稳定在红线上，所测接地电阻值即为"测量标度盘"读数（R_P）乘以倍率标度。

若"测量标度盘"读数小于 1，应将量程选择开关置于较小一档，重新测量。

③ 可用 ZC－8 型接地电阻测定仪测量导体电阻：先用导线将 P_1、C_1 接线桩短接，再将被测导体接于 E（或 P_2、C_2 短接的公共点）与 P_1 之间，其余步骤与测量接地电阻相同。

4. 用 ZC－8 型接地电阻测定仪还可测土壤电阻率，具体操作见仪器说明书。

思考讨论 >>>

1. 试说明兆欧表的使用方法。
2. 分析 ZC－8 型接地电阻测定仪原理电路

小　结

1. 电工测量仪表
1) 电工仪表的基本组成
测量线路与测量机构。
2) 电工仪表的分类
按工作原理不同、按测量对象不同、按测量电流种类、按使用性质和装置方法的不同、按测量准确度不同。
3) 电工仪表的精确度
数字越小，仪表精确度越高，基本误差越小。

2. 电流测量
1) 电流表结构与工作原理
分为磁电式、电磁式、电动式三种类型，受到磁影响等一系列作用导致指针摆动。
2) 交流电流的测量
采用电磁式电流表。
3) 直流电流的测量
采用磁电式电流表。
4) 万用表测量电流
MF30 型指针式万用表、DT840 型数字式万用表。
5) 钳形电流表测量电流
可直接测量交流电路的电流，不需断开电路。

3. 电压测量
1) 电压表结构与工作原理
分为磁电式、电磁式、电动式三种类型，受到磁影响等一系列作用导致指针摆动。
2) 交流电压的测量
采用电磁式电压表。
3) 直流电压的测量
采用磁电式电压表。
4) 万用表测量电流
MF30 型指针式万用表、DT840 型数字式万用表。

4. 功率测量

1）直流电路功率的测量

功率表指针偏转角与直流电路负载的功率成正比

$$\alpha \infty UI = P$$

2）交流电路功率的测量

所测量的交流电路的功率为所测量电路的有功功率

$$\alpha \infty UI\cos\varphi = P$$

3）三相电路功率的测量

用两只单相功率表测三相三线制电路的功率，用三相功率表测三相电路的功率

$$P = P_1 + P_2$$

5. 电度表

由励磁、阻尼、走字和基座等部分组成。

6. 兆欧表

1）结构和工作原理

由手摇直流发电机（或交流发电机加整流器）、磁电式流比计、接线桩构成。

2）ZC – 8 型接地电阻测定仪

测量方法及工作原理。

习 题 7

一、选择题

1. 测量线路将被测（   ）或非电量转换成测量机构能直接测量的电量时，测量机构活动部分在偏转力矩的作用下偏转。

　　A. 电量　　　　　　　　B. 位移量　　　　　　C. 机械量　　　　　　　D. 速度

2. 电流表按其工作原理的不同，分为（   ）、电磁式、电动式三种类型。

　　A. 手动式　　　　　　B. 摇表式　　　　　C. 磁电式

3. 测量电流时，电流表必须与被测电路（   ）。

　　A. 串联　　　　　　　B. 并联　　　　　C. 混联

4. 测量较大电流时，必须扩大电流表的量程。可在表头上（   ）分流电阻或加接电流互感器。

　　A. 串联　　　　　　　B. 并联　　　　　　C. 混联

5. 电压表又称为伏特表，用于测量电路中的电压。按其工作原理的不同，分为磁电式、电磁式、（   ）三种类型。

　　A. 手动式　　　　　　B. 摇表式　　　　　C. 电动式

6. DT840 型数字式万用表测量电压时，先将黑表笔插入 COM 插孔，红表笔插入（   ）插孔。

　　A. A　　　　　　　　B. V/Ω　　　　　　C. COM

7. 用功率表测量直流电路的功率时，指针偏转角 α 正比于负载电压和电流的( )。
  A. 乘积   B. 加和   C. 做差

二、判断题

1. 测量准确度的七个等级中，数字越小，仪表精确度越高，基本误差越小。 ( )
2. 电流表按其工作原理的不同，分为磁电式、电磁式、机械式三种类型。 ( )
3. 交流电流的测量通常采用电磁式电流表。 ( )
4. 用钳形电流表可直接测量交流电路的电流，需断开电路。 ( )
5. 测量电压时，电压表必须与被测电路并联。 ( )

三、填空题

1. 测量_____、_____、_____等电量的指示仪表，称为电工测量仪表。
2. 电流表又称为_____，用于测量电路中的电流。
3. 直流电流表有_____、_____极性，测量时，必须将电流表的正端钮接被测电路的高电位端，负端钮接被测电路的低电位端。
4. DT840 型数字式万用表测量电流时，先将黑表笔插入_____，红表笔需视被测电流的大小而定。
5. 电压表又称为_____，用于测量电路中的电压。
6. 功率表又称瓦特表、电力表，用于测量_____和_____的功率。
7. 兆欧表是电工常用的一种测量仪表，主要用来检查电气设备、家用电器或电气线路对地及相间的_____。

四、计算分析题

1. 简述用万用表测量直流电流的步骤。
2. 简述用钳形电流表测量交流电流的步骤。
3. DT840 型数字式万用表如何测量电压？
4. 简述 ZC – 8 型接地电阻测定仪测量方法。

附录1　安全用电基本知识

电力资源是国民经济的重要能源，在生活使用、工业发展中不可缺少。但是不懂得安全用电知识就容易造成触电身亡、电气火灾、电器损坏等意外事故。

用电安全知识

1. 电气安全

电气安全主要包括人身安全与设备安全两个方面：一方面是指在从事电气工作和电气设备操作使用过程中人员的人身安全。另一方面是指电气设备及其附属设备的设备安全。

2. 触电方式

触电是指人体触及带电体后，电流对人体造成的伤害。日常生活中的触电事故多种多样，一般分为三类。

1）单相电击

如图1所示，当人体在地面上或其他导体上，而人体的一部分触及三相导线的任何一相而引起的触电事故。通常分为电源中性点接地的单相触电和电源中性点不直接接地的单相触电两种。单相触电对人体的危害与电压的高低、电网中性点是否接地等方式有关。

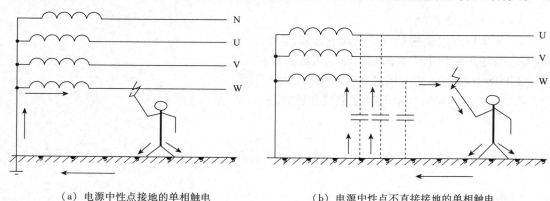

（a）电源中性点接地的单相触电　　　　　　（b）电源中性点不直接接地的单相触电

图1　单相触电形式

2）两相触电电击

如图2所示，两相触电又称相间触电，是指人体与大地绝缘的情况下，同时接触到两根不同的相线，电流经过一根相线流经另一根相线，从而产生闭合回路。两相触电比单相触电危害性更大，因为加在人体心脏上的是线电压。

3）跨步电压电击

如图3所示，高压输电线路发生故障断线落地时，会有强大的电流流入大地，在落地点周围将产生电压降，而落地点的电位即高压输电线的电位。离落地点越远。电位越低。如果有人走近导线落地点，由于两脚的位置不同，则在两脚之间就会产生电位差。当发现跨步电压较大产生危害时，应尽快并拢双脚，或一只脚跳着远离危险点，否则长时间触电时，会导致触电死亡。

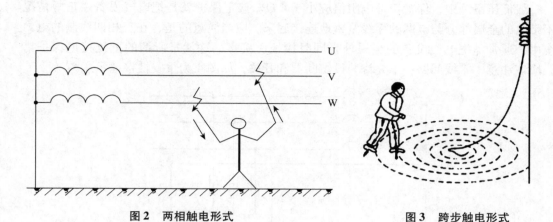

图 2 两相触电形式 　　　　　　　　　　　　　图 3 跨步触电形式

3. 防止触电的方法

防止触电的技方法主要有绝缘法、屏护法、安全距离法、安全电压法、装设漏电保护装置、接地和接零保护、防雷措施、防静电措施等。

1）绝缘法

绝缘法是防止人体触及，绝缘物把带电体封闭起来。瓷、玻璃、云母、橡胶、木材、胶木、塑料、布、纸和矿物油等都是常用的绝缘材料。应当注意：很多绝缘材料受潮后会丧失绝缘性能或在强电场作用下会遭到破坏，丧失绝缘性能。

2）屏护法

屏护法即采用遮拦、护照、护盖、箱闸等把带电体同外界隔绝开来。电器开关的可动部分一般不能使用绝缘，而需要屏护。高压设备不论是否有绝缘，均应采取屏护。

3）安全距离法

安全距离法就是保证必要的安全距离。间距除用防止触及或过分接近带电体外，还能起到防止火灾、防止混线、方便操作的作用。在低压工作中，最小检修距离不应小于0.1 米。

4）安全电压法

国际电工委员会（IEC）规定的接触电压限值（相当于安全电压）为 50 V、并规定 25 V 以下不需考虑防止电击的安全措施。我国规定工频电压有效限值为 50 V，直流电压的限值为 120 V。潮湿环境中工频电压有效值限值为 25 V，直流电压限值为 60 V。

5）装设漏电保护装置

装设漏电保护装置是为了保证在故障情况下人身和设备的安全，应尽量装设漏电流动作保护器。它可以在设备及线路漏电时自动切断电源，起到保护作用。

6）接地和接零保护

接地是指与大地的直接连接、电气装置或电气线路带电部分的某点与大地连接、电气装置或其它装置正常时不带电部分某点与大地的人为连接。工作接地是为了保证电力系统正常运行而设置的接地，如三相四线制低压配电系统中的电源中性点接地。安全接地的目的在于保障人身与设备的安全，其中包括防止触电的保护接地，防雷接地，防静电接地及屏蔽接地等。由于绝缘破坏或其它原因而可能呈现危险电压的金属部分，都应采取保护接地措施。如电机、变压器、开关设备、照明器具及其它电气设备的金属外壳都应予以接地。一般低压系统中，保护接地电阻值应小于 4 Ω。接零保护就是把电气设备在正常情况下不带电的金属部分与电网的零线紧密地连接起来。应当注意的是，在三相四线制的电力系统中，通常是把电气设备的金属外壳同时接地、接零，这就是所谓的重复接地保护措施，应该注意，零线回路中不允许装设熔断器和开关，如图 4 为重复性接地示意图。

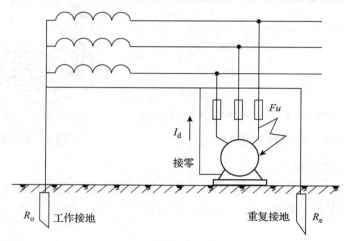

图 4　重复性接地

7）防雷措施

雷电危害的防护一般采用避雷针、避雷器、避雷网、避雷线等装置将雷电直接导入大地。避雷针主要用来保护露天变配电设备、建筑物和构筑物；避雷线主要用来保护电力线路；避雷网和避雷带主要用来保护建筑物；避雷器主要用来保护电力设备。

8）防静电措施

静电可以造成多种危害。由于静电电压很高，又易发生静电火花，所以特别容易在易燃易爆场所中引起火灾和爆炸。静电防护一般采用静电接地，增加空气的湿度，在物料内加入抗静电剂，使用静电中和器和工艺上采用导电性能较好的材料，降低摩擦、流速、惰性气体保护等方法来消除或减少静电产生。

2）接地和接零保护

4. 触电急救

电流对人体的损伤主要是电热所致的灼伤和强烈的肌肉痉挛，这会影响到呼吸中枢及心脏，引起呼吸抑制或心跳骤停，严重电击伤可致残，甚至直接危及生命。可通过以下措施进行触电急救。

（1）要使触电者迅速脱离电源，应立即拉下电源开关或拔掉电源插头，若无法及时找到或断开电源时，可用干燥的竹竿、木棒等绝缘物挑开电线。

（2）将脱离电源的触电者迅速移至通风干燥处仰卧，将其上衣和裤带放松，观察触电者有无呼吸，摸一摸颈动脉有无搏动。

（3）施行急救。若触电者呼吸及心跳均停止时，应在做人工呼吸的同时实施心肺复苏抢救，另要及时打电话呼叫救护车，如图 5 所示为心脏复苏法示意图。

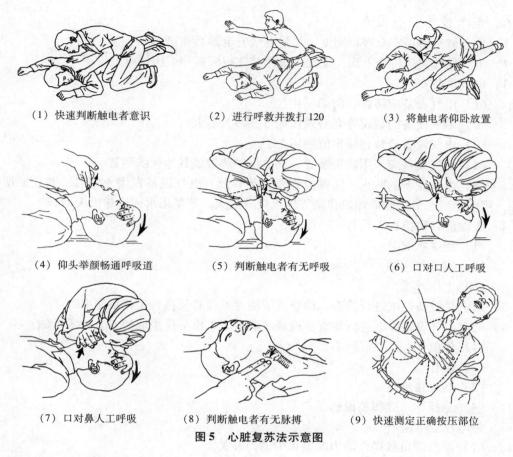

（1）快速判断触电者意识	（2）进行呼救并拨打120	（3）将触电者仰卧放置
（4）仰头举颏畅通呼吸道	（5）判断触电者有无呼吸	（6）口对口人工呼吸
（7）口对鼻人工呼吸	（8）判断触电者有无脉搏	（9）快速测定正确按压部位

图5 心脏复苏法示意图

5. 安全用电须知

（1）不要超负荷用电，如用电负荷超过规定容量，应到供电部门申请增容；空调、烤箱等大容量用电设备应使用专用线路。

（2）要选用合格的电器，不要贪便宜购买使用假冒伪劣电器、电线、线槽（管）、开关、插头、插座等。

（3）不要私自或请无资质的装修队及人员铺设电线和接装用电设备，安装、修理电器用具要找有资质的单位和人员。

（4）对规定使用接地的用电器具的金属外壳要做好接地保护，不要忘记给三眼插座、插座盒安装接地线；不要随意将三眼插头改为两眼插头。

（5）要选用与电线负荷相适应的熔断丝，不要任意加粗熔断丝，严禁用铜丝、铁丝、铝丝代替熔断丝。

（6）不用湿手、湿布擦带电的灯头、开关和插座等。

（7）漏电保护开关应安装在无腐蚀性气体、无爆炸危险品的场所，要定期对漏电保护开关进行灵敏性检验。

（8）晒衣架要与电力线保持安全距离，不要将晒衣杆搁在电线上。

（9）要将电视机室外天线安装得牢固可靠，不要高出附近的避雷针或靠近高压线。

（10）严禁私设电网防盗、狩猎、捕鼠和用电捕鱼。

6. 电气操作安全要点

1）建立健全各项安全规章制度，加强电气安全教育和培训

2）电气操作实行持证上岗，无证人员严禁超权限操作或检修电气设备

3）电气设备安全

（1）电气设备应防腐、防潮

（2）电气设备的金属外壳必须接地（接零）保护

（3）电气设备严禁超额定值使用

（4）电气设备应采用联锁装置、继电保护装置或其他保护装置

（5）电气设备的防火、防爆措施要完善有效。电气设备发生火灾时，要立即切断电源，用沙土、二氧化碳或四氯化碳气体灭火器灭火。严禁用水或泡沫灭火器

4）工作前必须检查工器具

（1）绝缘状况

（2）有效使用期

（3）电压等级

5）对电气设备停电进行检查、检修或清洁等工作必须执行工作票制度

6）要对电气设备停电进行检查、检修或清洁等工作必须采取的安全技术措施：

（1）停电

（2）验电

（3）装设接地线

（4）悬挂标示牌和装设遮栏

7）停电注意事项

（1）严禁带负载操作动力配电箱中的刀开关

（2）停电时必须使各方面至少有一个明显的断开点

（3）在电容器上操作时，必须在断电后使之放电

8）验电注意事项

（1）验电时，必须用电压等级合适而且合格的验电器

（2）验电前，应先在有电设备上进行试验，确证验电器良好

（3）在检修设备进出线两侧各相分别验电

（4）高压验电必须戴绝缘手套

9）装设接地线注意事项

（1）所装接地线与带电部分应符合安全距离的规定

（2）当验明设备确已无电压后应立即将检修设备接地并三相短路

（3）接地电阻必须合格

10）悬挂标示牌和装设遮栏注意事项

（1）在一经合闸即可送电的操作把手上均应悬挂禁止操作的标示牌

（2）严禁其他人员在工作中移动或拆除遮栏、接地线和标示牌

11）要停电进行工作必须实行工作监护制

12）搬运、移动电气设备时，必须先切断电源

13）电气维修工作结束后，要清点工具及材料数量，清理现场

附录 2 用电节能

能源是人类社会活动的物质基础，是从事物质资料生产的原动力，在其中电能占据一个重要的位置。由于电能在输送、分配和控制上和其他能源比较，既简便又经济，所以电能是应用最为广泛的一种二次能源。而且随着时代的发展，其应用范围愈来愈广。不过，由于电能来源于煤、油等一次能源 电力节能知识
的加工转换，这对我国的可持续发展造成了一定的的影响，由于经济的快速发展，电力供需之间矛盾突出，所以我们必须高度重视电能的节约工作。节约电能就是通过采用技术上可行、经济上合理、对环境保护无妨碍的措施，消除供电浪费，提高电能的利用率。就目前我国实际情况来看，节约电能主要是通过以下几种途径实现的。

1. 加强管理 计划用电

根据供电系统的电能供应情况及各类用户不同的用电规律，合理地安排各类用户的用电时间，降低负荷高峰，填补负荷的低谷（即所谓的"削峰填谷"），实现计划用电，充分发挥发电和变电设备的潜力，提高系统的供电能力。其具体措施如下。

（1）积极错峰同一地区各工厂的厂休日错开，同一工厂内各车间的上、下班时间错开，使各车间的高峰负荷分散。

（2）主动躲峰调整大量用电设备的用电时间，使其避开高峰负荷时间用电，做到各时段负荷均衡。

（3）计划用电用电单位要按地区电网下达的指标，并根据实际情况，实行计划用电，必要时需采取限电措施，把电能的供应、分配和使用纳入计划。

2. 采用新技术

1）远红外加热技术

过去电热设备通常采用常规的电阻发热元件，加热主要依靠热对流，由于电阻发热元件热辐射性能差，故加热时间长，电能损耗较大，使电热设备的耗电量很大。我国电热设备消耗的电量就占到总用电量的 15% 左右。为了节约电能，近几年推广了远红外加热技术。通过电热设备采用远红外线加热器或远红外线涂料，提高了发热元件的热辐射性能，远红外加热技术用于电加热设备上，可有 10% ~30% 的节能效果。

2）变频调速技术

设备在运行中进行速度调节时，会产生一定的损耗，而很多时候，这种调节是频繁的，所以会产生很高的调节损耗。如果设备容量选择不对，出现"大马拉小车"时，能量的损耗就显得更为突出。由电机的有关知识可知，交流电动机的转速与电源频率成正比，因此，只要通过变频器平滑改变电源的频率，就可平滑调节电动机的转速，从而满足机械负荷的需求，减小调节损耗，达到节电目的。变频调速技术目前比较成熟，在调速的各个领域都得到了广泛的使用，已成为当今主要的节电措施之一。虽然其结构复杂，初期投资大，但由于节电量高达 20% ~70% ，所以效益是巨大的。

3）软起动技术

对于交流电动机，传统的起动方式虽然控制简单，但起动电流的变化所引起的电网电压的波动会造成一定的电能损失。而采用变频器起动虽然很理想，但价格昂贵。因此，具有一定节电功能，而且价格适中的软起动技术，就得到了极大的推广。所谓软起动就是交流电动机启动时接入软起动器的一种启动控制方式。软起动器是一个不改变电源频率，而能改变电压的调节器，采用软起动技术可以减少电机的铁损，提高功率因数，从而达到节电的目的。

4）蓄冷空调技术

蓄冷空调技术，就是利用后半夜电网的低谷电制冰或制冷水，并大量储存，在白天高峰期间将制冷机停用，用蓄存的冷量供空调使用。这种技术，在一定程度上缓解了电网后半夜的调峰问题。

3. 改造旧设备

高耗能设备之所以能耗过多，其中一个重要的原因就是结构上有缺陷和不合理的地方。所以，对高耗能设备进行技术改造，也是降低能耗达到节电目的有效方法之一。比如变压器，可以利用其原有的外壳、铁芯，重新绕制线圈，就可以降低损耗，取得满意的经济效果。对于电动机，可以采取一些简易办法，如：采用磁性槽楔降低铁损；更换节能风扇降低通风损耗；换装新型定子绕组以降低铜损。

4. 采用高效节能产品

要逐步淘汰现有的低效率的供电设备，通过设备的更新带来巨大的节电效果。

（1）S9、SH—M 等系列低能耗变压器的空载损耗 ΔP_0、短路损耗 ΔP_k 要比 S7、SJ、SJL 等高能耗变压器低。如 SH—M 的空载损耗要比 S7 系列低80% 左右。

（2）推广使用 Y 系列及 YX 系列电动机。Y 系列节能电动机，效率比老产品 JS 系列电动机高 2% ~3% ，YX 系列电动机可以把损耗降低 20% ~30% ，效率提高 3% 。

（3）采用高效的电光源及灯具。白炽灯的光效最差，钠灯光效较高，电子节能灯的功率因数高，而且发光效率高，9W、11W 的亮度相当于 50W、60W 的普通白炽灯；ZJD 型系列高光效金属卤化物灯是目前一种理想的节能新光源，它比普通白炽灯节电75% 左右。

5. 改进供配电系统 降低线路损耗

对现有的不尽合理的供配电系统应进行技术改造，降低线路损耗，节约电能。比如：单相供电改多相供电，因为，三相供电的损耗只有单相的六分之一。加大导线截面，使线路的电阻及损耗成比例下降。在技术经济合理的情况下，适当提高供电设备的额定电压，因为电压提高一倍，线损将降低 75% 。优化供电半径，改单端供电为负荷中心放射式多路供电，可有效降低损耗。将变压器放在厂区的负荷中心形成放射式多路供电，便能有效缩短供电半径，从而降低线损。

6. 提高功率因数

提高供电系统的功率因数，可以降低电力系统的电压损失，减少电压波动，减小输、变、配电设备中的电流，从而降低电能的损耗。提高功率因数的方法通常采用自然调整和人工调整这两种方法来提高效率因数。

1) 自然调整功率因数的措施

① 尽量减小变压器和电动机的初装容量，避免出现"大马拉小车"现象，使变压器和电动机的实际负荷在 75% 以上；② 调整负荷，提高设备利用率，减少空载运行的设备；③ 当电动机轻载运行时，在不影响照明质量的前提下，适当降低变压器二次电压；④ 三角形接线的电动机，其负荷在 50% 以下时，可改为星形接线。

2) 人工调整功率因数的措施

① 安装电容器，这是提高功率因数最经济和最有效的方法；② 使大容量绕线式异步电动机同步运行；③ 长期运行的大型机械设备，采用同步电动机传动或者使其空载过励运行。

习题答案

第 1 章 习题答案

一、选择题

1. C 2. B 3. C 4. D 5. C 6. D 7. C 8. A. 9. A. 10. D

11. D 12. B 13. B 14. B 15. C 16. C 17. B 18. A 19. D 20. B

21. A 22. C 23. C 24. A 25. A 26. B 27. D 28. C 29. C 30. C

二、判断题

1. 对 2. 错 3. 对 4. 错 5. 错 6. 对 7. 对 8. 错 9. 错 10. 对

11. 错 12. 错 13. 错 14. 对 15. 对 16. 对 17. 错 18. 对 19. 对 20. 对

21. 错 22. 错 23. 对 24. 错 25. 错 26. 错 27. 错 28. 对 29. 错 30. 错

三、填空题

1. 电源，负载

2. 传输，分配，转换

3. 电荷，时间，电荷量

4. 参考方向，正，负

5. 关联参考，非关联参考

6. 6，<

7. 11.5

8. 2

9. 电压，相反

10. 吸收，负载，释放，电源

11. 440 W

12. +6

13. 长度，横截面积，材料的导电性能

14. 0.125，1 600

15. 10 000，0.2

16. 电感，电容

17. 3，5

18. −2

19. −1

20. −3

21. 7

22. -2

23. 0, -5

24. 40

25. 40

26. $U = 5I + 20$

27. -2

28. $-1/2$

29. 9

30. 有载，短路，开路

四、计算分析题

1. $U_1 = 3\text{ V}$, $U_3 = 9\text{ V}$, $U_4 = 12\text{ V}$, $U_{ae} = 30\text{ V}$

   $U_c = 0\text{ V}$, $U_a = 12\text{ V}$, $U_b = 6\text{ V}$, $U_d = -9\text{ V}$, $U_e = -21\text{ V}$

   $U_a > U_b > U_c > U_d > U_e$

2. $I_1 = 6\text{ A}$, $I_2 = 8\text{ A}$, $I_3 = -2\text{ A}$

3. （1）$U_{ab} = 5\text{ V}$；

   （2）$U_{ab} = 5\text{ V}$；

   （3）$I = -2\text{ A}$；

   （4）$I = 2A$

4. $P_1 = -560\text{ W}$ 电源；$P_2 = -540\text{ W}$ 电源；$P_3 = 600\text{ W}$ 负载；

   $P_4 = 320\text{ W}$ 负载；$P_5 = 180\text{ W}$ 负载。

5. $U = 22.5\text{ V}$, $I = 0.225\text{ A}$

6. （1）$R = 807\ \Omega$　　（2）$I = 0.27\text{ A}$.　　（3）5.4 度

7. 4.5 A, 500 W

8. $P = 10\text{ W}$, 不能

9. 10^{-4} C, $5 \times 10^{-4}\text{ J}$

10. $P_R = 24\text{ W}$, $P_I = -48\text{ W}$

11. $P_R = 80\text{ W}$, $P_I = -104\text{ W}$, $P_U = 24\text{ W}$

12. $U_{ab} = 2\text{ V}$

13. $U = 2\text{ V}$

14. $V_A = 5\text{ V}$

15. $U_{ab} = 9\text{ V}$

16. $U_{ac} = 23\text{ V}$, $U_{bd} = 7\text{ V}$

17. $R = 6\ \Omega$

18. $U_{S2} = 8.75\text{ V}$

19. $V_a = 2.25\text{ V}$

20. $I = 0.5\text{ A}$, $R = 200\ \Omega$

21. $I = 6\text{ A}$, $U_1 = 8\text{ V}$, $U_2 = -8\text{ V}$

22. $U_{ab} = 2\text{ V}$

23. $U_2 = 6\text{ V}$

24. $I = -1\text{ A}$

25. $U_{ab} = 11\text{ V}$, $I_2 = -3\text{ A}$, $I_3 = 2\text{ A}$, $R_3 = 5.5\ \Omega$

26. 50 W

27. $P_{6V} = -18\text{ W}$, $P_{18V} = -18\text{ W}$, $P_{2A} = 4\text{ W}$

28. $U_s = 120\text{ V}$ 或 $U_s = 140\text{ V}$

29. $V_a = 12\text{ V}$, $V_b = 12\text{ V}$ 无影响

30. $R_3 = 17.5\ \Omega$, $V_a = 35\text{ V}$

第2章 习题答案

一、选择题

1. D 2. C 3. C 4. B 5. B 6. A 7. B 8. B 9. A 10. D
11. B 12. C 13. A 14. C 15. A 16. C 17. A 18. A 19. A 20. A

二、判断题

1. 错 2. 错 3. 对 4. 错 5. 错 6. 错 7. 对 8. 对 9. 错 10 对
11. 对 12. 对 13. 错 14. 错 15. 错 16. 错 17. 对 18. 错 19. 错 20. 错

三、填空题

1. 二端网络，单口网络，含源二端网络，无源二端网络

2. $3\ \Omega$

3. 20，$1\ \Omega$

4. 负载电阻、二端网络的等效电阻、$\dfrac{U_{oc}^2}{4R_S}$

5. 4

6. -4 V，$1\ \Omega$

7. 线性

8. -2 V，$3\ \Omega$

9. 2

10. 结点电压法

11. 4 V

12. KCL 定律，KVL 定律

13. 叠加定理

14. 2 A，$10\ \Omega$

15. 10 V，$2\ \Omega$

16. 实际电压源，实际电流源

17. $18\ \Omega$，$2\ \Omega$，$9\ \Omega$，$4\ \Omega$

18. 短路，开路

19. 两个线端的部分，电源

20. 线性，电流，电压，功率

四、计算分析题

1. $6.5\,\Omega$, $0.8\,\text{A}$, $1.8\,\text{A}$, $0.2\,\text{A}$, $1.2\,\text{A}$, $1.4\,\text{A}$

2. $I_1 = -2\,\text{A}$, $I_2 = -2.5\,\text{A}$, $I_3 = 0.5\,\text{A}$

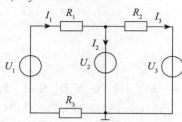

3. $I_1 = 2\,\text{A}$, $I_2 = -1\,\text{A}$, $I_3 = 1\,\text{A}$

4. $U_0 = 80\,\text{V}$

5. $I_1 = 2\,\text{A}$, $I_2 = 4\,\text{A}$, $U_{ab} = 8\,\text{V}$

6.

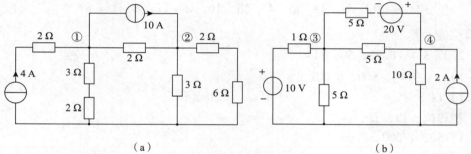

$$\text{(a)}\qquad
\begin{aligned}
&\left(\frac{1}{2}+\frac{1}{5}\right)U_1 - \frac{1}{2}U_2 = 4-10\\[4pt]
&\left(\frac{1}{2}+\frac{1}{3}+\frac{1}{8}\right)U_2 - \frac{1}{2}U_1 = 10
\end{aligned}$$

$$\text{(b)}\qquad
\begin{aligned}
&\left(1+\frac{3}{5}\right)U_3 - \frac{2}{5}U_4 = 10-4\\[4pt]
&-\frac{2}{5}U_3 + \left(\frac{2}{5}+\frac{1}{10}\right)U_4 = 4+2
\end{aligned}$$

7. $-1/2\,\text{A}$

8. $10\,\text{V}$, $20\,\text{V}$

9. $20.5\,\text{V}$

10. $I = 4\,\text{A}$, $U = 6\,\text{V}$

11. $23/3\,\text{V}$, $46/3\,\text{V}$

12. $-0.6\,\text{A}$, $13.6\,\text{V}$

13. $2\,\text{A}$

14. $8\,\text{V}$, $56\,\Omega$

15. $5\,\text{V}$

16. $I = 1\,\text{A}$

17. $3/4\,\text{A}$

18. $-0.92\,\text{A}$

19. 4/3 Ω, 25/12 W

20. $R_L = R_i = 4$ Ω 时功率最大，且 $P = 1$ W

第3章 习题答案

一、选择题

1. B 2. C 3. B 4. D 5. A 6. C 7. A 8. D 9. C 10. C

11. D 12. A 13. D 14. C 15. C 16. B 17. B 18. D 19. B 20. B

21. C 22. D

二、判断题

1. 错 2. 对 3. 错 4. 对 5. 对 6. 对 7. 错 8. 错 9. 错 10. 对

11. 对 12. 对 13. 对 14. 错 15. 错 16. 对 17. 对 18. 错

三、填空题

1. 220, 311, 0.02, 50, 314

2. $10\sqrt{2}$, 3140, 500, 0.002

3. 14.14

4. 初相位，负，正，零

5. 1/150, 1/600, 8.66

6. $10\sqrt{2}\sin(314t + 5\pi/6)$

7. 220∠0° V, 10∠90° A, $\sqrt{2}$∠30° A

8. $5\sqrt{2}$∠45° A, $7.5\sqrt{2}$∠60° A

9. $110\sqrt{2}$

10. 10, $10\sqrt{2}\sin 314t$ A, 2 200

11. 5

12. 感抗，60π

13. 110

14. 0, 短路

15. 容抗，1592, 3.18×10^7

16. ∞, 断路

17. 6, 25

18. 2∠60° Ω

19. 功率因数，cosΦ, λ

20. 电容

21. 回路的品质因数，参数（R、L、C），损耗，越大

22. 串联谐振，并联谐振

四、计算分析题

1. $u = 310\sin(t + \pi/3)$ V

2. $i_1 = \sin(\omega t + 90°)$ A, $i_2 = 2\sin(\omega t + 30°)$ A, $i_3 = \sin(\omega t - 60°)$ A

3. (1) 略　(2) $220\angle 120°$, $220\angle 60°$

　　(3) $60°$, u_1 超前 u_2 $60°$　(4) $381\angle 90°$ V

4. (1) $i = 2\sqrt{2}\sin(\omega t - 45°)$ A, $u = 3\sqrt{2}\sin(\omega t + 60°)$ V,　(2) 略

5. $25\sqrt{2}$ Ω, 125 W

6. $i = 20\sqrt{2}\sin(314t - 60°)$ A

7. (1) 3.5 A, $i_L = 3.5\sqrt{2}\sin(314t - 30°)$ A　(2) 0 W, 770 Var

8. (1) $i_C = 3.5\sqrt{2}\sin(314t + 150°)$ A,　(2) 0 W, −770 Var

9. (1) 1.25, $2.5\sin(\omega t + 15°)$ A

　　(2) $50\sqrt{2}\angle 15°$, $100\sin(\omega t + 15°)$ V, $50\sqrt{2}\angle 105°$　$100\sin(\omega t + 105°)$ V

10. (1) 0.37 A, (2) 111 V, 192 V, (3) $60°$

11. 10 Ω

12. 0 A, 28.3 A

13. 5 V

14. (a) 70.7 V　(b) 70.7

15. (1) $30 + 30j$ Ω, 感性;

　　(2) $0.25\angle -90°$ A, $7.5 -90°$ V, $2.5\angle -180°$ V, $7.5\sqrt{2}\angle -45°$ V;

　　(3) 1.875 W, 1.875 Var

16. $25\sqrt{2}$ V, 250 W

17. 505 Ω, 1.27 H

18. (1) $10\sqrt{2}\angle -45°$ Ω, 容性,

　　(2) $10\angle 75°$ A, $100\angle 75°$ V, $50\angle 165°$ V, $150\angle -15°$ V,

　　(3) 略

19. (1) $20\sqrt{2}\angle 75°$ V, (2) 0.707, (3) 40 w, 40 Var, $40\sqrt{2}$ VA

20. (1) $440\angle 33°$ Ω, $0.5\angle 33°$ A, $0.89\angle -59.6°$ A, $0.5\angle 93.8°$ A

21. 电容, 279.6 μF

22. 796 kHz, 62.6

23. 10 Ω, 159 pF, 159 μH, 62.6

24. 3.18 MHz, 500 kΩ, 100

25. 10 Ω, 31.4

第4章　习题答案

一、选择题

1. A　2. D　3. D　4. B　5. B　6. A　7. A　8. D　9. D　10. A

11. A　12. C　13. C　14. B　15. D　16. A

二、判断题

1. 错　2. 对　3. 错　4. 错　5. 对　6. 对　7. 错　8. 对　9. 对　10. 错
11. 对　12. 对　13. 错　14. 对　15. 错

三、填空题

1. 相同，相等，120°

2. 相电压

3. 线电压

4. 三相四线制

5. 三相三线制

6. 220 V，380 V

7. $\sqrt{3}$ ，超前30°

8. 相等

9. 相等

10. $\sqrt{3}$ ，滞后30°

11. 2 A，$2\sqrt{3}$ A

12. $380\sin(\omega t - 30°)$

13. 220 V，380 V

14. 相电压，相电流

15. 三相负载对称

16. $220\sqrt{2}\sin(314t - 90°)$ V，$220\sqrt{2}\sin(314t + 150°)$ V

17. 星，三角形

18. 定子，转子

四、计算分析题

1. $u_{VW} = 380\sqrt{2}\sin(\omega t - 90°)$ V，$u_{WU} = 380\sqrt{2}\sin(\omega t + 150°)$ V

2. 略

3. ① $\dot{I}_U = 44\angle 0°$A，$\dot{I}_V = 44\angle -120°$A，$\dot{I}_W = 22\angle 120°$A，$\dot{I}_N = 22\angle -60°$A

② $\dot{I}_W = 0$，$\dot{I}_U = 44\angle 0°$A，$\dot{I}_V = 44\angle -120°$A，$\dot{I}_N = 44\angle -60°$A，$U_P = 220$ V

③ $U_U = U_V = 190$ V，$I_P = 38$ A

④ 中线的作用就在于使星形联结的不对称负载的相电压对称

4. ① A 相负载短路 $U_A = 0$，$U_B = 380$ V，$U_C = 380$ V，$I_B = 3.8$ A，$I_C = 3.8$ A，$I_A = 6.6$ A

② A 相负载断路 $I_A = 0$，$I_B = 1.9$ A，$I_C = 1.9$ A，$U_B = 190$ V，$U_C = 190$ V，$U_A = 330$ V

5. ① 15 A　② 15 A　③ 22.5 A

6. ① $\dfrac{1}{\sqrt{3}}$　② $\dfrac{1}{3}$

7. 三角形连接 $\dot{I}_{AB} = 38\angle -53°$A，$\dot{I}_{BC} = 38\angle -173°$A，$\dot{I}_{CA} = 38\angle 67°$A

$\dot{I}_A = 66\angle -83°$A，$\dot{I}_B = 66\angle 157°$A，$\dot{I}_C = 66\angle 37°$A

8. 6.08 A

9. $\cos \varphi = 0.80, Z = 10.97 \angle 37° = 8.78 + j6.58 \ \Omega$

10. $40 + j30 \ \Omega$

11. 点动控制：按下点动按钮后设备得电运行，松开后，设备失电停止运行。

(a) 可以点动控制。

(b) 不能：按下 SB_2 线路是断开。

(c) 不能：KM 已经处于导通状态，按下 SB_2，KM 断电。

(d) 不能：按下 SB_1，KM 导通，辅助接点吸合，KM 电源形成旁路，松开 SB_1 后 KM 不会断电。

(e) 可以点动控制

12. 与 SB_1、SB_2 按钮并联的 KM_1、KM_2 触点应改为常闭，与 KM_1、KM_2 线圈串联的触点应改为常闭。

第 5 章　习题答案

一、选择题

1. B　2. B　3. C　4. B　5. A　6. C

二、判断题

1. 错　2. 错　3. 错　4. 错　5. 对　6. 对

三、填空题

1. 过渡过程

2. 零初始状态，外施激励源

3. 外加激励，储能元件的初始储能

4. RC、L/R

5. 长

6. 零输入响应

7. 初始值，稳态值，时间常数

8. 电感，电容

四、计算分析题

1. $u_C(0_+) = -3 \ V, i_1(0_+) = 3 \ mA$

2. $i_C(0_+) = 2 \ A, i_1(0_+) = 3 \ A, i(0_+) = 5 \ A$

3. $i_1 = 0, i_2 = -i_3 = 1.25e^{-10^4 t}, u_L = -2\ 500e^{-10^4 t}$

4. $u_L(0_+) = 20 \ V, i_L(0_+) = 0, u_L(\infty) = 0, i_L(\infty) = 3 \ A$

5. $i_L(0_+) = 1 \ A, u_L(0_+) = 5 \ V, u_L(\infty) = 0, i_L(\infty) = 2 \ A$

6. $i_L(0_+) = 0.4 \ A, u_C(0_+) = 24 \ V, u_C(\infty) = 0, i_C(\infty) = 0$

7. $i_L(t) = -2(1 - e^{-10^6 t})(A), u_L(t) = 2 \times 10^3 e^{-10^6 t}(V)$

8. $i = -2.1 \times 10^{-2} e^{-\frac{t}{0.6}}(A)$

9. $i = 25 - 15e^{-0.2 \times 10^3 t}$，$u = -60e^{-0.2 \times 10^3 t}$

10. $t = 4s$

第6章 习题答案

一、选择题

1. B 2. A 3. C 4. D 5. A 6. A 7. B 8. B 9. C 10. B

11. D 12. B 13. A

二、判断题

1. 对 2. 错 3. 对 4. 对 5. 错 6. 对 7. 错 8. 错 9. 对 10. 错

11. 对 12. 错 13. 对 14. 错 15. 对 16. 错 17. 错 18. 对 19. 错

三、填空题

1. 磁通，磁感应强度，磁场强度，磁导率

2. 远大于

3. 软磁材料

4. 磁动势

5. U_m R_m

6. 直流磁路   交流磁路

7. 减小   减小   不变   不变   减小   增大

8. 2 H

9. 无关

10. $L_1 \dfrac{di_1}{dt}$

11. 反接串联

12. $L_1 - \dfrac{M^2}{L_2}$

13. 铁芯，线圈

14. 电压变换，电流变换，阻抗变化，具有隔离特性

15. 激磁回路的无功损耗比有功损耗大很多，空载时主要由激磁回路消耗功率

16. 负载电流变化

17. 原边为额定电压时副边的空载电压

18. 自耦变压器

19. 升压变化，电能高效

20. 不变的

四、计算分析题

1. 1.2 T

2. 2.8×10^{-3}

3. （1）1.99 A   （2）1.3 Wb

4. （1） 1.35×10^{-3} Wb, 1.04 T　　（2） 18 V

5. 88.8 V

6. 25 W, 675 W

7. （1） a、c 为同名端　　（2） $M = 0.035\ 5$ H

8. 2.2 V, 150 Ω

9. 16 盏

10. 1, 5.12 W

11. 166 个, 45.5 A, 3.03 A

12. 0.087 W

13. 13.64, 8.36 A, 113.64 A

14. 150 Ω

15. 0.53 V

16. （1） 110 Ω，（2） 440 W

17. 1.29

18. 0.27 A, 90 匝, 30 匝

第7章　习题答案

一、选择题

1. A　2. C　3. A　4. B　5. C　6. B　7. A

二、判断题

1. 对　2. 错　3. 对　4. 错　5. 对

三、填空题

1. 电流，电压，功率

2. 安培表

3. 正，负

4. COM 插孔

5. 伏特表

6. 直流电路，交流电路

7. 绝缘电阻

四、计算分析题

略

参 考 文 献

［1］王兆奇. 电工基础［M］. 北京：机械工业出版社，2017

［2］黎炜. 电工原理与技能训练［M］. 西安：西安电子科技大学出版社，2015

［3］曹才开. 电路分析基础［M］. 北京：清华大学出版社，2015

［4］秦曾煌. 电工学［M］. 北京：高等教育出版社，2010

［5］高文根. 电工技术基础［M］. 北京：国防工业出版社，2017

［6］黄锦安等. 电工技术基础［M］. 北京：电子工业出版社，2017